高等学校计算机类创新与应用型系列教材

C程序设计

（微课版）

郭伟青 赵建锋 何朝阳 主 编

吴 越 陈祥华 王定国 副主编

清华大学出版社

北京

内容简介

本书系统全面地介绍有关C语言程序设计开发所涉及的基本概念和程序设计方法，根据认知规律，由浅入深，重点突出实践和应用，通过简单的程序实例体现C语言程序设计的理论体系。本书共11章，内容包括理论基础、数据类型、常用运算符和表达式、常用库函数、三种基本结构、数组、函数、预处理命令、指针、结构体和共用体、位运算、文件等。全书每章内容与程序设计实例紧密结合，作者精心编写了大量的程序实例，有助于学生掌握程序设计方法。各章节在理论介绍及实践环节中嵌入互联网教学资源，对相关知识进行扩展介绍，并提供程序实例分析、程序说明、程序运行演示、习题参考答案等，读者可通过扫描二维码获取丰富的相关网络教学资源，有助于学生理解知识、应用知识，达到学以致用的目的。通过对本书各知识点的系统学习及实践环节的锻炼，为学生今后从事程序设计及相关工作打下坚实的基础。

本书以培养应用型人才为目标，可作为高等院校理工科相关专业计算机程序设计课程的教材，也可作为计算机等级考试的参考用书。

图书在版编目(CIP)数据

C程序设计：微课版/郭伟青，赵建锋，何朝阳主编. —北京：清华大学出版社，2021.5
高等学校计算机类创新与应用型系列教材
ISBN 978-7-302-57233-6

Ⅰ. ①C… Ⅱ. ①郭… ②赵… ③何… Ⅲ. ①C语言－程序设计－高等学校－教材 Ⅳ. ①TP312.8

中国版本图书馆CIP数据核字(2020)第263590号

责任编辑：张 玥 薛 阳
封面设计：常雪影
责任校对：焦丽丽
责任印制：沈 露

出版发行：清华大学出版社
网　　址：http://www.tup.com.cn，http://www.wqbook.com
地　　址：北京清华大学学研大厦A座　　**邮　　编**：100084
社 总 机：010-62770175　　**邮　　购**：010-83470235
投稿与读者服务：010-62776969，c-service@tup.tsinghua.edu.cn
质量反馈：010-62772015，zhiliang@tup.tsinghua.edu.cn
课件下载：http://www.tup.com.cn，010-83470236
印 装 者：三河市龙大印装有限公司
经　　销：全国新华书店
开　　本：185mm×260mm　　**印　　张**：17.5　　**字　　数**：385千字
版　　次：2021年5月第1版　　**印　　次**：2021年5月第1次印刷
定　　价：59.50元

产品编号：085004-01

序言

电子信息技术和计算机软件等技术的快速发展，深刻地影响着人们的生产、生活、学习和思想观念。当前，以工业4.0、两化深度融合、智能制造和互联网+为代表的新一代产业和技术革命，把信息时代的发展推进到一个对于国家经济和社会发展影响更为深远的新阶段。

在新的产业和技术革命的背景下，社会对于高校人才的培养模式以及高校的教学改革和转型发展都提出了新的要求。2015年，浙江省启动应用型高校示范学校建设。通过面向应用型高校的转型建设增强学生的就业创业和实践能力，提高学校服务区域经济社会发展和创新驱动发展的能力。通过坚持"面向需求、产教融合、开放办学、共同发展"的高校发展理念，围绕一流的应用型大学建设和一流的应用型人才培养目标，我们做了一系列的探索和实践，取得了明显实效。

作为应用型高校转型建设的重要举措之一和应用型人才培养的主要载体，本套规划教材着眼于应用型、工程型人才的培养和实践能力的提高，是在应用型高校建设中一系列人才培养工作的探索和实践的总结和提炼。在学校和学院领导的直接指导和关怀下，编委会依据社会对于电子信息和计算机学科人才素质和能力的需求，充分汲取国内外相关教材的优势和特点，组织具有丰富教学与实践经验的双师型高校教师成立编委会，编写了这套教材。

本套系列教材具有以下几个特点：

（1）教材具有创新性。本系列教材内容体现了基本技术和近年来新技术的结合，注重技术方法、仿真例子和实际应用案例的结合。

（2）教材注重应用性。避免复杂的理论推导，通俗易懂，便于学习、参考和应用。注重理论和实践的结合，加强应用型知识的讲解。

序言

(3) 教材具有示范性。教材中体现的应用型教学理念、知识体系和实施方案，在电子信息类和计算机类人才的培养以及应用型高校相关专业人才的培养中具有广泛的辐射性和示范性。

(4) 教材具有多样性。本系列教材既包括基本理论和技术方法的课程，也包括相应的实验和技能课程，以及大型综合实践性学科竞赛方面的课程。注重课程之间的交叉和衔接，从不同角度培养学生的应用和实践能力。

(5) 本套教材的编著者具有丰富的教学和实践经验。他们大多是从事一线教学和指导的、具有丰富经验的双师型高校教师。他们多年的教学心得为本教材的高质量出版提供了有力保障。

本套系列教材的出版得到了浙江省教育厅相关部门、浙江工业大学教务处和之江学院领导以及清华大学出版社的大力支持和广大骨干教师的积极参与，得到了学校教学改革和重点教材建设项目的资助，在此一并表示衷心的感谢。

希望本套教材的出版能够在转变教学思想，推动教学改革，更新知识体系，增强学生实践能力，培养应用型人才等方面发挥重要作用，并且为应用型高校的转型建设提供课程支撑。由于电子信息技术和计算机技术的发展日新月异，以及各方面条件的限制，本套教材难免存在不足之处，敬请专家和广大师生批评指正。

高等学校计算机类创新与应用型规划教材编审委员会

2016 年 10 月

前言

C语言功能丰富、编程灵活方便、兼容能力强、应用面广，兼具高级语言及低级语言的优点，既可以用于编写应用程序，也可以用于编写系统软件，自20世纪90年代以来一直是最活跃的程序设计语言之一，在高校更是得到重视和普及，是理工科专业学生的必修课程，也是计算机等级考试的主要科目。

为满足C程序设计课程线上线下灵活教与学的需求，形成教学互动，本书配备以二维码为载体的微视频、拓展资料等。

本书立足于本科教育，面向初学者，重点突出实践及应用，在介绍基本概念及相关理论知识的基础上，深入浅出，力求用读者最容易理解的方式叙述，从最简单的程序入手，引出概念、定义及相关理论知识，结合程序进行解析。为加深理解，在各章节对理论知识介绍之后，均列举了大量程序实例加以巩固理解，并且各章节还精心设计了练习及实践环节。书中在理论介绍及实践环节中嵌入互联网教学资源，对相关知识进行扩展介绍，并提供程序实例分析、程序说明、程序运行演示、习题参考答案等，读者可通过扫描二维码获取丰富的相关网络教学资源，使学生更好地掌握所学理论知识及编程方法，培养学生的独立动手能力、实际编程能力，以及分析问题和解决问题的能力，同时也培养学生对C语言程序设计课程学习的兴趣。本书以简单程序→概念定义及相关理论知识→程序实例→练习及实践环节的方式呈现给读者，知识体系完整、内容全面、理论简洁清晰。本书可作为计算机专业基础、计算机公共基础及计算机应用基础等系列课程的教学及参考用书，也可作为计算机等级考试的参考用书。

本书共11章，第1章概述C语言的程序结构与特点，C程序的编辑、编译及运行步骤；第2章介绍C语言的数据类型；第3章是常用运算符、表达式和库函数的使用；第4章详细介绍结构化程序设计方法;第5章讲述利用数组处理批量数据的方法;第6章介绍利用函数实现模块化程序设计的方法;第7章是编译预处理命令;第8章是指针的概念及其应用;第9章介绍利用结构体与共用体建立数据类型的方法;第10章简单介绍位运算符及位运算;第11章是文件的使用。本书将常用的字符ASCII码表、运算符的优先级和结合性、常用库函数编入附录A至附录C中,方便读者参考查阅。

在编写过程中,许多专家、同行及资深程序设计人员对本书理论及实践内容的组织和编排提出了很多有益的建议,清华大学出版社为本书的出版提供了大力支持和帮助,我们对此表示由衷的感谢和敬意!由于编者水平有限,本书编写内容的不足之处在所难免,期待广大读者提出宝贵意见和建议,衷心感谢批评指正!

编　者

2020年12月

目 录

第 1 章　C 程序的结构与特点 ······ 1

1.1　C 程序的结构 ······ 1

1.1.1　C 程序的初步认识 ······ 1

1.1.2　C 程序结构 ······ 2

1.2　C 语言的特点 ······ 4

1.3　简单 C 程序举例 ······ 5

1.4　C 程序的运行 ······ 10

1.4.1　C 程序的运行步骤 ······ 10

1.4.2　在 VC++ 6.0 中编辑、编译和运行 C 程序 ··· 11

1.5　习题与实践 ······ 13

第 2 章　C 语言的数据类型 ······ 15

2.1　概述 ······ 15

2.2　基本数据类型 ······ 16

2.2.1　整型 ······ 16

2.2.2　实型 ······ 17

2.2.3　字符型 ······ 18

2.3　常量与变量 ······ 18

2.3.1　字符集与标识符 ······ 18

2.3.2　常量 ······ 20

2.3.3　符号常量 ······ 22

2.3.4　变量 ······ 23

2.4　习题与实践 ······ 24

第 3 章　常用运算符、表达式和库函数 ······ 27

3.1　常用运算符和表达式 ······ 27

3.1.1　算术运算符和表达式 ······ 27

目 录

3.1.2 关系运算符和表达式 …… 30
3.1.3 逻辑运算符和表达式 …… 32
3.1.4 赋值运算符和表达式 …… 34
3.1.5 逗号运算符和表达式 …… 36
3.2 常用库函数 …… 37
3.2.1 输入输出函数 …… 37
3.2.2 数学运算函数 …… 47
3.2.3 字符处理函数 …… 48
3.3 习题与实践 …… 50

第 4 章 结构化程序设计 …… 53

4.1 程序的三种基本结构 …… 53
4.2 选择结构程序设计 …… 54
4.2.1 if 语句 …… 55
4.2.2 switch 语句 …… 62
4.2.3 程序举例 …… 65
4.3 循环结构程序设计 …… 67
4.3.1 while 语句 …… 67
4.3.2 do-while 语句 …… 69
4.3.3 for 语句 …… 71
4.3.4 break 语句与 continue 语句 …… 73
4.3.5 循环的嵌套 …… 76
4.3.6 程序举例 …… 80
4.4 习题与实践 …… 84

第 5 章 利用数组处理批量数据 …… 93

5.1 一维数组的定义和引用 …… 93
5.1.1 一维数组的定义 …… 93

目录

5.1.2 一维数组元素的引用 …… 95
5.2 二维数组的定义和引用 …… 97
5.2.1 二维数组的定义 …… 97
5.2.2 二维数组元素的引用 …… 98
5.3 字符数组 …… 100
5.3.1 字符数组的定义和使用 …… 100
5.3.2 字符数组和字符串 …… 101
5.3.3 字符串处理函数 …… 104
5.4 程序举例 …… 107
5.5 习题与实践 …… 113

第6章 利用函数实现模块化程序设计 …… 119

6.1 函数概述 …… 119
6.2 函数定义、调用和声明 …… 120
6.2.1 函数定义 …… 120
6.2.2 函数调用 …… 122
6.2.3 函数声明 …… 124
6.3 函数的参数传递 …… 126
6.3.1 函数调用的参数传递 …… 126
6.3.2 值传递 …… 126
6.3.3 地址传递 …… 128
6.4 函数的嵌套调用和递归调用 …… 130
6.4.1 函数的嵌套调用 …… 130
6.4.2 函数的递归调用 …… 131
6.5 全局变量和局部变量 …… 135
6.6 变量的存储方式 …… 137
6.7 习题与实践 …… 139

目 录

第 7 章 编译预处理命令 …… 147

7.1 概述 …… 147
7.2 宏定义 …… 148
7.2.1 不带参数的宏定义 …… 148
7.2.2 带参数的宏定义 …… 150
7.3 文件包含 …… 151
7.4 条件编译 …… 154
7.5 习题与实践 …… 156

第 8 章 指针的使用 …… 161

8.1 指针的基本概念 …… 161
8.1.1 地址和指针 …… 161
8.1.2 指针变量的定义和引用 …… 163
8.1.3 指针变量作函数参数 …… 165
8.2 指针与数组 …… 168
8.2.1 一维数组元素的指针表示法 …… 168
8.2.2 数组名作函数参数 …… 171
8.2.3 二维数组中的指针 …… 174
8.3 指针与字符串 …… 177
8.4 指针与函数 …… 180
8.4.1 指向函数的指针 …… 180
8.4.2 返回指针值的函数 …… 182
8.5 指针数组 …… 183
8.5.1 指针数组的定义和应用 …… 183
8.5.2 指针数组作 main 函数的参数 …… 185
8.6 多级指针 …… 186
8.7 程序举例 …… 187

目 录

8.8 习题与实践 …… 191

第 9 章 利用结构体和共用体建立数据类型 …… 197

9.1 结构体类型的定义和使用 …… 197
9.1.1 结构体类型的定义 …… 197
9.1.2 结构体类型变量的定义 …… 198
9.1.3 结构体类型变量的引用 …… 201
9.2 结构体数组 …… 203
9.3 指向结构体类型数据的指针 …… 205
9.4 链表 …… 207
9.4.1 链表的基本概念 …… 207
9.4.2 动态存储分配函数 …… 208
9.4.3 链表的基本操作 …… 209
9.5 共用体 …… 217
9.5.1 共用体变量的定义 …… 217
9.5.2 共用体变量的引用 …… 219
9.6 习题与实践 …… 220

第 10 章 位运算符及位运算 …… 225

10.1 概述 …… 225
10.2 位运算符及位运算 …… 226
10.3 程序举例 …… 232
10.4 习题与实践 …… 235

第 11 章 文件的使用 …… 237

11.1 概述 …… 237
11.2 用文件类型指针定义文件 …… 238
11.3 文件操作函数 …… 240

11.3.1 文件的打开和关闭函数 …………………… 241
11.3.2 文件的读写函数 ………………………………… 242
11.3.3 文件的定位函数 ………………………………… 247
11.4 程序举例 ……………………………………………… 248
11.5 习题与实践 …………………………………………… 254

附录 A 字符的 ASCII 码表 …………………………… 257

附录 B 运算符的优先级与结合性 …………………… 258

附录 C 常用库函数 …………………………………… 260

参考文献 ………………………………………………… 264

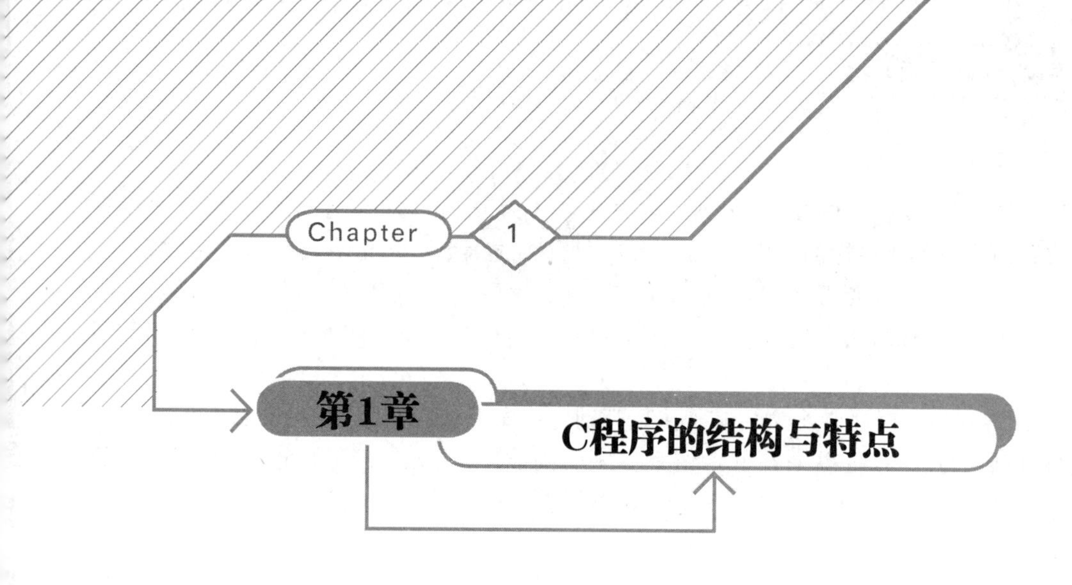

本章学习目标

- 了解 C 语言的基本特点和 C 程序的基本结构。
- 掌握在 VC++ 6.0 环境中编辑、编译和运行 C 程序的基本步骤和方法。

C 语言最初是在 20 世纪 70 年代早期由 Dennis M. Ritchie 开发的。现在，C 语言已成为世界上使用最广泛的语言之一，在软件产业的各个领域，很多程序都是用 C 语言编写的。本章介绍 C 语言及其程序设计的基本知识，通过分析简单的 C 程序实例，使读者了解 C 语言的基本特点和 C 程序的基本结构，掌握在 VC++ 6.0 环境中编辑、编译和运行 C 程序的基本步骤和方法。

1.1 C 程序的结构

1.1.1 C 程序的初步认识

我们通过以下最简单的程序实例认识 C 程序的结构：

```
#include <stdio.h>
void main()
{
    printf("This is a C program.\n");
}
```

该程序运行时在屏幕上输出：

```
This is a C program.
```

下面对程序本身作一些说明。一个 C 程序，不管大小，都是由函数组成的，函数中包含一些语句，以指定所要执行的操作，本例中函数的名字为 main。通常情况下，C 语言并没有限制函数必须取一个什么样的名字，但 main 是个特殊的函数，main 函数称为主函数，每个程序都以 main 函数为起点开始执行，这就意味着每个程序都必须包含一个 main 函数。与数学意义上的函数类似，函数通常会有一个返回值，即函数值，main 前的 void 表示该函数不返回值。

main 函数在执行时通常会调用其他函数帮助完成某些操作，被调用的函数可以是程序设计人员自己编写的，也可以来自于 C 语言系统的函数库。“This is a C program.”程序的第一行：

```
#include <stdio.h>
```

将 stdio.h 文件嵌入程序中，用于告诉 C 语言编译系统在本程序中包含标准输入输出库的信息，使输入输出操作能正常执行。许多 C 程序的开始处都包含这一行。

函数中的语句用一对大括号括起来，称为函数体。本例中的 main 函数仅包含下面一条语句：

```
printf("This is a C program.\n");
```

它使计算机执行输出操作，把 " This is a C program." 字符串在屏幕上输出。

printf 函数在输出信息时不会自动换行，如将上面的输出语句写成下面三个 printf 语句：

```
printf("This is a ");
printf("C program.");
printf("\n");
```

在屏幕上显示的结果完全一样。C 语言中，字符序列 \n 表示换行符，遇到它时输出将换行。例如：

```
printf("Hello, Everyone.\n");
printf("This is a C program.");
```

在屏幕上输出：

```
Hello, Everyone.
This is a C program.
```

每个语句最后以分号“;”表示该语句结束。

1.1.2　C 程序结构

通过对以上最简单的程序实例的分析，可以得出以下结论。

1. C 程序由函数组成

一个完整的 C 程序可以由一个或多个函数组成，其中 main 主函数必不可少，且只有唯一一个。C程序执行时,总是从主函数main开始,与main函数在整个程序中的位置无关。函数是C程序的基本单位,用函数来实现特定的功能,所以说C是函数式的语言。C语言的函数包括系统提供的库函数(如printf函数),以及用户根据实际问题编制设计的函数。编写C程序实际上就是编写一个一个函数。

2. 一个函数由两部分组成

(1) 函数首部,即函数的第一行,描述函数的类型、函数名、函数参数(形式参数)、参数类型等。

例如,上述简单程序的首部:

```
void main()
```

其中函数名为main,函数类型为void,该函数没有参数,所以函数名main后面是一对空括号"( )"。

(2) 函数体,是函数首部下面一对大括号中的内容。函数体一般包括:

① 声明部分。在这部分定义所要用到的一些变量等,上面程序的函数体没有声明部分内容。

② 执行部分。由若干个语句组成,每个语句用分号";"结束。如上面程序中的"printf("This is a C program.\n");"。

所以,函数结构的一般形式如下:

```
函数类型  函数名(参数)
{
    声明部分
    执行部分
}
```

函数也可以既没有声明部分,又没有执行部分,这样的函数称为空函数。空函数什么也不干,但是合法的。

3. 系统函数的调用

程序中有一些以"#"号开头的命令行,是编译预处理命令,一般放在程序的最前面。如上述程序的第一行:

```
#include <stdio.h>
```

该命令的作用是将特定目录下的stdio.h文件嵌入源程序中,作为程序的一部分。stdio.h文件包含了C语言中标准输入输出函数的信息,使程序的输入输出操作能正常执行。

4. 注释

注释不是程序的必需部分,在程序执行时,注释不起任何作用。注释的作用是增加程序的可读性,因此,适当地在程序中加以注释,是一种良好的程序设计风格。C语言的注释方

法有两种:

(1) /* 注释内容 */。适用于单行或多行注释,"/*"和"*/"之间的内容为注释。

(2) // 注释内容。适用于单行注释,"//"后面的该行范围内的内容为注释。

注释内容可以是西文字符,也可以是汉字。

1.2 C 语言的特点

C 语言是一种广泛使用的、通用的、结构化的程序设计语言,特别适合系统软件的设计,当然也大量用于编写应用软件。

C 语言的主要特点如下。

(1) C 语言简洁、紧凑。标准 C 语言(ANSI C)只有 32 个关键字,9 种控制语句,程序书写形式自由,源程序简练。

C 语言本身对书写格式没有严格要求,它的书写格式很自由。但 C 语言的语句比较简洁、易读性相对差些,这就要求在书写上遵守一定的约定,使程序增加可读性。这里简单介绍一些书写格式,便于在初学时养成良好的书写习惯。

① 虽然每一行可写多条语句,但一般建议每行只写一条语句,这样程序的阅读和调试会更加清楚和方便。

② 在使用语句的大括号"{ }"时,尽可能采用左右大括号各占一行,且上、下对齐,以便于检查大括号的匹配性。

③ 整个程序采用递缩格式书写。即内层语句向右边缩进若干字符位置,同一层语句上、下左对齐。这种写法能够突出程序的功能结构,并使程序易于阅读。

④ 使用小写字母书写程序,用小写字母命名变量、函数等,用大写字母命名常量。

⑤ 在程序中对关键语句做适当的注释,以提高程序的可读性。

(2) C 语言是介于汇编语言与高级语言之间的一种语言。C 语言既像汇编语言那样允许直接访问物理地址,能进行位运算,能实现汇编语言的大部分功能,直接访问硬件;也有高级语言面向用户、表达自然、功能丰富等特点。C 语言的这种双重性,使它既是成功的系统描述语言,又是出色的通用程序设计语言。

(3) C 语言是一种结构化语言。程序的三种基本结构包括顺序结构、选择结构和循环结构,C 语言提供了丰富的程序控制语句实现这三种基本结构功能。C 语言用函数作为结构化程序设计的实现工具,实现程序的模块化。

(4) C 语言有丰富的数据类型。C 语言具有现代语言的各种数据类型;用户能自己扩充数据类型,实现各种复杂的数据结构,完成用于具体问题的数据描述。尤其是指针类型,是 C 语言的一大特色,灵活的指针操作,能够高效处理各种数据。

(5) C 语言有丰富的运算符。ANSI C 提供 34 种运算符,灵活使用这些运算符,可以实现其他高级语言较难实现的运算。

(6) C 语言具有良好的移植性。在 C 语言中,没有专门与硬件有关的输入输出语句,程

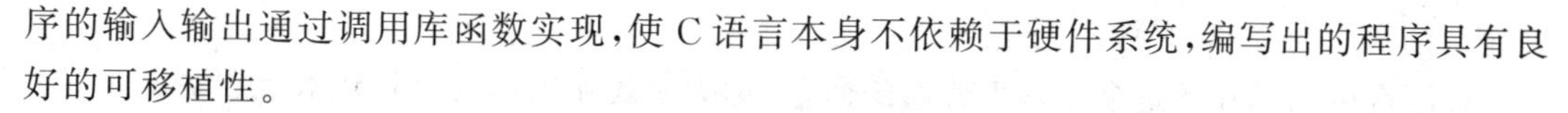

序的输入输出通过调用库函数实现，使C语言本身不依赖于硬件系统，编写出的程序具有良好的可移植性。

(7) C语言有很好的灵活性。C语言的语法限制不太严格，对程序员没有过多的限制，程序设计的自由度大。

C语言的这些特点，读者现在也许还不能理解，随着学习的不断深入，相信会有比较深刻的体会。

1.3　简单C程序举例

下面的程序实例将帮助读者对C程序的结构有更好的理解。

【例1.1】 求两个整数的和。

```
#include <stdio.h>
void main()
{   int a, b, sum;                                //定义变量
    a=10;                                         //给变量 a 赋整数值 10
    b=20;                                         //给变量 b 赋整数值 20
    sum=a+b;                                      //求和
    printf("sum=%d\n", sum);                      //输出
}
```

程序运行后输出：

```
sum=30
```

程序说明：整个程序由一个函数组成，也就是主函数 main。

程序第1行：

```
#include <stdio.h>
```

是一条编译预处理命令，它将文件 stdio.h 嵌入本程序，放在主函数的前面，该文件中描述了如 printf 等系统提供的库函数的一些信息，称为函数原型。有了这个事先说明的函数原型，C编译系统才能正确识别并调用 printf 函数。一般情况下，凡是程序中用到了输入输出操作，都需要在程序开始处加上这一行。

程序第2行到结束就是主函数。其中 void main( )为函数的首部，主函数名必须是 main；一对大括号括起来的部分是函数体。函数体中的

```
int  a, b, sum;
```

为声明部分语句，定义了 a、b、sum 三个变量。变量是程序中用来表示数据的符号，在内存中有相应的存储单元，存储对应的数据。这里定义的三个变量可以表示整型(int)数据。接下来是函数的执行部分，包括三条赋值语句和一条输出语句。例如“sum＝a＋b;”，先计算

两个数的和，再把结果存放到变量 sum 中。

C 语言中的 printf 是个用得很普遍的命令，称为格式输出函数。其基本命令格式如下：

```
printf(格式控制, 输出列表);
```

其中格式控制部分用双引号括起来，里面通常包含两种信息：一是普通字符，普通字符按原样输出；另外就是以“%”开头的格式说明，它的作用是将数据按指定的格式输出。例如：

```
printf("sum=%d\n", sum);
```

逗号后面的 sum 为输出列表（这里只有一个值）；双引号内为格式控制，其中“%d”为格式说明，表示对应的输出值（即 sum 的值）以十进制整数形式显示，其余都是普通字符。所以，程序执行后输出的结果如下：

```
sum=30
```

如果程序执行后想得到如下形式的输出结果：

```
10+20=30
```

则程序中的 printf 语句可改写为

```
printf("%d+%d=%d\n", a,b,sum);
```

其中 a，b，sum 为输出列表，各表项之间用逗号分隔。由于有三个输出值，所以用三个格式说明符与之一一对应。

程序中的“//……”部分是注释，注释在程序执行中不起任何作用，只是增加程序的可读性。

【例 1.2】 修改例 1.1 程序，使之能求任意两个整数的和。

例 1.1 程序只能计算 10 加 20 的和，因为程序中规定了 a 和 b 的值，如果要计算其他两个数的和，则需要修改程序。下面的程序在运行时通过键盘操作输入需要求和的两个数，然后进行计算，同一个程序在多次运行时可以输入不同的值，这样就可以计算任意两个整数的和。程序如下：

```
#include <stdio.h>
void main()
{
    int a, b, sum;                          //定义变量
    scanf("%d", &a);                        //输入第一个整数
    scanf("%d", &b);                        //输入第二个整数
    sum=a+b;                                //计算和
    printf("The result is:%d\n", sum);      //输出和
}
```

程序运行（键盘输入两个数）：

```
12↙
34↙
The result is:46
```

程序运行(键盘输入两个数)：

```
273↙
-6↙
The result is:267
```

程序说明：程序中的 scanf 是与 printf 相对应的格式输入函数,其基本命令格式如下：

```
scanf(格式控制, 地址列表);
```

其中,格式控制的含义同 printf,地址列表由一个或几个地址组成,一般是变量的地址,即变量对应的存储单元的地址。语句：

```
scanf("%d", &a);
```

表示以十进制整数的形式(由格式说明符"%d"指定)输入数据,存放到变量 a 对应的存储单元中,这样变量 a 的值就是刚刚从键盘输入的值。& 是地址运算符,&a 指变量 a 在内存中的地址。

程序中的两个 scanf 命令也可以写成一个,即

```
scanf("%d %d", &a, &b);
```

输入时,两个数据之间用空格隔开。

【例 1.3】 编程,求任意两个整数的和与差,要求计算和与差的操作分别用函数实现。

```
#include <stdio.h>
int add(int x, int y)                    //add 函数,求两数的和,其中 x 和 y 为形式参数
{
    int z;
    z=x+y;
    return z;                            //返回 z 的值,即将两数的和传回到主函数
}
int sub(int x, int y)                    //sub 函数,求两数的差,其中 x 和 y
                                         //为形式参数
{
    return x-y;                          //返回 x-y 的值,即将两数的差传
                                         //回到主函数
}
void main()
{
    int  a, b, c;                        //定义变量
```

```
    scanf("%d %d", &a,&b);                    //输入数据
    c=add(a, b);                              //调用 add 函数计算两数的和
    printf("%d+%d=%d\n", a,b,c);              //输出和
    printf("%d-%d=%d\n", a,b,sub(a, b));      //输出差
}
```

程序运行(键盘输入两个数)：

```
12  34↙
12+34=46
12-34=-22
```

程序说明：该程序由三个函数组成，即 add 函数、sub 函数和 main 函数。程序的执行从 main 开始(不管 main 函数在什么位置)。主函数中定义了三个整型变量：a、b 和 c，接下来调用 scanf 库函数输入两个整数，当执行到

```
c=add(a, b);
```

语句时调用 add 函数计算两数的和。这里 add(a, b)为函数调用表达式，add 为被调用的函数名，一对圆括号内的 a 和 b 为参数，叫实在参数。调用时将程序控制转移到 add 函数，同时将实在参数值传递到形式参数变量，执行 add 函数体的各条命令；执行到 return z；命令时，返回 z(形式参数 x 、y 的和，也就是实在参数 a 加 b 的和)的值，程序控制回到主函数，将返回的函数值(即 add(a, b)的值)赋值给变量 c，继续执行主函数的后续语句。

主函数的最后一条语句将 sub 函数的返回值直接输出。

前面讲到，不管 main 函数在什么位置，程序的执行总是从 main 函数开始。但值得注意的是，main 函数通常会调用其他函数，当 main 函数在被调用函数前出现时，需要在 main 函数之前或在 main 函数的声明部分对被调用函数作函数原型声明。例如，本例程序也可以写成：

```
#include <stdio.h>
int add(int x, int y)                      //add 函数，求两数的和，其中 x 和 y 为形式参数
{
    int z;
    z=x+y;
    return z;                              //返回 z 的值，即将两数的和传回主函数
}
void main()
{
    int  a, b, c;                          //定义变量
    int sub(int, int);                     //对 sub 函数的原型声明
    scanf("%d %d", &a,&b);                 //输入数据
    c=add(a, b);                           //调用 add 函数计算两数的和
```

```
    printf("%d+%d=%d\n", a,b,c);              //输出和
    printf("%d-%d=%d\n", a,b,sub(a, b));      //输出差
}
int sub(int x, int y)                         //sub函数,求两数的差,其中x和y
                                              //为形式参数
{
    return x-y;                               //返回x-y的值,即将两数的差传回主函数
}
```

主函数第三行是对sub函数的原型声明,指出函数名是sub,函数值类型是int,该函数有两个int类型的参数。

一般情况下,如果调用函数出现在被调用函数之前,则必须在调用函数中对被调用函数作原型声明。

【例1.4】 输入两个数,输出较大的那个数。

```
#include<stdio.h>
void main()                                   /*主函数*/
{
    float a,b,c;                              /*定义实型变量a,b,c*/
    float max(float, float);                  /*max函数原型声明*/
    scanf("%f %f",&a,&b);                     /*输入两个实数*/
    c=max(a,b);                               /*调用函数max,求a、b中的较大者*/
    printf("bigger:%f\n",c);                  /*输出c*/
}
float max(float x, float y)                   /*定义max函数*/
{
    float z;                                  /*定义变量z*/
    if(x>y)                                   /*比较两数x和y,较大者赋值给z*/
        z=x;
    else
        z=y;
    return  z;                                /*返回z的值*/
}
```

程序运行(输入两个数):

```
25.3  68.71↙
bigger:68.710000
```

程序说明:程序中的"/* …… */"部分是注释。整个程序由main和max两个函数组成。max函数用于计算两个数x和y中的较大值,x、y是max函数的参数。在max函数体中,语句

```
if (x>y)
    z=x;
else
    z=y;
```

是一个“如果……那么……否则”结构的条件判断，用于对 x、y 作比较，选择较大者赋值给变量 z。函数最后通过“return z; ”语句将 z 值返回。在 main 函数中的语句

```
float a,b,c;
```

定义实型变量 a、b、c，float 是类型标识符，指明程序中这些变量用于存放实数。同样，max 函数中对应的形式参数 x、y，max 函数的返回值类型，以及变量 z 等也都是 float 型。由于 main 函数（调用函数）位于 max 函数（被调用函数）的前面，所以主函数第四行对 max 函数作了原型声明。主函数中 scanf 和 printf 在使用时，由于对应的输入输出对象是实数，因此用格式说明符“%f”，以“%f ”格式输出实数时小数点后面保留 6 位数字。

以上程序虽然简单，但却包含了 C 程序的基本要素。学习一门程序设计语言的唯一途径就是使用它编写程序，读者在开始的时候可以在分析简单实例的基础上，通过模仿，编写出自己的程序。

1.4 C 程序的运行

1.4.1 C 程序的运行步骤

高级语言处理系统，主要由编译程序、连接程序和函数库组成。如果要使 C 程序在一台计算机上执行，必须经过源程序的编辑、编译和连接等一系列步骤，最后得到可执行程序并运行。

1. 编辑

编辑是建立或修改 C 源程序文件的过程，并以文本文件的形式存储在磁盘上。C 源程序文件的扩展名为.c 或.cpp。

2. 编译

C 语言是一种计算机高级语言，C 源程序必须经过编译程序对其进行编译，生成目标程序，目标程序文件的扩展名为.obj。

3. 连接

编译生成的目标程序机器可以识别，但还不能直接执行，还需将目标程序与库文件进行连接处理，连接工作由连接程序完成。经过连接后，生成可执行程序，可执行程序的扩展名为.exe。

4. 运行

C 源程序经过编译、连接后生成了可执行文件(.exe)。生成的可执行文件，既可在编译

系统环境下运行，也可以脱离编译系统直接执行，如在 Windows 资源管理器下双击可执行文件名即可运行该程序。

如图 1.1 所示为 C 程序的编辑、编译、连接和运行的过程。

如图 1.1 所示，若编译或连接时出现错误，说明 C 程序中有语法错误；若在运行时出现错误或结果不正确，说明程序设计上有错误(逻辑错误)。无论哪种情况，都需要修改源程序并重新编译、连接和运行，直至将程序调试正确。

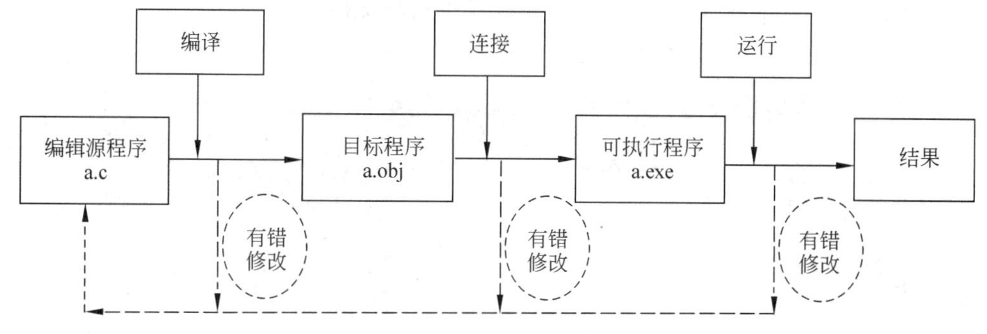

图 1.1　C 程序编辑、编译、连接和运行的过程

1.4.2　在 VC++ 6.0 中编辑、编译和运行 C 程序

常用的 C 语言处理系统环境有 Turbo C、Visual C++ 等。这里，简单介绍 Microsoft Visual C++ 6.0 的使用方法，更详细的内容读者可以参考有关资料。

1. 启动 Microsoft Visual C++ 6.0

单击"开始"菜单的"程序"| Microsoft Visual Studio 6.0 | Microsoft Visual C++ 6.0 选项，启动 Microsoft Visual C++ 6.0，如图 1.2 所示。

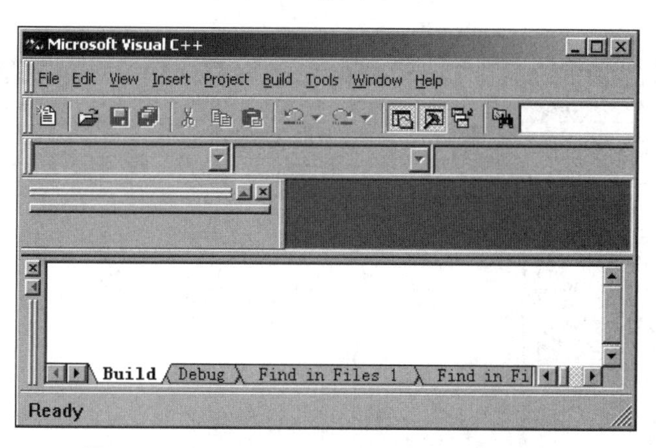

图 1.2　Microsoft Visual C++ 6.0 的主操作窗口

2. 编辑程序

1) 新建 C 源程序文件

(1) 单击 File | New 菜单,打开"新建"对话框,如图 1.3 所示。在"新建"对话框中选择 Files 选项卡,双击其中的 C++ Source File,打开源程序编辑窗口,如图 1.4 所示。

(2) 在源程序编辑窗口中输入程序。

2) 编辑已存在的文件

(1) 单击 File | Open 菜单,在"打开"对话框中选择文件。

(2) 在源程序编辑窗口中修改选定的源程序文件。

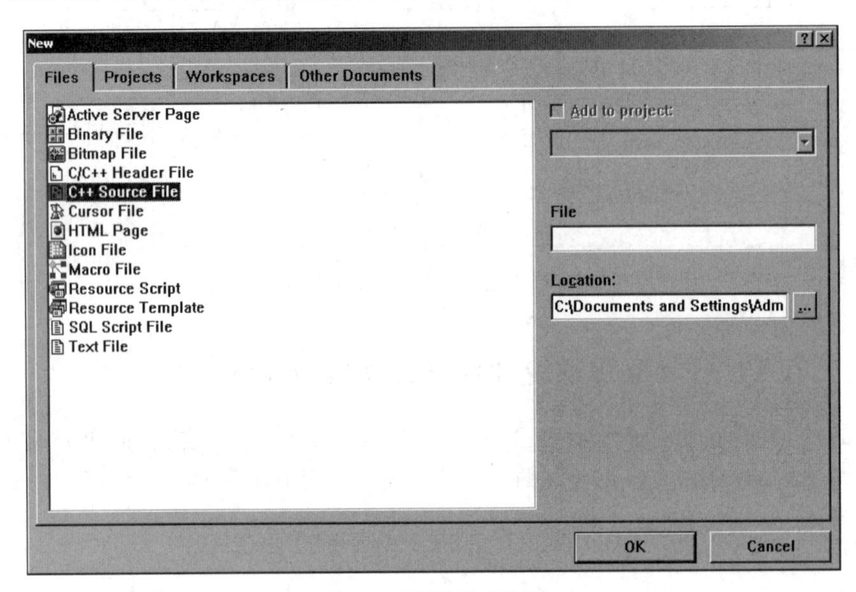

图 1.3 "新建"对话框

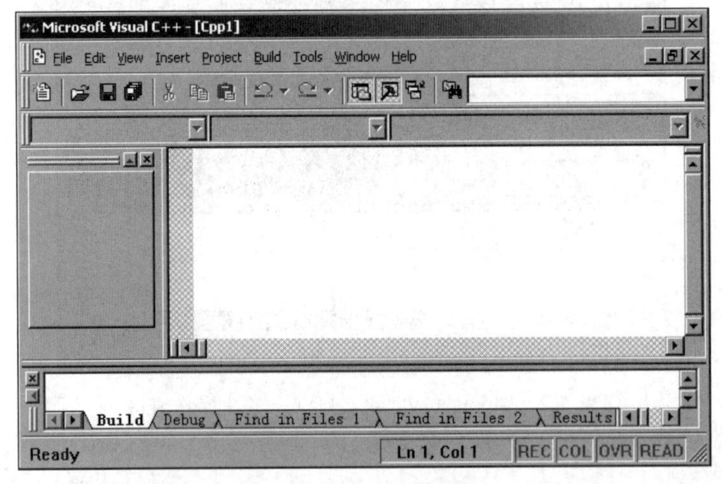

图 1.4 源程序编辑窗口

3. 文件存盘

源程序编辑好后,单击工具栏上的 Save 按钮,或 File 菜单中的 Save 或 Save As 项,选择文件存储位置、输入要保存的文件名和扩展名.c 或.cpp。

4. 编译

单击 Build | Compile 菜单,系统自动编译源程序。编译结果会显示在屏幕上,如有错误,则需要修改源程序,再重新编译。

5. 连接

单击 Build | Build 菜单,系统执行连接操作。同编译一样,如有错误,则需要修改源程序,再重新编译、连接。

6. 运行

连接成功后生成可执行文件,此时单击 Build | ! Execute 菜单运行程序。

7. 处理下一个程序

一个程序处理完毕以后,如果还有其他程序需要运行,需要先单击 File | Close Workspace 菜单,关闭前一程序所使用的工作区,然后再按照前面介绍的从编辑源程序到运行的一系列步骤处理下一个程序。

1.5 习题与实践

1. 选择题

(1) 高级语言编写的程序称为(   )。

A. 高级程序　　B. 源程序　　C. 目标程序　　D. 编译程序

(2) 用 C 语言编写的源文件经过编译,若没有产生编译错误,则系统将(   )。

A. 生成可执行目标文件　　B. 生成目标文件

C. 输出运行结果　　D. 自动保存源文件

(3) 在 C 集成环境中执行菜单命令“运行”,若运行结束且没有系统提示信息,说明(   )。

A. 源程序有语法错误

B. 源程序正确无误

C. 源程序有运行错误

D. 源程序无编译、运行错误,但仅此无法确定其正确性

(4) 下列说法中正确的是(   )。

A. C 程序由主函数和 0 个或多个函数组成

B. C 程序由主程序和子程序组成

C. C 程序由子程序组成

D. C 程序由过程组成

(5) 下列说法中错误的是(   )。

A. 主函数可以分为两个部分:主函数说明部分和主函数体

B. 主函数可以调用任何非主函数的其他函数

C. 任何非主函数可以调用其他任何非主函数

D. 程序可以从任何非主函数开始执行

2. 填空题

（1）用高级语言编写的程序称为________程序，它可以通过________程序翻译一句执行一句的解释方式执行，也可以通过________程序一次翻译产生________程序，然后执行。

（2）C程序是由函数构成的。其中有并且只能有________个主函数。C语言程序的执行总是由________函数开始，并且在________函数中结束。

（3）C程序的注释可以出现在程序中的任何地方，它总是以________符号作为开始标记，以________符号作为结束标记。

3. 程序设计题

（1）编写程序，该程序运行后在屏幕上显示如下信息：

```
***********************
Welcome  to  China !
***********************
```

（2）编写程序，该程序运行时输入两个数，然后按先大后小的顺序输出这两个数。

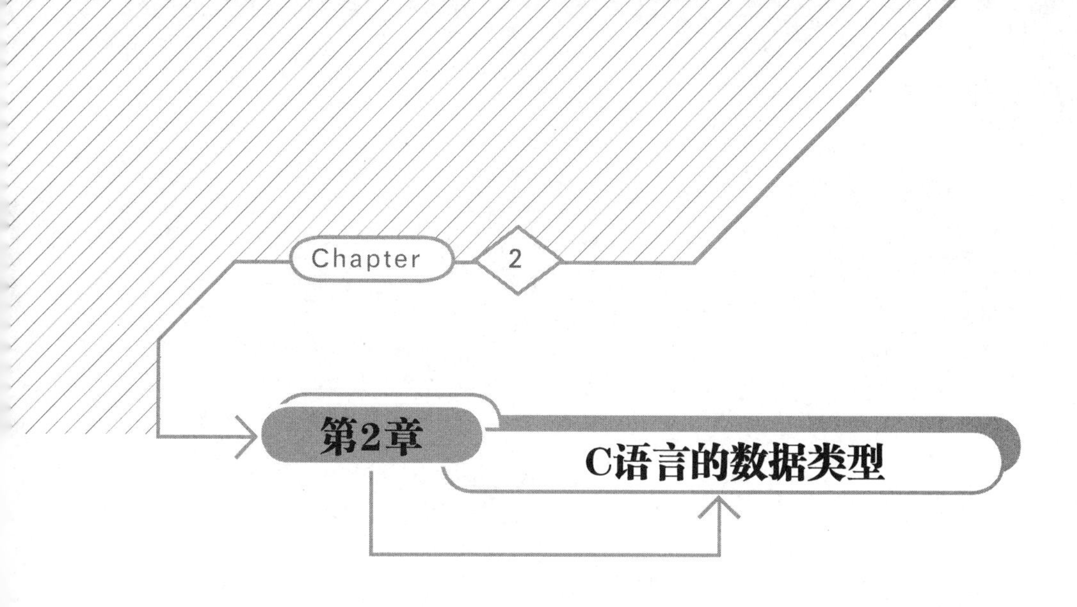

本章学习目标

- 掌握数据类型的概念。
- 掌握整型、实型和字符型等数据类型的特点和表示方法。
- 掌握常量和变量的概念及使用。

数据是程序处理的对象，C 程序所处理的数据是有类型之分的，C 语言提供了丰富的数据类型，以满足表示各种数据的需要。C 语言的各种类型所能表示的数据是有范围的，程序设计时应根据具体问题的需要选择合适的数据类型。本章将介绍数据类型的概念；C 语言中最基本的三种类型即整型、实型和字符型数据的特点和表示方法；变量和常量的概念与使用。

2.1 概述

数据是程序处理的对象。C 程序所处理的数据根据其特定的形式是有类型之分的，C 语言的各种类型所能表示的数据是有范围的。程序设计的过程就是根据实际问题选择合适的类型表示具体的数据对象，并对这些数据对象进行有效的操作。C 语言提供了丰富的数据类型，以满足表示各种类型数据的需要。C 语言的数据类型如图 2.1 所示。

C 程序中的数据有常量和变量之分，C 语言规定，在程序中所使用的每个数据都必须属于上述类型之一。

本章主要介绍 C 语言的基本数据类型、常量和变量的概念及使用。

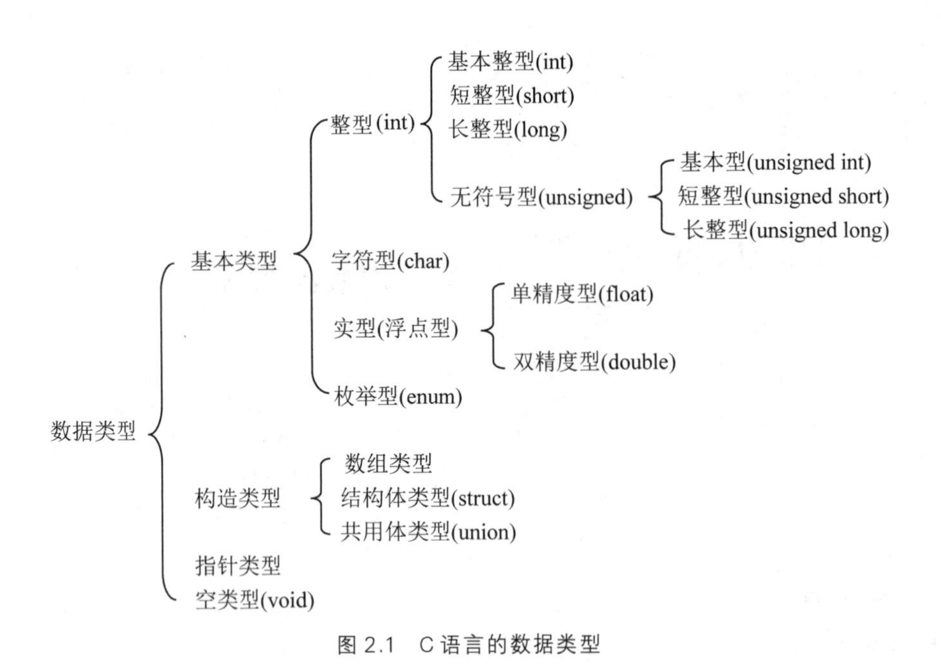

图 2.1　C 语言的数据类型

2.2　基本数据类型

C 语言的基本数据类型有整型、实型和字符型。

2.2.1　整型

C 语言的整型数据分为基本整型(int)、短整型(short int,简写为 short)和长整型(long int,简写为 long)三种。整型数据中,按数据是否带符号,又分为有符号整数和无符号(unsigned)整数。

在不同的 C 编译环境中,整型数据所占据的内存空间的长度(二进制数位长度,或用字节数表示,1 字节=8 位二进制数)有所不同,但有一个基本规则,即:int 型的长度大于或等于 short 型,并且小于或等于 long 型。表 2.1 所示为 VC++ 6.0 系统中整型数据的长度、类型标识符与数值范围。本书中所有例子用到的整型数据都以表 2.1 为准。

表 2.1　整型数据的长度、类型标识符与数值范围

	数据长度	类型标识符	数 值 范 围
有符号整数	16 位	short int	−32 768～32 767
	32 位	int	−2 147 483 648～2 147 483 647
	32 位	long int	−2 147 483 648～2 147 483 647

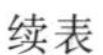
续表

	数据长度	类型标识符	数 值 范 围
无符号整数	16 位	unsigned short int	0～65 535
	32 位	unsigned int	0～4 294 967 295
	32 位	unsigned long int	0～4 294 967 295

整数在计算机内部按该数的二进制补码形式存放。其中首位是符号位，符号位用“0”或“1”分别表示正数或负数。对于正整数，其原码、反码、补码相同。负整数的反码为其原码除符号位外按位取反(即 0 改为 1、1 改为 0)，而补码为其反码末位再加 1。

例如(以 16 位二进制为例)：

19 的原码为：0 0 0 0 0 0 0 0 0 0 0 1 0 0 1 1

19 的反码为：0 0 0 0 0 0 0 0 0 0 0 1 0 0 1 1

19 的补码为：0 0 0 0 0 0 0 0 0 0 0 1 0 0 1 1

在计算机内存中，用 16 位二进制数表示有符号 short 型整数 19，形式如下：

0	0	0	0	0	0	0	0	0	0	0	1	0	0	1	1

再如：

－19 的原码为：1 0 0 0 0 0 0 0 0 0 0 1 0 0 1 1

－19 的反码为：1 1 1 1 1 1 1 1 1 1 1 0 1 1 0 0

－19 的补码为：1 1 1 1 1 1 1 1 1 1 1 0 1 1 0 1

因此，有符号 short 型整数－19 的机内码表示如下：

1	1	1	1	1	1	1	1	1	1	1	0	1	1	0	1

述 15 位数值位所能表示的最大数为 $2^{15}-1$。所以，16 位有符号整数(short 型)的最大值是 $2^{15}-1$ 即 32 767，16 位无符号整数(unsigned short 型)的最大值是 $2^{16}-1$ 即 65 535。

由于不同的系统数据类型所占存储空间长度有差异，因此 C 语言提供了一个测定数据类型所占存储空间长度的运算符“sizeof”，它的格式为

```
sizeof(类型标识符)  或  sizeof(变量名)
```

由此可以计算出指定数据类型或变量在内存中所占的字节数。

例如，sizeof(int)，sizeof(long)可以分别计算出当前所使用的系统中每一个 int 类型及 long 类型数据所占的存储空间。

2.2.2　实型

C 的实型数据主要有 float 型(32 位)和 double 型(64 位)两种，还有一种 long double 型

(128 位)因为用得比较少,不在此作详细的介绍。

表 2.2 列出了实型数据的数据长度、类型标识符、数值范围与有效位数,由于实型数据在内存中由有限的存储单元表示,因此所提供的有效位数是有限的。不同的实型数据所占据的存储单元不同,有效位数也不同。读者在编程时要根据实际需要正确地选择实型数据类型,处理可能出现的计算误差。

表 2.2　实型数据的长度、类型标识符、数值范围和有效位数

	数据长度	类型标识符	取值范围与有效位数
单精度实型	32 位	float	约±(3.4×10^{-38}～3.4×10^{38}),6 位有效数字
双精度实型	64 位	double	约±(1.7×10^{-308}～1.7×10^{308}),16 位有效数字

2.2.3　字符型

用单引号括起来的单个字符,如字符 'A'、'a'、'0'、'$' 等,称为字符型数据,C 语言中字符型的类型标识符为 char。字符型数据在内存中以相应的 ASCII 码值存放,字符的 ASCII 码表请参见附录 A。

计算机用 1 字节(8 个二进制位)存储一个字符,例如字符'A'的 ASCII 码值为 65,所以字符'A'在内存中的存储形式为

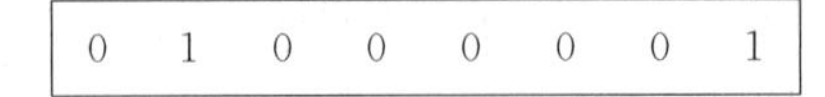

2.3　常量与变量

2.3.1　字符集与标识符

与其他高级语言一样,C 语言也有自己的字符集与使用约定,由字符集中的有效字符按一定规则构成标识符名称。

1. C 语言的字符集

在 C 源程序中,用到的字符集有大小写字母,数字和其他符号等。具体如下。

大写英文字母:A B C D E F G H I J K L M N O P Q R S T U V W X Y Z

小写英文字母:a b c d e f g h i j k l m n o p q r s t u v w x y z

数字字符:0 1 2 3 4 5 6 7 8 9

其他符号:+ − * / % < > = ^ ~ | & ! # ' " , . : ; ( ) [ ] { } _(下画线) ? \ 空格

2. 标识符

标识符是一个名字,由用户命名或系统指定,它是给程序中的变量、符号常量、函数、数

组、结构体以及文件等所起的名字。其中，

(1) 由系统所指定的标识符称为保留字或关键字。关键字有特定的含义，用户不能再将它当作一般标识符使用。C 语言的关键字有如下 32 个，其含义详见表 2.3。

① 数据类型关键字：char、int、short、long、float、double、signed、unsigned、struct、union、enum、void。

② 存储类别关键字：auto、register、static、extern、typedef。

③ 流程控制关键字：if、else、switch、default、case、while、do、for、break、continue、return、goto。

④ 其他关键字：sizeof、const、volatile。

(2) 由用户命名的标识符，如程序中的变量名、符号常量名等，必须是以字母或下画线开头的，由字母、数字、下画线组成的字符序列。

例如：

NAME、_sum、max、i12、j_3、x1ab2、z2003_5 等都是合法的标识符。

NUM　1、3sum、double、usa $ a5 等都是非法的标识符。

(3) C 语言对标识符的长度没有规定，但是有的系统只能识别前 7 个或前 8 个字符，为了提高程序的通用性，建议标识符的字符数不超过 7 个字符。

用户在程序中定义标识符时，建议遵循以下原则：

① 尽量做到"见名知义"，以增加程序的可读性。

如：用 sum 存放累加和，用 score 存放成绩等。

② C 语言对标识符中大小写字母是严格区分的，如 AB. Ab. aB. ab 各不相同。通常习惯变量名、函数名用小写字母标识，而符号、常量名用大写字母标识。

表 2.3　C 语言关键字

关键字	英文单词	意　义	关键字	英文单词	意　义
auto	automatic	自动变量	int	integer	整型
break		终止分支与循环	long		长整型
case		分情况处理	resister		寄存器变量
char	character	字符型	return		函数返回语句
const		常量限定符	short		短整型
continue		终止本次循环	signed		有符号型
default		switch 默认情况	sizeof	size of	存储字节数
do		do-while 语句	static		静态变量
double		双精度型	struct		结构体类型
else		if-else 语句	switch		多分支语句

续表

关键字	英文单词	意　　义	关键字	英文单词	意　　义
enum	enumerate	枚举型	typedef	type definition	重命名类型
extern	external	外部变量	union		共用体类型
float	floating	浮点型	unsigned		无符号型
for		for 语句	void		空类型
goto		无条件转移	volatile		类型修饰符
if		if 语句	while		while 语句

2.3.2　常量

在程序的运行过程中,其值不变的量称为常量。常量是有类型的,常量的类型由书写的字面形式决定。

1. 整型常量

C 程序中的整型常量可以用十进制、八进制、十六进制三种表示形式。

(1) 十进制整型常量。

由正、负号和 0～9 之间的数码组成。

例如:1245、401、－3210、＋569、0 等都是十进制整型常量。

(2) 八进制整型常量。

由正、负号和 0～7 之间的数码组成,并且第一个数码必须是 0,表示这是一个八进制数。

例如:01245、0401、－03210 等都是八进制整型常量,而 0184 则是非法的常量,因为八进制数不能出现数码 8。

(3) 十六进制整型常量。

由正、负号和数码 0～9、a～f 或 A～F 组成,并且要有前缀 0x。

例如:0x1245、0x401、－0xabcd 等都是十六进制整型常量;而 0x2z1 不是十六进制整型常量,因为 z 是非法字符。

数值范围在－2 147 483 648～2 147 483 647 内的整型常量都被认为是 int 型数据类型,在计算机中占 4 字节。

整型常量后如果加字符 l 或 L,则表示 long 型常量。如 23 与 23L 数值上相等,但类型不同,后者为 long 型。

另外,整型常量后面加字符 u 或 U 表示无符号整型常量。如 12u、034u、0x2fdu 等。

2. 实型常量

实型常量又称浮点数,有十进制小数形式和指数形式两种表示法。

(1) 十进制小数形式表示实型常量。

由正号或负号、数字和小数点组成(一定要有小数点),且小数点的前面或后面至少一边要有数字。例如：

12.034、.125、−123.、+3.1415926 等都是十进制小数形式表示的实型常量。

(2) 指数形式表示实型常量。

由正号或负号、数字、小数点和指数符号 e(或 E)组成。在符号 e 前面必须有数据(整数或实数),e 的后面跟一个指数,指数必须是整数。指数形式一般适合于表示较大或较小的实数。实数的指数形式也称为科学记数法。

例如：1.234 567e3、123 456.7E-2(分别表示 $1.234\ 567\times10^3$、$123\ 456.7\times10^{-2}$)均等同于常量 1234.567。

在 VC++ 6.0 中,实型常量均为 double 类型,即以 8 字节存放实型常量,具有 16 位有效数字。若要表示 float 型的实常量,可以在实型常量后加后缀 f,如 3.1415926535f,为 float 型实型常量,在计算机中占 4 字节,并且只有 6 位有效数字。

3. 字符常量

1) 字符常量

字符常量是用一对单引号所括起来的一个字符,其字符可以是附录 A 中所列出的所有字符。例如'A'、'a'、'0'、'$' 等都是字符常量。

字符型数据可以参加算术运算,以该字符对应的 ASCII 码值参加运算。如,字符'A' 的 ASCII 码值 65,表达式 'A'+1 的值为 66,即对应字符为 'B'(字符 'B' 的 ASCII 码是 66)。

2) 转义字符

C 语言中还有一类字符称为转义字符,主要表示一些如换行、跳格、退格等控制字符。这种特殊形式的转义字符以反斜杠“\”开头,后跟一些特殊字符或数字,如“'\n'”表示换行符。常用的转义字符见表 2.4。

表 2.4　常用的 C 语言转义字符表

字符形式	表示的字符
\n	换行(输出位置移到下一行开头)
\t	横向跳格(输出位置移到下一个输出区)
\b	退格(输出位置移到前一列)
\r	回车(输出位置移到本行首)
\\	反斜杠字符“\”
\'	单引号(撇号)字符
\"	双引号字符
\ddd	八进制数 ddd 所代表的字符,如 '\141' 为字符 'a','\32'为空格
\xhh	十六进制数 hh 所代表的字符,如 '\x61'为字符'a','\x20'为空格

需要注意的是,转义字符形式上由多个字符或数字组成,但它表示的是一个字符常量。

【例 2.1】 输入一个字符，输出该字符的字形及其 ASCII 码值。

```
#include <stdio.h>
void main()
{
    char ch;
    scanf("%c",&ch);                    //输入一个字符
    printf("%c的ASCII值为%d\n",ch,ch);
}
```

程序运行：

```
A↙
A的ASCII值为65
```

程序说明：程序中以字符格式读入一个字符，存放在字符变量 ch 中，printf 语句是数据输出，其格式字符串中的%c、%d 分别表示对应的输出项按字符的字形输出和按整数输出其对应的 ASCII 码值。

4. 字符串常量

字符串常量是用一对双引号括起来的字符序列。例如，"Good""Study hard!""C 程序设计"等。字符串常量中可以包含汉字。

每个字符串常量有一个字符串结束标识"\0"隐藏在串最后，标识着该字符串结束。字符串结束标识由系统自动添加在字符串常量最后。

一个字符串中字符的个数称为该字符串的长度（不包括串结束标识）。字符串中每个汉字相当于 2 个字符，占 2 字节存储单元。

注意：双引号括起来的是字符串，双引号内可以不含任何字符，如""""表示空串；单引号括起来的是字符常量，除转义字符以外，引号内必须有且只有一个字符。

2.3.3 符号常量

符号常量是在程序中指定用符号名代表的一个常量。

C 语言中用编译预处理命令定义符号常量，系统处理时，将程序中的所有符号名替换成对应的常量。例如：

```
#define PI 3.14159                    //定义了符号常量PI,PI即3.14159
```

在程序中，使用 3.14159 这个数值时，只要用 PI 代替，而在编译预处理时，程序中的所有"PI"均被替换成"3.14159"。

已经定义的符号常量只能引用、不能再重复定义，也就是说，符号常量的值是不能被改变的。

【例 2.2】 输入一个半径值，求圆周长和圆面积。

```
#include <stdio.h>
```

```
#define  PI  3.14159
void main()
{
    float r,k,s;
    scanf("%f",&r);
    k=2*PI*r;
    s=PI*r*r;
    printf("圆周长:%.2f    圆面积:%.2f\n",k,s);
}
```

程序运行：

```
1↙
圆周长:6.28    圆面积:3.14
```

程序说明：程序中的标识符 PI 代表常量 3.14159，在系统编译前的预处理过程中，会自动将所有 PI 替换成 3.14159。程序中的格式控制符 %.2f，表示输出对应的实数时保留小数点后两位。

2.3.4 变量

在程序的执行过程中，其值可以改变的量是变量。变量应有自己的名称及确定的数据类型。

1. 变量定义

变量必须先定义，然后才能使用。变量定义的作用是：

(1) 为变量指定一个名称及其数据类型，让系统为它分配相应的存储空间。

(2) 确定相应变量的存储方式、可以表示的数值范围和有效位数。

(3) 通过指定类型确定了相应变量所能够进行的操作。

C 语言规定，在程序中用到的每个变量在使用前都要用类型定义语句定义其类型。

变量定义的一般形式：

```
类型标识符 变量名列表
```

类型标识符表示所定义的变量的类型，变量的类型可以是基本类型如整型、实型、字符型等，也可以是用户自定义的构造类型标识符。

变量名列表是用逗号分隔开的若干个变量名，同类型的变量定义可放在同一语句中。其中变量名的取名应满足标识符的命名规则。

例如："int a,b,c;"定义 a、b、c 为基本 int 类型变量。

"unsigned int x,y,z;"定义 x、y、z 为无符号 int 类型变量。

再如，语句"float x,y;""int i,j;""char c;"分别定义了 float 类型变量 x、y，int 类型变量 i、j 和字符型变量 c。

2. 变量赋初值

变量定义后其初值一般是不确定的,不能直接使用。例如:

```
int a;   printf("%d\n",a);
```

执行后的输出结果是一个随机值。

要使变量具有明确的值,可以在变量定义后给其赋值,例如:

```
int a;
a=123;                                  //赋值语句
printf("%d\n",a);                       //显示变量 a 的值,即 123
```

在定义变量的同时也可以同时对变量赋初值,称为变量的初始化。例如:

```
int x,sum=0;
double pi=3.14159,area;
char c1='#',c2;
```

定义了 x、sum 为 int 类型变量,pi、area 为 double 类型变量,c1、c2 为 char 类型变量;并且为 sum、pi、c1 赋初值。

如果几个同类型变量的初值是相同的,也要分开赋值。例如:

```
int a=1,b=1,c=1;
```

表示定义整型变量 a、b、c 并赋初始值均为 1,不能写成“int a=b=c=1;”。但需要说明的是,以下形式是正确的:

```
int a,b,c;
a=b=c=1;
```

即先定义变量,然后可以用 a=b=c=1 这样的方式给不同的变量赋相同的值。

2.4 习题与实践

1. 选择题

(1) 字符串 "a\xff" 在内存占用的字节数是(   )。

A. 5 B. 6 C. 3 D. 4

(2) 在 C 语言中,合法的长整型常数是(   )。

A. 0L B. 4962710 C. 0.054838743 D. 2.1869e10

(3) 在 C 语言中,合法的短整型常数是(   )。

A. 0L B. 0821 C. 40000 D. 0x2a

(4) 下列数据中不属于字符常量的是(   )。

A. '\xff' B. '\160' C. '070' D. 070

(5) char 型常量的内存中存放的是(　　)。

A. ASCII 码值　　B. BCD 码值　　C. 内码值　　D. 十进制码值

(6) 若整型数据字长为 4,其最大值为(　　)。

A. 2^{31}　　B. 2^{31}-1　　C. 2^{32}-1　　D. 2^{32}

(7) 常数的书写格式决定了常数的类型和值,03322 是(　　)。

A. 十六进制 int 型常数　　B. 八进制 int 型常数

C. 十进制 int 型常数　　D. 十进制 long 型常数

(8) e2 是(　　)。

A. 实型常数 100　　B. 值为 100 的整型常数

C. 非法标识符　　D. 合法标识符

(9) 要为 float 型变量 x,y,z 赋同一初值 3.14,下列说明语句中正确的是(　　)。

A. float x,y,z=3.14;　　B. float x,y,z=3 * 3.14;

C. float x=3.14,y=3.14,z=3.14;　　D. float x=y=z=3.14;

(10) 语句 float pi=3.1415926535; 将(　　)。

A. 导致编译错误

B. 说明 pi 为初值 3.1415926535 的单精度型常数

C. 导致运行时的溢出错误

D. 说明 pi 为初值 3.141593 的单精度型常数

2. 填空题

(1) 在内存中存储"A"要占用________字节,存储'A'要占用________字节。

(2) 符号常量的定义方法是________。

(3) 无符号基本整型的数据类型符为________,双精度型的数据类型符为________,字符型的数据类型符为________。

3. 程序设计题

(1) 输入两个单精度浮点类型数据,求和并输出,输出时要求保留小数点后一位。

(2) 输入一球体的半径,求该球体的体积并输出。

(3) 输入一字符,输出它在 ASCII 码表中的下一个字符。

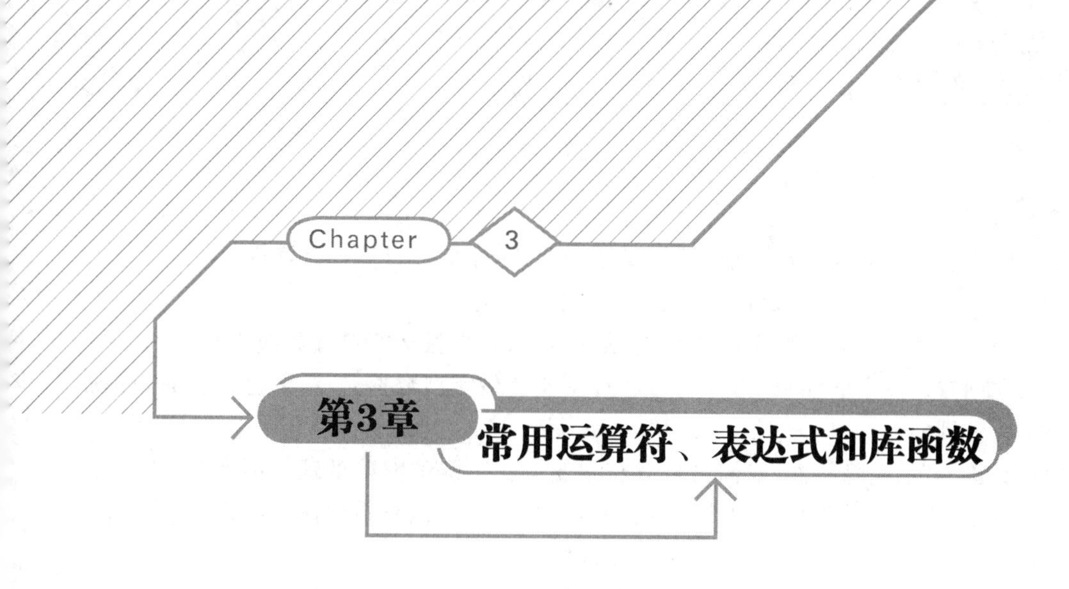

第3章 常用运算符、表达式和库函数

本章学习目标

- 掌握C语言提供的各种运算符的功能、优先级和结合性。
- 掌握表达式的书写规则，表达式的应用及表达式值的计算方法。
- 掌握常用库函数的功能和使用。

C语言提供的运算符非常丰富，按其功能分类为：算术运算符、关系运算符、逻辑运算符、赋值运算符、条件运算符、位运算符、逗号运算符等，程序中对数据的加工是通过运算符完成的。由运算符将对应的运算对象联系起来的式子，就是表达式，根据运算符的不同，有各种类型的表达式。根据运算符的优先级和结合性可以计算出各个表达式的值。另外，为了用户使用方便，C语言处理系统提供了许多已编写好的函数，这些函数被称为库函数。用户在使用这些函数时，用#include预处理命令将对应的头文件嵌入程序中即可。通过本章的学习，读者将对C语言提供的各种运算符的功能、优先级和结合性，表达式的书写规则、表达式的应用及表达式值的计算方法，以及常用库函数的功能和使用等有一个全面的认识。

3.1 常用运算符和表达式

3.1.1 算术运算符和表达式

C语言中的算术运算符有以下8种，按优先级从高到低排列依次为

－(取负)、＋＋(自增)、－－(自减)

*(乘)、/(除)、%(求余)

＋(加)和－(减)

其中，－(取负)、＋＋(自增)和－－(自减)为单目运算符，优先级相同，结合性为从右到左；其余为双目运算符，结合性均为从左到右。

1. 双目运算符

需要有两个运算对象的运算符是双目运算符,C 语言中的双目算术运算符为:

+(加)　　−(减)　　*(乘)　　/(除)　　%(取余)

(1) +、−、*、/与数学中的运算相似,先乘除后加减,即按运算符优先级进行计算。结合性均为从左到右。注意/(除)运算符的运算对象若都是整型数据时,结果也是整数,自动舍去小数部分。例如:1.0/2 为 0.5,1/2 为 0,9/5 为 1,−9/5 为−1。

运用运算符"/"的整除特性,我们可以对整型变量作特殊的有效处理。例如,若整型变量 k 是一个三位数,求 k 的百位上的数字,可以写作"k/100",因整数除法的特性,结果只取整数部分,如 k=123,则"k/100"为 1,即求出 k 百位上的数字。

(2) 字符型的数据以该字符的 ASCII 码值参加运算。例如:'a'+2 为 99,'5'−'0' 为 5 等。

(3) 取余运算符"%"是求整数除法的余数,余数符号与被除数的符号相同。"%"不能用于实型数据的运算。例如:2%3 为 2,4%2 为 0,'a'%6 为 1,−9%5 为−4,9%−5 为 4 等。再如:

假设有"int　k=12345;",求 k 的十位上的数字,可以写作"k%100/10",因为"k%100"得 45,"45/10"得 4,即为变量 k 十位上的数字。同样,要得到 k 个位上的数字可写为"k%10"。

2. 单目运算符

C 语言中的单目算术运算符包括自增、自减运算;另外,"+""−"运算当只有一个运算对象时也是单目运算符,分别表示正、负,其优先级高于双目算术运算符,如表达式"5*−3"的值为−15。

自增、自减运算的作用是使变量的值增 1 或减 1,自增(减)的运算对象只能是变量,不能是常量和表达式。

自增、自减运算符只有一个运算对象,是单目运算符,优先级别比*、/、%高,结合性为从右到左。自增、自减运算在使用时有以下两种格式。

前缀格式:运算符 变量

后缀格式:变量 运算符

两种格式的区别在于:前缀格式中,先使变量加(减)1,再使用变量的值;后缀格式则是,先使用变量的原值,再使变量加(减)1。

对于变量 i,"i++"和"++i"都表示"i=i+1",前缀格式和后缀格式在使用上没有什么区别;另外,"i−−"和"−−i"也是一样的。

但是,当自增、自减运算作为表达式的一部分时,采用不同格式对表达式来说结果是不一样的。

【例 3.1】 注意下列程序运行后变量 x 与 y 的区别。

```
#include <stdio.h>
void main()
```

```
{
    int a=2,b=2,x,y;
    x=--a+2;
    y=b--+2;
    printf("x=%d  y=%d  a=%d  b=%d\n",x,y,a,b);
}
```

程序运行：

```
x=3  y=4  a=1  b=1
```

程序说明：变量 a 的自减运算是前缀格式，先使变量 a 减 1，此时 a 的当前值为 1，再执行“x=a+2”，结果 a 为 1、x 为 3；变量 b 的自减运算是后缀格式，b 的原值为 2，先执行“y=b+2;”，再使变量 b 减 1，结果 b 为 1、y 为 4。

【例 3.2】 分析下面程序的运行结果。

```
#include <stdio.h>
void main()
{
    int x=3,y;
    y=--x+--x+x++;
    printf("x=%d  y=%d\n",x,y);
}
```

程序运行：

```
x=2  y=3
```

程序说明：语句“y=(--x)+(--x)+(x++);”的执行步骤是：先执行前缀格式的自增、自减运算，即执行“--x”和“--x”，x 值为 1；y 被赋值 1+1+1，即为 3；再执行后缀格式的自增、自减运算“x++”，使 x 从 1 改变为 2。

建议读者在使用自增、自减运算时要慎重，尤其不要用自增、自减运算构造复杂的表达式，以免降低程序的易读性。在不同的编译环境下，这种表达式会引起歧义，产生不同的结果。

3. 算术运算中的类型转换

1）自动转换

C 语言中，允许不同类型的数据进行混合运算，例如整型、实型、字符型数据等都可以进行混合运算。C 语言系统在这类表达式的计算过程中，会自动进行操作数类型的转换。转换规则如下：

规则 1：凡 char 型、short 型数据一律自动转换成 int 型；float 型数据一律自动转换成 double 型。转换后如果两个操作数类型相同，就进行算术运算，计算结果的类型与转换后的类型相同。

规则 2：相同类型(除 char、short、float 型外)的操作数作算术运算的结果为同一类型。

例如：两个整型操作数做除法运算，其结果一定是整型，即只取结果的整数部分。所以 5/2 结果为 2，－5/2 结果为－2。

规则 3：不同类型的操作数如果在经过规则 1 的转换后仍然是不同类型，则其中级别低的类型自动转换成级别高的类型后再进行运算，计算结果的类型与转换后的类型相同。各类型的级别高低(从低到高)如下：

char<short<int<unsigned<long<unsigned long<float<double

如表达式：

```
2.0+5/2*3
```

根据运算符的优先级和结合性计算表达式的值。原表达式相当于 2.0＋[(5/2) * 3]，首先求 5/2 的值，两操作数均为 int 型，按规则 2，不需进行类型转换，得结果 2，类型为 int；中间结果 2 再与 3 相乘，同样不需要进行类型转换，得结果 6；最后进行 2.0＋6 运算，按规则 1，操作数 2.0 类型转换为 double 后，两操作数类型仍然不同，按规则 3，将 6 转换成 double 型后再进行运算。计算结果为 8.0，类型是 double 型。

2）强制类型转换

除了自动实现数据类型转换外，还可以在程序中进行强制类型转换，将一个表达式转换成所需的类型。表示形式为

```
(类型标识符)表达式
```

例如：int i=5，j=2；则 i/j 只能做整除运算，得到整数部分 2，如要保留小数部分，需做实数除法，可以写作“(double)i/j”，运算步骤是先将 i 值强制转换为 double 类型，再相除，其结果为 2.5。

值得注意的是：对表达式中的变量而言，无论是自动类型转换还是强制类型转换，仅仅是为了本次运算的需要，取得一个中间值，而不改变定义语句中对变量类型的定义。例如，计算“(double)i/j”后，变量 i 还是 int 类型，并没有变成 double 类型。

3.1.2 关系运算符和表达式

关系运算是双目运算，用于对两个运算对象的大小进行比较。用关系运算符将一些运算对象连接起来构成的式子，称为关系表达式。关系运算的结果是“成立”或“不成立”，也就是逻辑意义上的“真”或“假”。在 C 语言中没有设置表示逻辑值的数据类型，但规定用数值 1 代表“真”，用数值 0 代表“假”；在判断参加运算的对象的真、假时，将非零的数值认作“真”，0 认作“假”。

关系表达式和随后即将介绍的逻辑表达式常常在程序中用于对某些条件作出判断，根据条件成立与否，决定程序的流程。

1. 关系运算符

C 语言提供的关系运算符共 6 个，分别为

＞（大于）　　＞＝（大于或等于）　　＜（小于）　　＜＝（小于或等于）

＝＝（等于）　　！＝（不等于）

其中：

(1) 在关系运算符中，"＞、＞＝、＜、＜＝"运算的优先级相同，"＝＝、！＝"运算的优先级相同，且前者高于后者。

(2) 关系运算符的优先级比算术运算符的优先级低、比赋值运算符的优先级高。

2. 关系表达式举例

【例 3.3】 分析下面程序的运行结果。

```
#include <stdio.h>
void main()
{
    int a,b,c;
    scanf("%d%d%d",&a,&b,&c);
    a=b!=c;                                        //第 6 行
    printf("a=%d,b=%d,c=%d\n",a,b,c);
    a==(b=c++ * 3);                                //第 8 行
    printf("a=%d,b=%d,c=%d\n",a,b,c);
    a=b>c>2;                                       //第 10 行
    printf("a=%d,b=%d,c=%d\n",a,b,c);
}
```

程序运行：

```
2 3 4↙
a=1,b=3,c=4
a=1,b=12,c=5
a=0,b=12,c=5
```

程序说明：根据运算符的优先级，程序中第 6 行语句运行后，变量 a 的值为"b！＝c"的结果（即 1）；第 8 行用括号改变了运算的优先顺序，因没有对变量 a 赋值，所以 a 不变而变量 b、c 的值由赋值运算和自增运算而改变；第 10 行语句在运算时根据运算符的结合性，先计算 b＞c，结果为 1，再与 2 进行"＞"比较，所以赋给 a 的值一定是 0。

【例 3.4】 若有 int x＝2，y＝3，z＝5；，计算下列关系表达式的值。

(1) x％2＝＝0

表达式值是 1。"x％2"值为 0，再计算"0＝＝0"结果为 1。

(2) z＝x－1＞＝y－2＜y－x

表达式值是 0。根据关系运算符优先级，先进行算术运算，得"z＝1＞＝1＜1"，关系运算"＞＝"与"＜"优先级相同，根据结合性，从左到右运算，计算"1＞＝1"其值是 1，得"z＝1＜1"，再计算"1＜1"为 0，故 z 及表达式的计算结果为 0。

（3）8＜5＜3

表达式值是1。根据运算符的结合性从左到右计算，先计算“8＜5”，值为0；再计算“0＜3”，值为1，表达式的值为1。

3.1.3 逻辑运算符和表达式

逻辑运算用于判断运算对象的逻辑关系，通常表示一些比较复杂的条件。逻辑运算的对象除了关系运算结果（逻辑量）外，可以是任何类型的数据（包括整型、实型、字符型等），以运算对象的值是零还是非零判断它们是“真”还是“假”。

1. 逻辑运算符

C语言提供的逻辑运算符共3个，分别为

!（逻辑非）　　&&（逻辑与）　　||（逻辑或）

1）逻辑非

一般形式：

```
!表达式
```

功能：是单目运算符，其结果为运算对象逻辑值的取“反”。若表达式值为0，“!表达式”值为1；否则，“!表达式”值为0。

例如：“!x”作用是判别x是否为0，x为0时，值为1，否则值为0，与“x＝＝0”等价。

2）逻辑与

一般形式：

```
表达式 && 表达式
```

功能：若参加运算的两个表达式值均为非0，则结果为1；否则结果为0。

例如：判断“c是一个大写字母”的逻辑表达式如下：

```
c>='A' && c<='Z'
```

其中“&&”用于判断两个条件“c＞＝'A'”和“c＜＝'Z'”（ASCII码值比较）是否“同时成立”。

3）逻辑或

一般形式：

```
表达式 || 表达式
```

功能：若参加运算的两个表达式值均为0，结果为0；否则结果为1。

例如：判断“c是一个字母”的逻辑表达式如下：

```
c>='A' && c<='Z' || c>='a' && c<='z'
```

其中“||”用以判断两个条件是否“有一个成立”。

2. 逻辑运算符优先级

（1）逻辑运算符的运算优先级从高到低依次为：!、&&、||。

例如：判别“a 小于 4 且|b|>3”的逻辑表达式如下：

```
a<4&&(b>3||b<-3)
```

其中的括号用来改变表达式中各运算符的运算顺序。本例写成“a<4&&b>3||b<-3”是错误的，因为逻辑与优先于逻辑或，只要 b 小于-3，则不管 a 是否小于 4，表达式值为 1。

(2) 与其他运算符比较：

① !(逻辑非)是单目运算符，与++、--优先级相同，结合性为从右到左。

② 其他逻辑运算符比关系运算符的优先级低，比赋值运算符的优先级高。

3. 逻辑表达式

逻辑表达式在程序中一般用在控制语句(if、for、while、do-while 等)中，对某些条件作出判断，根据条件成立(真)还是不成立(假)，决定程序的流程。参加逻辑运算的对象将非 0 值视为“真”、将 0 视为“假”。

【例 3.5】 设“int a=2,b=3; char c='A'; float x=3.6,y=-4.4”，写出下列表达式的值。

(1) a>b||! (c-'A')&&x<y

代入各变量值：0||! (0)&&0 即 0||1&&0，亦即 0||0，结果为 0。

(2) a-b&&! c-5||y*2<x

按照各运算符的优先级加括号，改写作“((a-b)&&((! c)-5))||((y*2)<x)”，代入各变量值后为“(-1&&(0-5))||(-8.8<3.6)”，又可以写作“(1&&1)||1”，计算结果为 1。

【例 3.6】 根据下列条件，写出 C 的逻辑表达式。

(1) 条件“长度分别为 a、b、c 的三条线段能够组成三角形”。

逻辑表达式：

```
a+b>c && a+c>b && b+c>a
```

(2) 条件“|x|是一个两位数”。

逻辑表达式：

```
x>=10 && x<=99 || x>=-99 && x<=-10
```

(3) 条件“y 年是闰年”。

逻辑表达式：

```
y%4==0 && y%100!=0 || y%400==0
```

(4) 条件“x、y 落在圆心在(0,0)半径为 1 的圆外、中心点在(0,0)边长为 2 的矩形内”。

逻辑表达式：

```
x*x+y*y>1 && x>=-2 && x<=2 && y>=-2 && y<=2
```

以下用两个程序例子试图说明 C 语言在计算逻辑表达式值时的特点，请读者注意。在由 && 和||运算符组成的逻辑表达式中，为提高程序的执行效率，C 语言规定，只对能够确

定整个表达式值的最少数目的子表达式进行计算，即当计算出某个子表达式值后就可以确定整个逻辑表达式的值时，后面的子表达式就不再计算了。也就是说，在计算“A && B”类型的表达式时，若 A 为 0，则不再计算 B；同样，在计算“A||B” 类型的表达式时，若 A 为 1，则不再计算 B。

【例 3.7】 分析下面程序的运行结果。

```
#include"stdio.h"
void main()
{
   int x,y,z,m;
   x=y=z=0;
   m=++x&&++y|| ++z;
   printf("m=%d x=%d y=%d z=%d",  m,x,y,z);
}
```

程序运行：

```
m=1  x=1  y=1  z=0
```

程序说明：由于“++x&&++y”为 1，表达式“++x&&++y||++z”值已完全确定，所以表达式中的“++z”被忽略。

【例 3.8】 分析下面程序的运行结果。

```
#include"stdio.h"
void main()
{
   int x,y,z,m;
   x=y=z=-1;
   m=++x&&++y|| ++z;
   printf("m=%d x=%d y=%d z=%d",  m,x,y,z);
}
```

程序运行：

```
m=0  x=0  y=-1  z=0
```

程序说明：“++x&&++y||++z”；由于“++x”为 0，表达式中的“++y”被忽略，因还不能得出整个表达式的结果，再计算“0 || ++z”。

3.1.4 赋值运算符和表达式

1. 简单赋值运算

1）赋值运算

在 C 语言中，将赋值作为一种运算。赋值运算符为赋值符号“=”，它的作用是执行一次

赋值运算,将右边表达式的值赋给左边的变量。赋值表达式的形式为

```
变量名=表达式
```

赋值表达式功能是先计算表达式的值,再将计算结果送到变量。表达式又可以是赋值表达式。赋值表达式本身是一个运算表达式,它也有值,其值就是给左边变量赋的值。

赋值运算符的优先级低于算术运算符、关系运算符和逻辑运算符,结合性方向为从右到左。

2）赋值语句

（1）语句形式

```
变量名=表达式;
```

赋值表达式后加分号即为赋值语句,赋值语句执行赋值操作。

例如：赋值语句“a＝1＋2 * 3.14159;”的执行步骤是：计算“＝”右边的表达式的值,赋给左边变量。

例如：赋值语句“a＝b＝c＝1;”的执行步骤是：根据运算符的右结合性,①先执行赋值表达式“c＝1”,且表达式值亦为 1；②再执行赋值表达式“b＝1”,且表达式值亦为 1；③最后 a 与 b、c 一样被赋值 1。

（2）赋值时数据类型的转换

在赋值语句中,右边表达式和左边变量的类型不同时,系统会自动完成类型转换,将表达式的值转换为与左边变量相同类型的数据,再赋值,具体规则见表 3.1。

例如：int x＝3;,则表达式：x＝x＋1.999 的值是 4。

例如：char c; c＝1345; putchar(c); 执行该程序段后输出结果为 A。因将 1345 赋值给 c,取其低字节内容,为 65。

例如：int a＝－1;unsigned b＝65534;执行语句 b＝a; 后,b 的值为 65535,带符号整数赋值给无符号整型变量时,将符号位看作数值位;语句改为 a＝b; a 的值为－2,无符号整数赋值给带符号整型变量时,最高位按符号位处理。

表 3.1　不同类型数据的赋值转换规则

变量类型	表达式类型	转换规则	举　　例
char	int	取表达式值的低 8 位内容	表达式值 65 或 577,变量为'A'
	float、double	取表达式整数部分的低 8 位	表达式值 65.789,变量为'A'
int	char	将对应 ASCII 码值赋给变量	表达式值'A',变量为 65
	float、double	舍弃小数部分	表达式值 1.999,变量为 1
float	char、int、double	浮点形式,有效位数为 6	执行 float t＝3.14159265,t 为 3.14159
double	char、int、float	浮点形式,有效位数为 16	

说明：带符号整数赋值给无符号整型变量时，符号位将作为数值位对待，如“unsigned int a; int b=−1; a=b;”则 a 的值为 65535。反之，无符号整数赋值给带符号整型变量时，最高位按符号位理解。

2. 复合赋值运算

C 语言的双目运算符与赋值运算符的结合，构成复合赋值运算符，亦称自反算术赋值运算符。由双目算术运算符构成的复合赋值运算有：

+=、−= 、*= 、/=、%=

这类运算符实际上是把“算术运算”与“赋值运算”两个动作结合在一起，作为一个复合运算符使用。运算符的优先级与结合性与“=”相同。

复合赋值运算构成的表达式在计算时，先把左边变量的当前值与右边整个表达式的值进行相应的算术运算，然后把运算的结果赋给左边的变量，整个复合赋值表达式的值也是左边变量的值。

复合赋值运算可以简化程序，但降低了程序的可读性，且易导致错误。

例如：表达式“x *=y+5”的等效形式是“x=x * (y+5)”，不能理解为“x=x * y+5”；表达式“x/=2 * y−10”的等效形式是“x=x/(2 * y−10)”，不能理解为“x=x/2 * y−10”。即右边的表达式是个整体要先计算，再将与左边变量进行相应的算术运算后的结果赋值给左边的变量。

建议读者在编写程序时，使用的复合赋值表达式尽可能简单易于理解，如：i+=2；少用复杂的复合赋值运算，如：x/=2 * y−10 等。

3.1.5 逗号运算符和表达式

1. 逗号运算符

逗号运算符“,”的功能是将两个或两个以上的表达式连接起来，从左到右求解各个表达式，最后一个表达式的值为整个逗号表达式的值。

逗号运算符的优先级是所有运算符中最低的，其结合性为从左到右。

2. 逗号表达式

逗号表达式的一般形式：

```
表达式 1, 表达式 2, …, 表达式 n
```

逗号表达式的计算过程是：先计算表达式 1，再计算表达式 2，……最后计算表达式 n，逗号表达式的值为表达式 n 的值。

例如：表达式“a=2+4,3 * 5”的执行步骤是：计算 2+4 为 6，因“=”的优先级比“,”高，所以先将 6 赋值给 a，再计算 3 * 5 的值 15，最后整个表达式的值为 15。

再如：若有定义 int a=2,c;，语句“c=(b=a++,a+2);”的执行步骤是：将 a 的原值 2 赋值到变量 b，然后 a 自增为 3；再计算 a+2 值为 5，逗号表达式的值取后一个表达式的值即 5，将 5 赋值到变量 c。

3.2　常用库函数

在用C语言编制程序时,用户可以根据需要将某些独立功能写成自定义函数。为了用户使用方便,C语言处理系统提供了许多已编写好的函数,这些函数被称为库函数。用户在使用这些函数时,用#include预处理命令将对应的头文件包含到程序中即可。

在本节中,将介绍常用的输入输出函数、数学函数和字符函数等,其他函数的使用方法将在以后各相关章节中陆续介绍。

3.2.1　输入输出函数

C语言没有提供输入输出语句,数据的输入输出操作是通过调用库函数实现的。编程者只要调用合适的系统库函数,就可以完成各种数据的输入输出工作。下面介绍C语言中常用的输入输出库函数,使用输入输出库函数时,应在源文件中包含头文件stdio.h。

1. 字符输出函数putchar

函数原型:

```
int putchar(char x)
```

功能:向标准输出设备(一般是屏幕)输出一个字符x。

说明:输出的x可以是字符常量(包括转义字符)、变量或表达式,还可以是整型数据。

例如:

```
#include <stdio.h>
void main()
{
  putchar('A');                //输出'A'
  putchar('\101');             //输出ASCII码值为101(八进制)对应的字母'A'
  putchar(65);                 //输出ASCII码值为65(十进制)对应的字母'A'
  putchar('\n');               //输出一个回车符
}
```

2. 字符输入函数getchar

函数原型:

```
int getchar()
```

功能:从标准输入设备(一般是键盘)读取一个字符。

例如:

```
#include <stdio.h>
void main()
```

```
{
    char c1,c2,c3;
    c1=getchar();
    c2=getchar();
    c3=getchar();
    putchar(c1);
    putchar(c2);
    putchar(c3);
}
```

从键盘输入 a　b　c↙，则 c1 得到'a'、c2 得到空格、c3 得到'b'，字符'c'没有使用。

3. 格式输出函数 printf

函数原型：

```
int printf(格式控制字符串,表达式列表)
```

功能：按照格式控制字符串所给定的输出格式，把各表达式的值在显示器上输出。

例如：printf("a=%d,x=%f\n",a,x)的输出结果是，先输出 a=，接着按格式符%d 指定的格式输出变量 a 的值，再输出逗号，接着输出 x=，然后按格式符%f 指定的格式输出变量 x 的值，最后输出一个换行符。

格式控制字符串由格式说明符和其他字符组成，printf 函数从格式控制字符串的首字符开始输出，到格式控制字符串尾部结束输出，基本规则为

(1) 遇格式说明符(以“%”开头)，则以此格式输出列表中对应表达式的值。

(2) 遇非格式说明符则原样输出(若要输出一个“%”字符，在字符串中用“%%”表示)。

格式说明符的作用是将对应的数据转换为指定的格式输出，其作用见表 3.2。

表 3.2　printf 的格式说明符及其作用

格式说明符	作　　用
%d 或%i	以带符号的十进制形式输出整数(正数不显示符号)
%o	以八进制无符号形式输出整数(不显示前导 0)
%x 或%X	以十六进制无符号形式输出整数(不显示前导 0x)，格式说明字符用 x 时，以小写形式输出十六进制数码 a～f;用 X 时，输出对应的大写字母
%u	以十进制无符号形式输出整数
%c	以字符形式输出一个字符
%s	输出字符串中的字符，直到遇到'\0'
%f	以小数形式输出单、双精度型数，默认输出 6 位小数
%e 或%E	以标准指数形式输出单、双精度型数，小数部分默认输出 6 位小数，格式说明字符用 e 时指数以"e"表示，用 E 时指数以"E"表示
%g 或%G	由系统自动选定%f 或%e 格式，以使输出宽度最小，不输出无意义的 0，用 G 时若以指数形式输出则选择大写字母"E"

在格式说明符中,%与格式说明字符之间可以加可选的附加说明符,见表 3.3。

表 3.3 printf 的附加说明符及其意义

附加说明符	意　义
字母 l 或 L	输出长整型数据时,加在 d、i、o、x、X、u 前
m(正整数)	数据输出的域宽(列数),当数据实际输出列数超过 m 时,则按实际宽度输出(m 不起作用),如数据实际输出列数少于 m 时,则在数据前补空格到 m 列
.n(正整数)	对于实数,表示输出 n 位小数;对于字符串,表示从左开始截取的字符个数
-	输出的数据在域内左对齐,右边补空格
+	输出的数字前带有正负号
0	输出的数据在域内若右对齐时,在左边补 0
#	用在格式字符 o、x、X 前,使输出八进制或十六进制数时,输出前导的 0 和 0x

1) 整型数据的输出

(1) 格式符 %d、%i 输出基本整型数据。

例如:

```
int a=10,b=20;
printf("a=%d,b=%i\n",a,b);
```

输出结果为

```
a=10,b=20
```

在格式控制字符串中,如有除格式说明符以外的其他字符,则会原样输出这些字符,它们改进了输出效果,提高了输出结果的易理解性。

例如:

```
int a=10,b=20;
printf("两数之和:%d   两数之差:%d\n",a+b,a-b);
```

输出结果为

```
两数之和:30   两数之差:-10
```

(2) 格式符%u、%o、%x 分别以十进制、八进制、十六进制输出无符号整数。

例如:

```
Short int a=1,b=-1;
printf("%d,%d,%u,%u,%o,%o,%x,%x\n",a,b,a,b,a,b,a,b);
```

输出结果为

```
1,-1,1,65535,1,177777,1,ffff
```

变量 a、b 在内存单元中以二进制补码形式存放：

a：00000000 00000001

b：11111111 11111111

其中最高位是符号位。以%u、%o、%x 格式输出整数时，如果是负数，将补码表示的符号位也看成是数值输出。

(3) 指定宽度输出。

格式符%md、%mo、%mx、%mu 均可指定输出数据的宽度(列数)，m(正整数)小于实际宽度时不起作用，m 大于实际宽度时，结果右对齐输出，左边补空格。m 前加负号，则在域宽内左对齐输出，右边补空格。

例如：

```
int a=12345,b=-1;
printf("a=%4d,b=%4d\n",a,b);
```

输出结果为

```
a=12345,b=  -1
```

例如：

```
int a=12,b=3;
printf("a=%-4d,b=%-4d左对齐\n",a,b);
```

输出结果为

```
a=12  ,b=3   左对齐
```

(4) 输出长整型数据%ld、%lu、%lo、%lx。

例如：

```
long int a=12345678,b=-1;
printf("%5ld,%5ld\n",a,b);
```

输出结果为

```
12345678,    -1
```

2) 字符、字符串的输出

(1) 格式符%c 输出一个字符。

例如：

```
char c='$';
printf("%c,%4c\n",c,c);
```

输出结果为

```
$,  $
```

字符型数据在内存中是以其ASCII码值存放的，所以字符数据可以用整数形式输出它的ASCII码值，整型数据只要它的值在ASCII码值范围之内，也可以用字符形式输出。

例如：

```
char c='A'; int a=66;
printf("%c,%d,%c,%d\n",c,c,a,a);
```

输出结果为

```
A,65,B,66
```

(2) 格式符%s输出字符串。

例如：

```
printf("%s %s\n", "Windows", "XP");
```

输出结果为

```
Windows  XP
```

(3) 指定宽度输出。

%mc、%ms可以按指定宽度输出字符、字符串。m小于实际宽度时不起作用，m大于实际宽度时左边补空格，m前加负号右边补空格。%m.ns指定只输出字符串的前n(正整数)个字符。

例如：

```
printf("开始%10s %-5s结束\n","Windows","XP");
printf("开始%10.3s %.3s %-5.3s结束\n","Windows","Windows","XP");
```

输出结果为

```
开始   Windows XP   结束
开始   Win Win XP   结束
```

3) 实型数据的输出

(1) 用格式符%f输出实型数据。

例如：

```
float x=123.45; double y=1234.567898765;
printf("x=%f  y=%f\n",x,y);
```

输出结果为

```
x=123.450000  y=1234.567899
```

float、double类型数据都可以用相同的格式符(即double类型不必用%lf格式输出)。格式符%f使得输出结果保留6位小数(不足6位后面补0,超过6位在第七位四舍五入)。

例如:

```
float x=9876.54321; double y=9876.54321;
printf("x=%f   y=%f\n",x,y);
```

输出结果为

```
x=9876.542969  y=9876.543210
```

因float型数据有效位数为6位,double类型有效位数为16位,变量x只有前6位数字有意义,而变量y的所有数字均有效。

(2) 用格式符 %m.nf、%.nf输出实型数据。

例如:

```
float x=123.456,y=65.4321; double z=-123.4567898765;
printf("x=%4.2f  y=%.2f  z=%18.8f\n",x,y,z);
```

输出结果为

```
x=123.46  y=65.43  z=-123.45678977
```

m、n为正整数,m为输出数据所占列数(小数点及符号位各占一列),n为输出小数点后面的位数。

m大于实际宽度时,左边补空格至m位,m前有负号则右边补空格至m位,m小于实际数据输出宽度时自动失效。格式符 %.nf表示不规定域宽,只设定输出小数位数。

(3) 用格式符%e、%m.ne、%.ne以指数形式输出实型数据。

例如:

```
float x=123.456,y=65.4321; double z=-123.4567898765;
printf("x=%e  y=%.2e  y=%18.8e\n",x,y,z);
```

输出结果为

```
x=1.234560e+002  y=6.54e+001  z=  -1.23456790e+002
```

格式符%e的输出形式为:

×.××××××e±×××

格式符%m.ne的输出形式为:

×.×…×e±×××

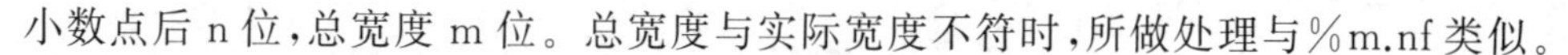

小数点后 n 位，总宽度 m 位。总宽度与实际宽度不符时，所做处理与%m.nf 类似。

(4) 用格式符%g、%m.ng、%.ng 输出实型数据。

由系统自动选定%f 或%e 格式，以使输出宽度最小，不输出无意义的 0。

例如：

```
float x=12345.6; double y=-123456789.8765;
printf("x=%g  y=%18.8g\n",x,y);
```

输出结果为

```
x=12345.6  y=   -1.2345679e+008
```

4. 格式输入函数 scanf

函数原型：

```
int scanf(格式控制字符串,地址列表)
```

scanf 语句的功能是：按照格式控制字符串所给定的输入格式，把输入数据按地址列表存入指定的存储单元。

"格式控制字符串"的含义与 printf 函数相似；"地址列表"是由若干个地址组成的列表，可以是变量的地址、数组的首地址、数组元素的地址。

1) 格式控制字符串

格式控制字符串由格式说明符和其他字符组成，scanf 函数从格式控制字符串的首字符开始输入，到格式控制字符串尾部结束输入，与 printf 函数用法大体相似，基本规则如下。

(1) 遇非格式说明符则必须原样输入与之抵消。

例如：

```
int a,b;
scanf("%d,%d",&a,&b);
```

必须输入 10，20，两数用逗号隔开。

(2) 遇格式说明符则以此格式输入数据存放到地址列表中对应的变量内存单元中。

scanf 函数可以使用的格式说明符和作用见表 3.4，在%与格式字符之间也可以有附加说明符，见表 3.5。

表 3.4　scanf 的格式说明符及其作用

格式说明符	作　　用
%d	输入一个十进制整数
%I 或%i	输入一个整数，可以是十进制数、带前导 0 或 0x 的八进制或十六进制数
%o	以八进制形式输入一个整数(可带前导 0，也可不带前导 0)

续表

格式说明符	作　用
%x	以十六进制形式输入一个整数(可带前导0x或0X,也可不带)
%u	输入一个无符号的十进制整数
%c	输入一个字符
%s	输入一个字符串,将输入的整个字符串存入到一个字符数组中。输入时遇空格或回车键结束,并自动在最后加存一个'\0',作为字符串的结束标识
%f或%e	两个格式相同,用来输入实数,可以以小数形式或指数形式输入

表3.5　scanf的附加说明符及其意义

附加说明符	意　义
字母l或L	加在d、I(或i)、o、x、u前,表示输入长整型数据;加在f、e前,表示输入双精度型数据
字母h或H	加在d、I(或i)、o、x、u前,表示输入短整型数据
m(正整数)	指定输入数据所占的域宽(列数)
*	表示对应的输入项在读入后不赋给相应的变量,不需要为其指定地址参数

(3) 格式说明符:

输入单个字符用格式符%c,输入字符串,用格式符%s。

输入各类整型数据,用格式符%d、%i、%o、%x、%u。

输入不同字长的整型数据时,格式符中应当加入长度修饰符,如%hd、%ld分别用于short、long类型数据的输入。

输入float型数据,用格式符%f;输入double类型数据,用格式符%lf。

(4) 指定输入数据的宽度:

用格式符%mc读入m个字符,将首字符赋值给相应的字符变量。

以输入int类型数据为例,格式符%md、%mo、%mx均可指定输入数据的宽度为m位,符号占一位,其他整型数据的指定宽度输入格式与之类似。

以输入float型数据为例,格式符%mf可指定输入数据的宽度,符号和小数点各占一位,不可以指定小数位数,double类型数据的指定宽度输入格式符为%mlf。

例如:

```
int a;float x;
scanf("%3d%f ",&a,&x);
```

输入数据:-1234 56.78,则变量a和x的值分别为-12、34.0。

例如:

```
int a;float x;
```

```
scanf("%d%4f ",&a,&x);
```

输入数据：−1234 56.78，则变量 a 和 x 的值分别为−1234、56.7。

2）地址列表

在 scanf 中，必须列出变量的地址列表，表示将输入的数据送到相应的地址所代表的内存存储单元中。变量的内存地址，通过取址运算符“&”得到。如 &x 即得到 x 在内存中的地址。

3）输入缓冲区

scanf 函数执行时，并不是输完一个数据项就被送入对应的变量中，而是将输入的数据项先存放在内存输入缓冲区中，只有在按回车键后，才按 scanf 中的格式控制字符串所给定的输入格式从缓冲区依次读数据，存入地址列表所对应的变量。

若缓冲区中的数据个数比 scanf 函数所需数据个数少，等待用户继续输入数据；若缓冲区中的数据个数比 scanf 函数所需数据个数多，多出数据留在缓冲区内，可被下一个输入语句使用；程序在首次执行输入数据库函数前，缓冲区为空。

【例 3.9】 已知等差数列的第一项为 a，公差为 d，求前 n 项之和，a、d、n 由键盘输入。

```
#include <stdio.h>
void main()
{
    int a,d,n,sum;
    printf("input a n");
    scanf("%d%d",&a,&n);
    printf("input d");
    scanf("%d",&d);
    sum=a*n+n*(n-1)*d/2;
    printf("sum=%d\n",sum);
}
```

程序运行：

```
input a n 1 100↙
input d 2↙
sum=10000
```

程序说明：输入 1 和 100 两个数据，第一条 scanf 语句接收并分别存放到变量 a 和 n 中。再输入 2，第二条 scanf 语句接收该数据，并存放到 d 中。按等差数列前 n 项和的计算公式计算出 1＋3＋5＋…前 100 项之和并输出。若输入 3 个数据：1　100　2↙，第一次执行 scanf 语句后，缓冲区内还有一个数据“2”，执行下一条 scanf 语句时直接从缓冲区内读入 2 赋值给变量 d。

4）输入项之间的分隔符

scanf 函数从缓冲区中读取数据时，数据与数据之间必须有分隔符，以便确定哪些信息作为一个数据项。C语言确定一个数据项的结束，有下列几种方法：

(1) 数值类型数据可用空格、换行符('\n')、制表键Tab('\t')作分隔符。

(2) 与对应的格式说明项不匹配或已到规定宽度。

【例3.10】 用scanf函数输入数据。

```
#include <stdio.h>
void  main()
{
    int i1,i2;
    float f1,f2; char c1;
    scanf("%d%d%5f%c%5f",&i1,&i2,&f1,&c1,&f2);
    printf("i1=%d,i2=%d,f1=%.3f,f2=%.3f,c1=%c\n",i1,i2,f1,f2,c1);
}
```

程序运行：

```
123  456  34.5656.789↙
i1=123,i2=456,f1=34.560,f2=6.789,c1=5
```

程序运行：

```
123  456  34.#56.789↙
i1=123,i2=456,f1=34.000,f2=56.780,c1=#
```

程序说明：不指定输入宽度的各数值数据之间可以用空格、回车符、Tab键作为间隔符；指定宽度输入的各种类型数据之间可以不需要间隔符；无论指定宽度与不指定宽度的输入，遇到与规定格式不符的字符时结束一个数据项的输入。

(3) 在格式控制字符串中可以包含其他的普通字符，执行scanf函数时，这些普通字符在屏幕上不显示，而是要求在数据输入时，作为数据分隔符，照原样输入这些普通字符。

如：

```
scanf("%d,%f,%c",&i1,&f1,&c1);
```

则每一数据项必须用逗号分隔。

输入123,34.56,r↙则各变量的赋值如下：

```
i1=123    f1=34.56    c1='r'
```

输入数据中的逗号是不可缺少的，如输入项用空格分隔，则各变量无法正确接收数据。

若输入语句为“scanf("i1=%d i2=%d,f1=%f",&i1,&i2,&f1);”，则必须用“i1=”“i2=”“,f1=”作为分隔符，例如输入i1=12 i2=345,f1=67.89↙。

5) 抑制字符“*”

格式符符号“%”后加入“*”，表示读入的数据不赋值给任何变量，不需要为此格式符指定地址参数。

【例 3.11】 格式符“% * c”的使用。

```
#include <stdio.h>
void main()
{
    char x,y;
    printf("第一次:");
    scanf("%c% * c%c% * c",&x,&y);
    printf("x=%c,y=%c\n",x,y);
    printf("第二次:");
    scanf("%c%c",&x,&y);
    printf("x=%c,y=%c\n",x,y);
}
```

程序运行：

```
第一次:A  B↙
x=A,y=B
第二次:A  B↙
x=A,y=
```

程序说明：输出结果表明，第一次输入时格式串中第二个格式符“% * c”中的抑制字符，使得读入的第二个字符(空格)未向任何变量赋值(空读)，因此变量 y 的值不是空格而是'B'，第四个格式符“% * c”与第一次读入的回车符相对应，抑制字符的目的是使第二次输入不受影响；第二次输入时只能接收两个字符，变量 y 的值是空格，而输入的字符 B 不被任何变量接收。

3.2.2　数学运算函数

数学运算函数对应的头文件为 math.h。

(1) 平方根函数 sqrt。

函数原型：

```
double sqrt(double a)
```

例如：sqrt(56.78) 返回 56.78 对应的平方根值。

(2) 绝对值函数 fabs。

函数原型：

```
double fabs(double a)
```

例如：fabs(－123.456)返回值为 123.456。

(3) 指数函数 pow。
函数原型:

```
double pow(double a,double b)
```

例如:pow(2.2,3.5)返回值为 $2.2^{3.5}$。
(4) e 的指数函数 exp。
函数原型:

```
double exp(double a)
```

例如:exp(7.8)返回值为 $e^{7.8}$,其中 e 为自然对数的底数(2.7182…)。
(5) 以 e 为底的对数函数 log。
函数原型:

```
double log(double a)
```

例如:log(123.45)返回值为 4.815836。
(6) 以 10 为底的对数函数 log10。
函数原型:

```
double log10(double a)
```

例如:log10(123.45)返回值为 2.091491。
(7) 正弦函数 sin。
函数原型:

```
double sin(double a)
```

例如:sin(60 * 3.14159/180)返回值为 60°的正弦值。
(8) 反正弦函数 asin。
函数原型:

```
double asin(double a)
```

例如:asin(0.1234)返回正弦值为 0.1234 所对应的弧度值。
(9) 正切函数 tan。
函数原型:

```
double tan(double a)
```

例如:tan(60 * 3.14159/180)返回值为 60°的正切值。

3.2.3 字符处理函数

字符函数对应的头文件 ctype.h。

(1) 大写字母转换为小写字母函数 tolower。

函数原型：

```
char tolower(char a)
```

返回值：a 是大写字母则返回与 a 对应的小写字母，否则返回 a。

例如：tolower('D')为'd'，tolower('%')为'%'。

(2) 检查字母函数 isalpha。

函数原型：

```
int isalpha(char a)
```

返回值：a 是字母返回非 0，否则为 0。

例如：isalpha('x')为非 0；isalpha(48)为 0，因为 ASCII 码值为 48 的字符是'0'，不是字母。

(3) 检查大写字母函数 isupper。

函数原型：

```
int isupper(char a)
```

返回值：a 是大写字母返回非 0，否则为 0。

例如：isupper('B')为非 0，isupper('b')为 0。

(4) 检查数字字符函数 isdigit。

函数原型：

```
int isdigit(char a)
```

返回值：a 是数字字符返回非 0，否则为 0。

例如：isdigit('0')为非 0，isdigit('\007')为 0，因为'\007'是控制字符，表示发出“嘟”声。

(5) 检查字母、数字字符函数 isalnum。

函数原型：

```
int isalnum(char a)
```

返回值：a 是字母、数字返回非 0，否则为 0。

例如：isalnum(32) 为 0，因空格的 ASCII 码值为 32；isalnum('\101')为非 0，因转义字符'\101'表示的是 ASCII 码值为八进制 101(即 65)的字符即字母 A；isalnum(27)为 0，因 ESC 的 ASCII 的值为 27，而 ESC 是非字母、数字字符。

(6) 检查可打印字符函数 isgraph。

函数原型：

```
int isgraph(char a)
```

返回值：a 是可打印字符返回非 0，否则为 0。

例如：isgraph('a')为非 0，isgraph('\n') 为 0，因为字符'\n'为不可打印字符。

3.3 习题与实践

1. 选择题

(1) 算术运算符、赋值运算符和关系运算符的运算优先级按从高到低依次为( )。

A. 算术运算、赋值运算、关系运算　B. 算术运算、关系运算、赋值运算

C. 关系运算、赋值运算、算术运算　D. 关系运算、算术运算、赋值运算

(2) 表达式 x && 1 等效于( )。

A. x==0　B. x==1　C. x!=0　D. x!=1

(3) 表达式 x==0&&y!=0||x!=0&&y==0 等效于( )。

A. x*y==0&&x+y!=0　B. x*y==0&&(x+y==0)

C. x==0||y==0　D. x*y=0||x+y=0

(4) 设 int a=2; float b;,执行下列语句后,b 的值不为 0.5 的是( )。

A. b=1.0/a　B. b=(float)(1/a)　C. b=1/(float)a　D. b=1/(a*1.0)

(5) 执行语句"x=(a=3,b=a--)"后,x,a,b 的值依次为( )。

A. 3,3,2　B. 3,2,2　C. 3,2,3　D. 2,3,2

(6) int b=0,x=1;执行语句 if(x++) b=x+1; 后,x,b 的值依次为( )。

A. 2,3　B. 2,0　C. 3,0　D. 3,2

(7) 设有语句 int a=3;,则执行了语句 a+=a-=a*a; 后,变量 a 的值是( )。

A. 3　B. 0　C. 9　D. -12

(8) 设 a 为整型变量,不能正确表达数学关系 10<a<15 的 C 语言表达式是( )。

A. 10<a<15

B. a==11|| a==12 || a==13 || a==14

C. a>10 && a<15

D. !(a<=10)&& !(a>=15)

(9) 设 f 是实型变量,下列表达式中不是逗号表达式的是( )。

A. f= 3.2, 1.0　B. f>0, f<10　C. f=2.0, f>0　D. f=(3.2, 1.0)

(10) int n; float f=13.8; 执行 n=((int)f)%3 后, n 的值是( )。

A. 1　B. 4　C. 4.333333　D. 4.6

(11) 设 a,b 和 c 都是整型变量,且 a=3,b=4,c=5, 则下面的表达式中值为 0 的是( )。

A. 'a'&&'b'　B. a<=b

C. a||b+c&&b-c　D. !((a<b)&&! c||1)

(12) 设 a 是字符型变量,其值字符为 '1',则把其值变成整数 1 的表达式是( )。

A. (int)a　B. int(a)　C. a= a-48　D. a / (int)a

(13) a 是整型变量,c 是字符型变量,下列输入语句中错误的是( )。

A. scanf("%d,%c",&a,&c);　B. scanf("%d%c",a,c);

C. scanf("%d%c",&a,&c);　　　　D. scanf("d=%d,c=%c",&a,&c);

(14) 设有 int a=255,b=8;则 printf("%x,%o\n", a, b); 的输出是(　　)。

A. 255, 8　　B. ff, 10　　C. 0xff, 010　　D. 输出格式错

(15) 设有 int i=010,j=10;则 printf("%d,%d\n",++i, j--);的输出是(　　)。

A. 11,10　　B. 9,10　　C. 010,9　　D. 10,9

2. 填空题

(1) 设 a=3,b=2,c=1,则 a>b 的值为________,a>b>c 的值为________。

(2) 若已知 a=10, b=20,则表达式!a<b 的值为________。

(3) 设 float x=2.5,y=4.7; int a=7;,表达式 x+a%3*(int)(x+y)%2/4 的值为________。

(4) int x=17,y=5;,执行语句 x%=x++/--y 后 x 的值为________。

(5) m 是值为两位数的整型变量,判断其个位数是奇数而十位数是偶数的逻辑表达式为________。

(6) 求解赋值表达式 a=(b=10)%(c=6),表达式值、a、b、c 的值依次为________。

(7) 求解逗号表达式 x=a=3,6*a 后,表达式值、x、a 的值依次为________。

(8) 20<x<30 或 x<-100 的 C 语言表达式是________。

3. 程序设计题

(1) 输入三个字符,计算 ASCII 码值的和,并输出。

(2) 输入 x,计算 y 的值,并输出。

$$y=\sqrt{x-5}+\lg x$$

(3) 输入一个三位整数,计算各位数字的立方和,并输出。

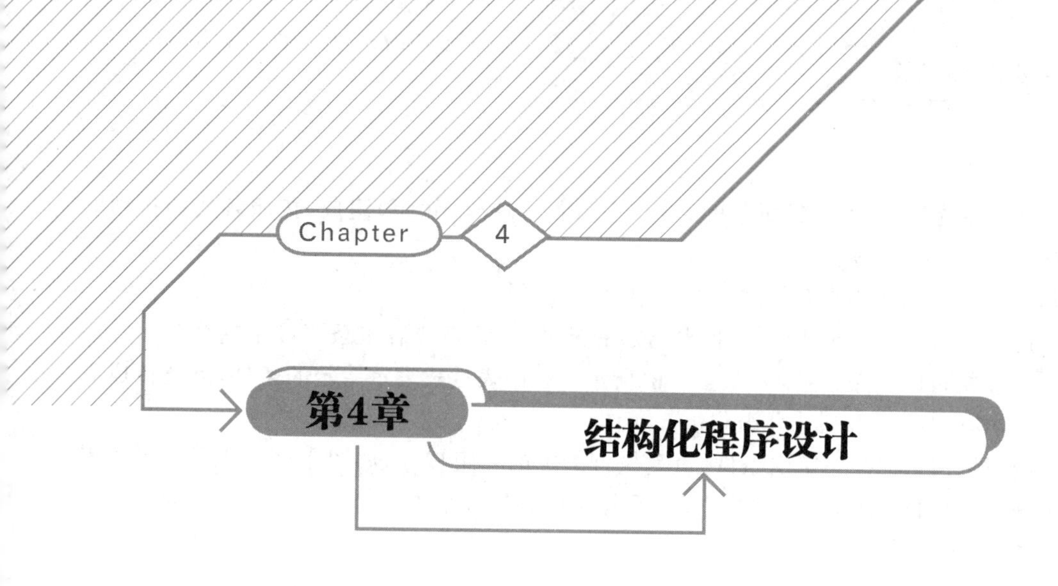

本章学习目标

- 掌握结构化程序设计的基本思想和方法，理解顺序结构、选择结构和循环结构三种基本结构的功能和特点。
- 熟练掌握 if 和 switch 语句的语法及使用，掌握利用分支控制语句编写选择结构程序的方法。
- 熟练掌握 while、do-while、for 语句的语法及使用，掌握 break、continue 语句在循环控制中的应用，掌握利用循环控制语句编写循环结构程序的方法。

C 程序的三种基本结构是顺序结构、选择结构和循环结构。每一个 C 程序都是由这三种基本结构或三种基本结构的复合嵌套构成的，这样的程序被称为结构化程序。结构化程序具有结构清晰、层次分明、可读性好和易维护等特点。

选择结构又称分支结构，在程序设计时，如果需要根据某些条件作出判断，决定不同的处理方式，则需要用到选择结构。本章将介绍用于选择结构程序设计的两种语句：if 语句和 switch 语句。

循环是指在所设计的程序中，有规律地反复执行某一程序块的过程，循环结构不仅可以使程序更加简洁、明快，而且可以解决顺序结构和选择结构所不能解决的问题。C 语言提供的 while 语句、do-while 语句和 for 语句这三种循环语句能用来有效地实现循环结构。本章介绍这些循环语句的语法结构、功能特点，以及它们在循环程序设计中的具体应用。

4.1 程序的三种基本结构

结构化程序一般由三种基本结构组成，即顺序结构、选择结构和循环结构，如图 4.1 所示。

(1) 顺序结构是最基本、最简单的结构,它由若干块(语句组)组成,按照各块的排列顺序依次执行,如图 4.1(a)所示。

这里的块是指三种基本结构之一或其他表达式语句等。

(2) 选择结构又称分支结构,是根据给定的条件,从两条或者多条路径中选择其中之一作为下一步要执行的操作路径,如图 4.1(b)所示。图中表达式表示给定的条件,当条件成立时,选择语句组 1 操作,否则选择语句组 2 操作。

(3) 循环结构是根据一定的条件,重复执行给定的一组操作,如图 4.1(c)所示。图中表达式表示事先给定的条件,当条件成立时,重复执行语句组操作,一旦条件不成立,即离开该结构,继续顺序向下执行。

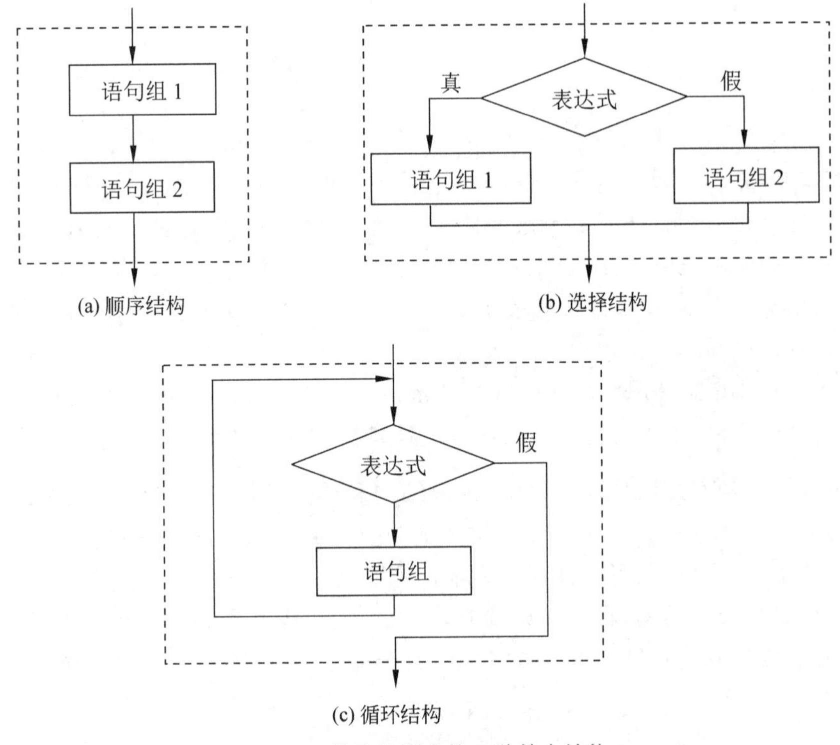

图 4.1　结构化程序的三种基本结构

由这三种基本结构或三种基本结构的复合嵌套构成的程序称为结构化程序。结构化程序的特点是结构清晰、层次分明、具有良好的可读性等。

4.2　选择结构程序设计

选择结构又称为分支结构,是结构化程序设计三种基本结构之一。在程序设计时,如果需要根据某些条件作出判断,决定不同的处理方式,则需要用到选择结构。下面介绍选择结构程序设计的两种语句：if 语句和 switch 语句。

4.2.1　if 语句

if 语句用于判定所给出的条件是否满足，根据判定的结果（真或假）决定执行给定的两种操作之一。

4.2.1.1　if 语句的基本形式和使用

C 语言提供了三种形式的 if 语句。

1. if 语句形式一

```
if(表达式)  语句;
```

功能：先计算表达式值，当表达式值不等于零时，则执行分支中的语句，否则直接执行 if 语句的后续语句。分支中的语句如果是有两个或两个以上的语句时，应用大括号括起来构成复合语句。其执行流程如图 4.2 所示。

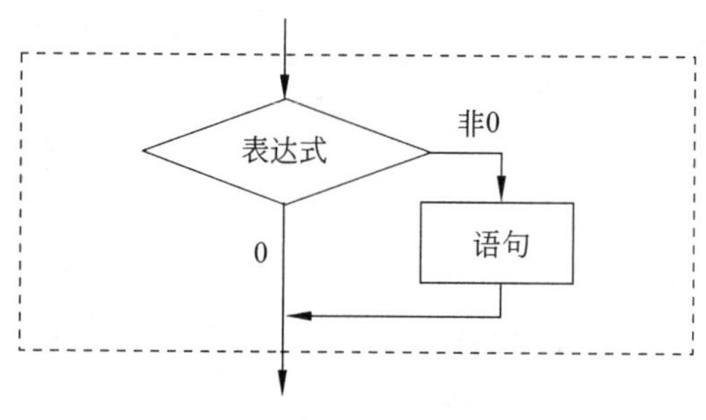

图 4.2　if 语句形式一的执行流程

【例 4.1】　编程，输入一个 x 值，求 f(x)的值。

$$f(x)=\begin{cases}x^2 & x<0\\ x & x\geqslant 0\end{cases}$$

```
#include<stdio.h>
void main()
{
    float x,y;
    printf("请输入数据\n");
    scanf("%f",&x);
    y=x;                                    //初始化 y 值
    if(x<0)   y=-x*x;
    printf("f(%.2f)=%.2f",x,y);
}
```

程序运行：

```
请输入数据
8↙
f(8.00)=8.00
```

程序说明：程序中先把 x 赋值给 y，当输入的值 x>0 时，if 语句中表达式值为 0，不执行语句 y=-x*x;，直接执行 if 的后续语句“printf("f(%.2f)=%.2f ",x,y);”。

【例 4.2】 编程，输入 a、b，然后按值的大小次序从小到大输出。

```
#include <stdio.h>
void main()
{
    float a,b,temp;
    scanf("%f%f",&a,&b);
    if(a>b)
    {
        temp=a;                          //三条语句，实现 a、b 变量值交换
        a=b;
        b=temp;
    }
    printf("a=%f  b=%f\n",a,b);
}
```

程序说明：当输入的值 a>b 时，if 表达式(a>b)的值为 1，依次执行三条赋值语句完成了 a、b 值的交换；再执行 if 的后续语句，输出 a、b 值；若表达式(a>b)的值为 0，则直接执行 if 的后续语句输出 a、b 值。

请读者思考，若例 4.2 中 if 的分支语句漏掉大括号，如果两次运行分别输入 45　23↙ 和 17　88↙，则输出的结果分别是什么？

2. if 语句形式二

```
if(表达式)  语句 1
else  语句 2
```

功能：先计算表达式值，表达式值不为零，则执行其中的分支语句 1，否则执行另一分支语句 2。同样，分支语句 1 或分支语句 2 如果是有两条或两条以上的语句时，应用大括号括起来构成复合语句。

这种双分支的 if 语句的执行流程如图 4.3 所示。

【例 4.3】 输入一个学生的成绩，根据成绩输出“Pass”(>=60)或“Fail”(<60)。

```
#include<stdio.h>
void main()
{
    int score;
```

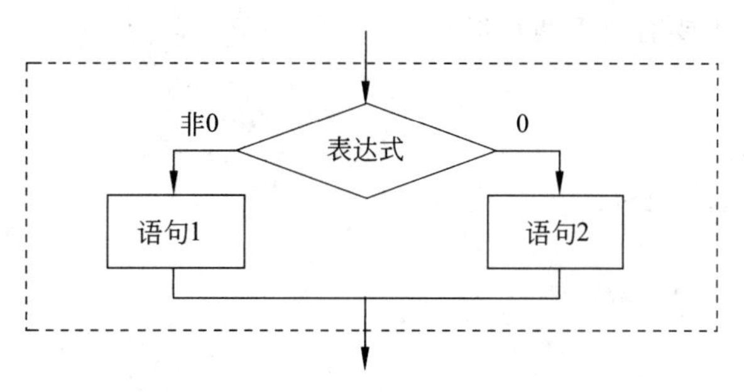

图 4.3 if 语句形式二的执行流程

```
    printf("请输入成绩\n");
    scanf("%d",&score);                    //输入成绩
    if(score>=60)
        printf("成绩 %d: Pass\n",score);    //输出
    else
        printf("成绩 %d: Fail\n",score);
}
```

程序运行:

```
请输入成绩
98↙
成绩 98: Pass
```

类似此例,像例 4.1 等问题是这种形式的 if 语句的典型应用,现在不妨修改例 4.1 程序,采用第 2 种形式的 if 语句。程序如下:

```
#include<stdio.h>
void main()
{
    float x,y;
    printf("请输入数据\n");
    scanf("%f",&x);
    if(x<0)
        y=-x*x;
    else
        y=x;
    printf("f(%.2f)=%.2f",x,y);
}
```

修改后的程序显然更容易理解,也更自然。

3. if 语句的嵌套形式

当 if 语句中的语句又是一条 if 语句时,就形成了 if 语句的嵌套,利用 if 语句的嵌套,可

解决多分支的问题。主要有以下两种形式。

1) 形式一

```
if(表达式 1)  语句 1
else  if(表达式 2)  语句 2
      …
else  if(表达式 n-1)  语句 n-1
else  语句 n
```

功能：先计算表达式 1,若表达式值 1 非 0,则执行语句 1,整个 if 语句执行结束;否则计算表达式 2,……;最后的 else 处理的是当表达式 1,表达式 2,……,表达式 n－1 的值都为 0 时,执行语句 n。

2) 形式二

```
if (表达式 1)
    if(表达式 2)  语句 1
    else  语句 2
else
    if(表达式 3)  语句 3
    else  语句 4
```

功能：先计算表达式 1,在表达式 1 值为非 0 条件下,计算表达式 2,当表达式 2 值为非 0,就执行语句 1,否则执行语句 2;在表达式 1 值为 0 的条件下,则计算表达式 3,当表达式 3 值非 0,就执行语句 3,否则执行语句 4。

3) if 嵌套语句的使用说明

(1) 在写 if 语句多层嵌套时,为分清结构的层次、提高程序的可读性,一般在编辑源程序时,采用递缩格式。即每个内层分支语句向右边缩进若干字符位置,同一层内的语句行对齐。

(2) 多层 if 语句嵌套时,可能出现多个 if 与 else,则 else 与 if 的配对规则为：由后向前使每一个 else 与前面与之相距最近的未配对过的 if 配对。若不能正确地理解配对规则,将导致程序的逻辑错误,致使程序运算结果不正确。

【例 4.4】 分析下列程序是否能够输出变量 x、y、z 中的最大值。

```
#include<stdio.h>
void main()
{
   float x,y,z,max;
   scanf("%f%f%f",&x,&y,&z);
   max=x;
   if(z>y)
       if(z>x)
```

```
            max=z;
    else
        if(y>x)
            max=y;
    printf("%f\n",max);
}
```

程序分析：从表面上看，似乎程序中的 else 与 if(z>y)配对，其实不然，因为用递缩格式书写只增加程序的可读性，而不改变 if 与 else 的匹配规则。按照匹配规则，这个 else 应与前面相距最近的 if(z>x)配对。即相当于：

```
if(z>y)
    {if(z>x)
        max=z;
     else
        if(y>x)
            max=y;}
```

而程序设计的本意是想让 else 与 if(z>y)配对，这时可以在 if(z>y)的分支语句上加一对大括号，使之成为一个复合语句。修改后的程序如下：

```
#include<stdio.h>
void main()
{
    float x,y,z,max;
    scanf("%f%f%f",&x,&y,&z);
    max=x;
    if(z>y)                                        //这实际上是一个第 2 种形式的 if 语句
    {
        if(z>x)
            max=z;
    }
    else
    {
        if(y>x)
            max=y;
    }
    printf("%f\n",max);
}
```

4.2.1.2　复合语句

复合语句是指用一对大括号括起来的语句序列，执行复合语句时按大括号中语句的先后次序依次执行。复合语句在C程序中的语法地位相当于一条语句,同时对外隐藏语句序列的有关细节。常用于if语句、循环语句等。

if结构中的分支语句本质上只能是单独一条语句,因此,当条件成立或不成立时需要做的操作多于一条语句时,就必须构成复合语句。

如例4.2程序中的if语句:

```
if(a>b)
{
    temp=a;
    a=b;
    b=temp;
}
```

其分支语句是一个复合语句,由三个赋值语句构成,意思是:如果a>b成立,依次执行这三个赋值操作;如果a>b不成立,则这三个赋值语句一个也不做。假如去掉大括号,写成:

```
if(a>b)
    temp=a;
    a=b;
    b=temp;
```

就变成三条语句了(一条if语句,两条赋值语句),语句a=b;和b=temp;的执行不再受条件a>b的限制。

又如例4.4修改后的程序:

```
if(z>y)
{
   if(z>x)
      max=z;
}
else
{
   if(y>x)
      max=y;
}
```

构成复合语句后对外隐藏了语句序列的有关细节,使得else不再跟其中的if配对。

【例4.5】 输入x和y,计算x除以y的商。

```
#include<stdio.h>
void main()
{
    float x,y,z;
```

```
    printf("Please input x、y:\n");
    scanf("%f%f",&x,&y);
    if(y==0)                                    //判断除数是否为 0
        printf("the divisor is zero\n");
    else
        {
            z=x/y;
            printf("%f",z);
        }
}
```

程序说明：else 的分支语句是一个复合语句。即当 y 不等于 0 时，依次执行这两条语句。

如果 else 的分支语句不用大括号括起来，则 else 的分支语句是“z=x/y;”，而“printf("%f ",z);”是一条独立的语句，与前面的 if-else 无关。当输入 y 等于零时，屏幕上不仅输出 the divisor is zero，同时继续执行“printf("%f ",z);”输出一个不确定的 z 值。

4.2.1.3　条件运算符

条件运算符“?:”是 C 语言中唯一的三目运算符，即有三个运算对象。条件运算是根据某一逻辑条件是真是假，在两个表达式中取其中一个表达式值。

条件运算符的优先级比赋值运算符和逗号运算符高，但比其他运算符低。条件运算符的结合性为从右到左。

由条件运算符组成的表达式称为条件表达式，条件表达式的一般形式为

```
表达式 1 ? 表达式 2 :  表达式 3
```

条件表达式值的计算：先计算表达式 1 的值，若该值非 0，则计算表达式 2 的值作为条件表达式值；否则计算表达式 3 的值作为条件表达式值。

对整个条件表达式来说，表达式 1 起条件判断的作用，根据它的值是否为 0 来决定执行表达式 2 或表达式 3 作为条件表达式的值。

【例 4.6】　使用条件表达式。

(1) 求三个变量 a、b、c 中的最大值。

```
s=(s=x>y ? x:y)>z ? s : z;
```

计算过程：先求出 x、y 的大者，赋值给变量 s，再将表达式“(s=x>y? x: y)”的值即 s 值与 z 比较，大者再赋值给 s。

(2) 字符变量 ch 若为小写字母则改为大写字母，其余字符不变。

```
ch=(ch>='a'&& ch<='z' ? ch+'A'-'a' : ch)
```

(3) 输出整型变量 x 的绝对值。

```
(x>0) ? printf("%d",x) : printf("%d",-x);
```

通过以上分析可以看到,条件运算和 if 语句有相通之处。一般而言,若 if 语句中,在表达式为“真”或“假”时,都只执行一个赋值语句给同一个变量赋值的情况下,可以很方便地用条件运算处理。例如,若有以下 if 语句:

```
if(a>b)
  max=a;
else
  max=b;
```

可以用下面的条件运算处理:

```
max=(a>b)? a : b;
```

4.2.2 switch 语句

if 语句通常用来解决两个分支的情况,当多分支时,须采用 if 语句的嵌套形式。一般在分支较多的情况下,if 的嵌套层次也随之增加,这时会使得程序难以理解,程序的可读性会很差。C 语言提供了一种用于多分支结构的选择语句——switch 语句。

1. switch 语句的一般形式

```
switch(表达式)
{
    case 常量表达式 1:  语句组 1
    case 常量表达式 2:  语句组 2
    …
    case 常量表达式 n:  语句组 n
    default: 语句组 n+1
}
```

功能:先计算表达式的值,然后自上而下依次与每个 case 后的常量表达式值进行比较。当表达式的值与某个 case 后的常量表达式 i 值相等时,就从该 case 进入,执行后面的所有语句组,直到 switch 语句体内的所有语句组都执行完或遇到 break 语句。若表达式值与 switch 中所有 case 的常量表达式 i 值都不相等,则从 default 进入,执行其后的语句组 n+1。switch 语句执行流程如图 4.4 所示。

2. switch 语句的使用说明

switch 语句的使用说明具体如下。

(1) 表达式的计算结果必须为整型或字符型,case 中的常量表达式 1~常量表达式 n 必须是整型常量表达式或字符型常量表达式。

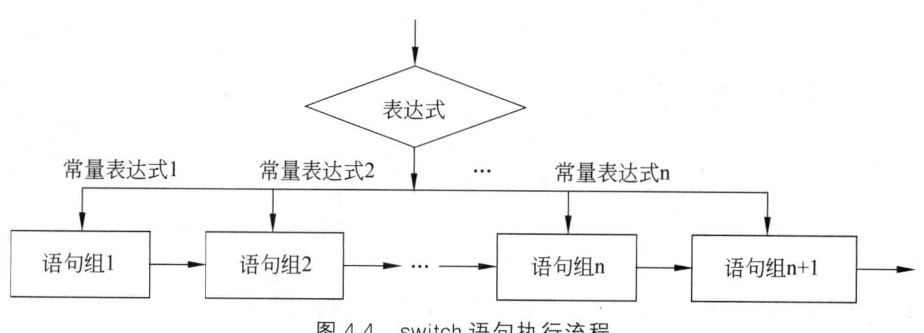

图 4.4　switch 语句执行流程

(2) 常量表达式是指表达式中不含变量。如 8、'A'、6+3 都是常量表达式。

(3) 当表达式的值与“常量表达式 i 值”相等时，执行“语句组 i”(语句组可以为空；或由若干条语句组成)。若表达式值与常量表达式 1～常量表达式 n 都不等，进入 default，执行“语句组 n+1”。

(4) default 部分可以缺省。default 部分缺省时，如果没有“常量表达式 i 值”与表达式值相等，则 switch 语句不起任何作用。

(5) break 语句在 switch 中的作用：若在 switch 语句中，执行了 break 语句，则跳转出 switch 语句，执行 switch 语句的后续语句。

【例 4.7】 输入一个 n，计算 1+2+3+…+n 的值，n≤6。如果 n 超过 6，则值为−1。

```
#include<stdio.h>
void main()
{
    int n,y=0;
    printf("请输入 n:\n");
    scanf("%d",&n);
    switch(n)
    {
        case 6:  y+=6;                    //语句组中无 break;依次执行后续语句组
        case 5:  y+=5;
        case 4:  y+=4;
        case 3:  y+=3;
        case 2:  y+=2;
        case 1:  y+=1; break;
        default : y=-1;
    }
    printf("y=%d",y);
}
```

程序运行：

```
请输入 n:
```

```
4↙
y=10
```

程序运行:

```
请输入 n:
7↙
y=-1
```

程序说明:输入 4 时,从 case 4:进入语句组,依次执行语句,加 4、加 3、加 2、加 1,直到执行 break 语句,跳出 switch 语句。读者可以思考,若去掉 break 语句,则输入 4 时其 y 值是多少?

【例 4.8】 设计一个简易的计算器程序,可进行两个实数的+、-、*、/运算。

```
#include<stdio.h>
void main()
{
    float a,b,d;
    char p;
    printf("输入计算式:\n");
    scanf("%f%c%f",&a,&p,&b);
    switch (p)
    {
    case  '+':  d=a+b;
                break;                  //跳出 switch,转 switch 的后续语句,即第 20 行
    case  '-':  d=a-b;
                break;
    case  '*':  d=a*b;
                break;
    case  '/':  if (b!=0)
                    {d=a/b;  break;}
    default:    printf("The operator or the data is error.\n");
    }
    printf(" =%.2f\n",d);               //第 20 行
}
```

程序运行:

```
请输入计算式
7*4↙
=28.00
```

程序运行:

```
请输入计算式
```

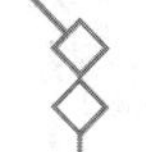

```
7%4↙
The operator or the data is error.
```

4.2.3 程序举例

【例 4.9】 求一元二次方程 $ax^2+bx+c=0$ 的根。

程序设计分析：一个完整的程序应考虑输入的三个系数 a、b、c 的各种不同取值情况，导致方程无解、多解、实根、虚根甚至退化为一次方程等多种情况。

```
#include <stdio.h>
#include <math.h>
void main()
{
    float a,b,c,x1,x2,dalt;
    printf("请输入方程系数 a、b、c\n");
    scanf("%f%f%f",&a,&b,&c);
    if(a==0)                                /*非一元二次方程*/
    {
      if(b==0)
      {
          if(c==0)
              printf("方程有任意解\n");
          else
              printf("方程无解\n");
      }
    else                                    /*else 与 if(b==0) 配对*/
      printf("x=%f\n",-c/b);
    }
    else                                    /*else 与 if(a==0) 配对*/
    {
      dalt=b*b-4*a*c;
      if(dalt>=0)
      {
          printf("x1=%f\n",(-b+sqrt(dalt))/(2*a));
          printf("x2=%f\n",(-b-sqrt(dalt))/(2*a));
      }
      else
      {
          printf("x1=%f%+fi\n",-b/2/a,sqrt(-dalt)/(2*a));
          printf("x2=%f%+fi\n",-b/2/a,-sqrt(-dalt)/(2*a));
      }
    }
```

```
}
```

程序运行:

```
请输入方程系数 a、b、c
1  5  4↙
x1=-1.0
x2=-4.0
```

程序运行:

```
请输入方程系数 a、b、c
1  4  5↙
x1=-2.0+1.0i
x2=-2.0-1.0i
```

程序说明:用多重 if 语句的嵌套方式判断各种情况,实现方程求解。程序看似很长又复杂,仔细分析程序只含 4 条语句,而 if 语句亦只有一条,它是一个比较复杂的嵌套形式。程序最后的输出语句中用了格式控制符 %+f,其功能是输出数值前带正负号。

【例 4.10】 根据输入的成绩,将其转换成"Excellent""Good""Pass""Fail"输出。

转换规则:100~90:"Excellent";89~70:"Good";69~60:"Pass";59~0:"Fail"。

程序如下:

```
#include<stdio.h>
void main()
{
   float  score;
   printf("Please input score:\n");
   scanf("%f",&score);
   if(score>100||score<0)
      printf("The score is error.\n");   //输出错误信息,程序结束
   else
      switch( (int)score/10 )
      {
         case  0:                        //表示 score/10 值为 0 时,语句组为空
         case  1:                        //语句组空,将顺序往下遇语句再执行
         case  2:
         case  3:
         case  4:
         case  5:  printf("Fail\n");
                   break;                //跳转出 switch 语句,结束
         case  6:  printf("Pass\n");
                   break;
```

```
            case  7:
            case  8:  printf("Good\n");
                       break;
            case  9:
            case  10:  printf("Excellent\n");
        }
    }
```

程序说明：利用整除的特性，表达式（int）score/10 的计算值产生在 0～10 内，与这组 0～10 的值相对应的成绩，正好落在不同的分数段内。所以可以按（int）score/10 值分情况处理。凡 case 的语句组为空时，将顺序往下，遇语句执行。

从本例程序知道，switch 语句中的多分支 case 常量值，有时需要用一定的技巧分析得到，这一点也是编写 switch 结构程序的关键所在。

4.3　循环结构程序设计

在解决实际问题时，常常会遇到许多有规律的重复计算或操作的处理过程。利用计算机运算速度快的特点，可以将这些过程写作循环结构，使计算机重复地执行这些计算或操作，这样不仅可以使程序更加简洁、明快，而且可以解决顺序结构和选择结构所不能解决的问题。

循环是指在所设计的程序中，有规律地反复执行某一程序块的现象，被重复执行的程序块称为"循环体"。C 语言提供的 while 语句、do-while 语句和 for 语句三种循环语句能有效地实现循环结构。

下面介绍这些循环语句的语法结构、功能特点以及它们在循环程序设计中的具体应用。

4.3.1　while 语句

while 语句用来实现"当型"循环结构。

1. while 语句的一般形式

```
while (表达式) 语句
```

功能：先计算表达式的值，若表达式的值为真（非 0），重复执行语句，即执行循环体；否则当表达式的值为假（0），循环结束，执行 while 语句的后续语句。while 语句的执行流程如图 4.5 所示。

while 语句格式中的表达式通常是一个关系表达式或逻辑表达式，也可以是任意类型的一种表达式，该表达式称为循环的条件，它控制循环的执行与否。语句是任意 C 语言语句，称为循环体。如果循环体包含两条或两条以上的语句，则必须用大括号括起来，构成一个复合语句。

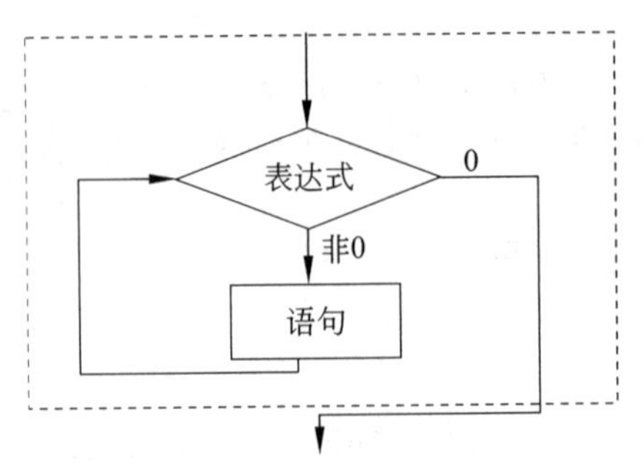

图 4.5　while 语句流程图

【例 4.11】 编程,输入 100 个数,求它们的和并输出。

程序设计分析:利用循环结构,每次输入一个数 x,将它累加到变量 sum 上,重复执行 100 次这样的操作,便得到最后的结果。程序如下:

```
#include <stdio.h>
void main()
{
    float x,sum=0;
    int i=0;
    printf("please input data:\n");
    while(i<100)
    //while 循环体包含多个语句,必须用大括号括起来构成复合语句
    {
        scanf("%f",&x);                    //输入一个数
        sum+=x;                            //累加
        i++;
    }
    printf("%f\n",sum);
}
```

程序说明:变量 i 用于记录已输入和处理的数据个数,初始值为 0;当 i 值>=100 时,输入和处理数据的操作结束,即循环终止,执行循环的后续语句"printf("%f\n",sum);",输出结果,程序结束。所以循环的条件是 i<100。变量 sum 是一个累加器,随着循环的执行,不断有新输入的数加到 sum 上,最后得到累加和。

2. while 语句的几点使用说明

(1) while 语句是先判断条件,然后决定是否执行循环体。如果循环条件即表达式的值一开始就为"假"(0),则循环体一次也不执行,直接执行循环语句的后续语句。

(2) 为使循环能正常结束,应保证每次执行循环体后,表达式的值会有一种向"假"变化的趋势;否则就变成死循环了,如以下循环:

```
i=5; while(i>0){ x++; }
```

由于每次循环体执行后，i 的值都不改变，因此循环体不断地被执行，无法终止，成为一个死循环。

(3) 在进入循环之前应做好有关变量的初始化赋值操作。如上例中，变量 sum、i 初始化为 0。

4.3.2　do-while 语句

do-while 语句的特点是先执行循环体，再判断循环条件是否成立，以决定循环是不是需要继续。

1. do-while 语句的一般形式

```
do 语句
while(表达式);
```

功能：先执行循环体语句，然后计算表达式的值。若表达式值非 0，继续执行循环；否则当表达式的值为 0 时，循环结束，执行 do-while 语句的后续语句。do-while 的执行流程如图 4.6 所示。

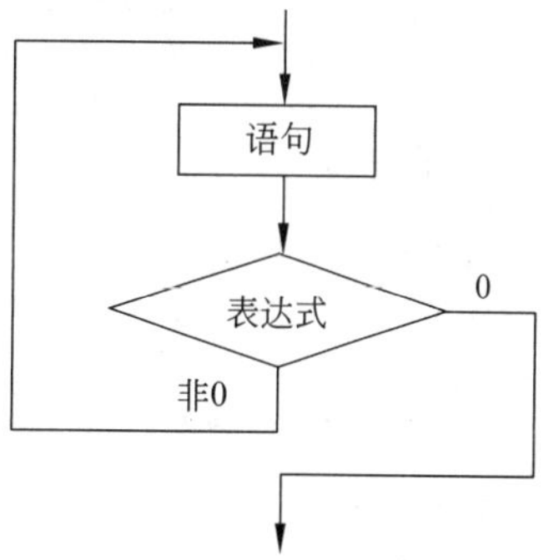

语句
表达式
0
非0

图 4.6　do-while 语句流程图

2. do-while 语句使用说明

do-while 语句的使用与 while 语句的使用方法相同，不同的是 do-while 语句先执行循环体语句、后判断循环条件。即不论循环条件是否成立，循环体语句至少被执行一次。

用 do-while 语句同样可以完成例 4.11 程序。

程序如下：

```
#include <stdio.h>
void main()
{
    float x,sum=0;
    int i=0;
    printf("please input data:\n");
    do                                  //do 循环体是复合语句
    {
        scanf("%f",&x);                 //输入一个数
        sum+=x;                         //累加
        i++;                            //i 自增 1
    }
    while(i<100);                       //注意分号不能遗漏
    printf("%f\n",sum);
}
```

while 语句与 do-while 语句都可以用来表示循环结构,一般情况下两种可以通用。

【例 4.12】 输入一个大于或等于 0 的整数,计算它的位数。

```
#include<stdio.h>
void main()
{
    long x;
    int n=0;
    printf("please input x:\n");
    scanf("%ld",&x);
    do
    {
        n++;
        x/=10;
    }
    while(x>0);
    printf("x的位数是:%d",n);
}
```

程序运行:

```
输入:2346543↙
输出:x的位数是:7
```

程序运行:

```
输入:0↙
输出:x的位数是:1
```

程序说明:该题采用 do-while 语句比较合适,它能保证特例情况(输入 x 值为 0 时)的输出也是正确的。请读者思考:例 4.12 的程序能否直接将 do-while 语句改用 while 语句完成?

很多程序在运行时通常需要输入一些数据,而输入的数据又往往有一定的限制。如例 4.12 的程序,该程序运行时如输入一个负整数,程序的输出是没有意义的。那么,为了使程序能够保证只能输入正确的 x(即大于或等于 0 的整数),可以修改如下:

```
#include<stdio.h>
void main()
{
    long x;
    int n=0;
    do
    {
```

```
        printf("please input x:\n");
        scanf("%ld",&x);
    }
    while(x<0);
    do
    {
        n++;
        x/=10;
    }
    while(x>0);
    printf("x 的位数是:%d",n);
}
```

程序说明：程序中的第一个 do-while 循环，是用来获得一个不小于 0 的整数 x。它先执行“scanf("%d",&x);”输入，然后通过循环条件判断，若 x<0，则继续要求用户输入数 x，直到输入的 x 值大于或等于 0，循环终止，执行后续语句。这段 do-while 循环，起到了对输入数据进行检查的功能。

4.3.3　for 语句

C 语言中的 for 语句使用灵活，功能强大，是使用最多的一种循环控制语句。

1. for 语句的一般形式

```
for(表达式 1; 表达式 2; 表达式 3) 语句
```

功能：在表达式 2 为非 0 值时，重复执行循环体语句。

for 语句的具体执行过程如下：

(1) 先求解表达式 1。

(2) 求解表达式 2，若其值为真(非 0)，执行循环体语句，否则结束循环，转向执行 for 的后续语句。

(3) 求解表达式 3，然后转回(2)继续执行。

for 语句流程图如图 4.7 所示。

用 for 循环完成例 4.11，“输入 100 个数，求它们的和并输出”。

程序如下：

```
#include <stdio.h>
void main()
{
    float x,sum=0;
    int i;
    printf("please input x:\n");
    for(i=0; i<100; i++)
```

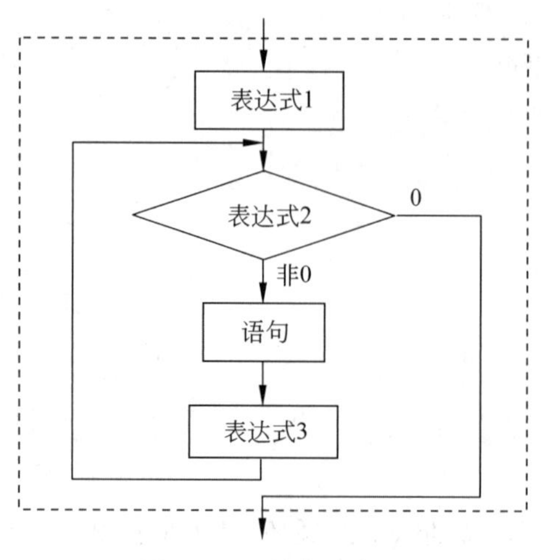

图 4.7 for 语句流程图

```
    {
        scanf("%f",&x);
        sum+=x;
    }
    printf("%f\n",sum);
}
```

2. for 语句使用说明

(1) 执行 for 语句时,先执行"表达式 1",且只执行一次。"表达式 1"一般用于为进入 for 循环时的有关变量赋初值,可以是赋值表达式、逗号表达式等。如:

```
for( sum=0,i=0; i<100; i++){scanf("%d",&a);  s+=a; }
```

(2)"表达式 2"是循环执行条件,可以是任意类型的表达式,每次执行循环体语句前,都要判断条件是否成立,只要其值非 0,就执行循环体。如:

```
for(s=0; (c=getchar())!='\n'; s+=1);
```

从键盘输入一串字符,直到输入回车键为止,循环结束时 s 的值是输入字符的个数。

(3) 在循环体语句执行后,立即执行"表达式 3","表达式 3"一般用于改变有关变量的值,特别是常用于改变与循环条件有关的变量值。

(4) for 语句中"表达式 1""表达式 2""表达式 3"的任意一个或多个表达式可省略。其中,"表达式 2"的省略,就等价于"表达式 2"的值始终是 1,它可能导致死循环。

如:求 1+2+…+100 的值。

```
s=0; i=0;  for( ; i<=100; i++)  s+=i;      //省略"表达式 1",但注意分号";"不能省略
for( s=0,i=0; i<=100;  ) { s+=i; i++;}     //省略表达式 3
```

【例 4.13】 输入 10 个数，输出其中的最大值。

```
#include <stdio.h>
void main()
{
    float x,max;
    int i;
    printf("请输入第一个数:\n");
    scanf("%f ",&x);
    max=x;                                    //初始 max 值
    for(i=1; i<=9; i++)
    {
        scanf("%f ",&x);
        if(x>max) max=x;
    }
    printf("10 个数中最大值是:%f\n",max);
}
```

程序说明：把输入的第一个数，作为初始的最大值 max，将后续输入的每个 x 值逐个与 max 比较。若 x>max，把大的数 x 赋值给 max，依次比较完所有的输入数，max 中即为最大值。请读者思考，如果对 max 初始化为 0 或不进行初始化，即程序改为如下：

```
#include <stdio.h>
void main()
{
    float  x, max=0;                          //或 float  x, max;
    int i;
    printf("please input data:\n");
    for(i=1; i<=10; i++)
    {
        scanf("%f",&x);
        if(x>max)  max=x;
    }
    printf("10 个数中最大值是:%f\n",max);
}
```

若分别输入以下两组数据，输出的值是最大值吗？为什么？

第一组数：4　6　8　7　12　56　−4　−2　12　−90

第二组数：−4　−6　−8　−7　−12　−56　−4　−2　−12　−90

4.3.4 break 语句与 continue 语句

C 语言的 break 语句和 continue 语句提供了在循环执行时，中途提前结束循环体的方法。在循环体中,若执行“break;”语句,则立即结束循环,执行循环语句的后续语句;若循环体中执行了“continue;”语句,则立即结束本次循环体的执行,并判断是否继续执行下一次循环。

1. break 语句

break 语句的一般形式如下:

```
break;
```

功能:立即结束循环,执行循环语句的后续语句。

break 语句在循环体中一般与 if 语句结合使用。

【例 4.14】 编程,求 1+2+…+n≥500 的最小 n 值及总和。

```
#include<stdio.h>
void main()
{
    int n,s=0;
    for(n=1;  ; n++)                          //省略"表达式 2",即循环条件为永真
    {
        s+=n;
        if(s>=500)   break;                   //当 s>=500 时,跳出循环,转循环后续语句
    }
    printf("s=%d,n=%d\n", s,n);               //第 10 行
}
```

程序说明:for 循环省略“表达式 2”,即不指定循环的条件,相当于循环条件为永真。通过循环体中设置 break 语句,使循环终止,转第 10 行语句执行。

恰当地使用 break 语句,常常可以减少循环的执行次数,提高程序运行效率。

【例 4.15】 编程,输入一个自然数,判断该数是否为素数,如果是素数,输出“yes”,否则输出“no”。

素数:是指除 1 以外的只能被 1 或其自身整除的自然数。如 2、3、5、7、11、13 都是素数。即自然数 n(除 1 以外),如果 n 不能被 2～n−1 中的任何一个数整除,则 n 是素数。

```
#include <stdio.h>
void main()
{
    long n;
    int  i, flag=1;
    printf("please input n:\n");
    scanf("%ld",&n);
    for(i=2; i<=n-1; i++)                     //第 8 行
        if(n%i==0)   flag=0;                  //标记 flag=0,说明 n 能被 i 整除,不是素数
```

```
    if(flag==1)  printf("Yes\n");
    else  printf("No\n");
}
```

程序说明：用变量 flag 为 1 或 0 标记 n 是素数或不是素数。第 8 行，for 循环使 i 取值从 2 到 n−1，每次循环检查 n 是否能被 i 整除，如果 n 能被 i 整除，n 不是素数，所以用 flag 为 0 标记。当循环终止后，可根据 flag 值，判断 n 是否为素数。

数学上可证明，自然数 n，若不能被 $2\sim\sqrt{n}$ 中的任何数整除，则 n 是素数。据此，可对上例程序做修改，使第 8 行的 for 循环终止条件改为 i<=sqrt(n)，这样可以减少循环次数，提高程序的运行效率。

在上述程序的循环体中使用 break 语句，可以更有效地减少循环执行次数，提高程序运行效率。程序修改如下：

```
#include <stdio.h>
#include<math.h>
void main()
{
    long n;
    int  i;
    scanf("%ld",&n);
    for(i=2; i<=sqrt(n); i++)              //第 8 行
    {
        if(n%i==0)
          break;                           //跳出循环
    }
    if(i>sqrt(n))   printf("Yes\n");
    else   printf("No\n");
}
```

程序说明：程序第 8 行，for 循环使 i 取值从 2 到 $\sqrt{n}$ 变化，每次循环检查 n 是否能被 i 整除，一旦遇到 n 能被 i 整除，则说明 n 不是素数，跳出循环。此时 i 的值小于或等于 $\sqrt{n}$。因此循环结束后，可根据 i 值的大小，判断 n 是否为素数。也就是说，循环结束后，若 $i>\sqrt{n}$，说明 n 是素数，因为 $2\sim\sqrt{n}$ 中没有任何数能整除 n，所以循环正常结束；若 $i\leqslant\sqrt{n}$，说明 n 不是素数，因为在 $2\sim\sqrt{n}$ 中，至少有一个数能整除 n，通过 break 语句，提前结束循环。

2. continue 语句

continue 语句的一般形式：

```
continue;
```

功能：结束本次循环体的执行。

continue语句只能出现在循环体中。

【例4.16】 输入10个数，将这10个数中的非0数相乘，计算其乘积，并统计非0数据的个数。程序如下：

```
#include <stdio.h>
void main()
{
    int i,n=0;
    float x,y=1;
    for(i=1; i<=10; i++)
    {
        scanf("%f ",&x);                    //输入数据
        if(x==0)  continue;                 //若x为0,结束本次循环体的执行
        y*=x;                               //x为非0数据,累乘
        n++;                                //统计非0数据个数
    }
    printf("y=%.2f, n=%d\n",y,n);
}
```

程序说明：当执行continue语句后，循环体内位于其后的所有语句不再执行，直接转向计算表达式3，即执行i++，然后判断循环条件，决定是否继续执行下一轮循环。

4.3.5 循环的嵌套

循环的嵌套也称多重循环，即在一个循环语句的循环体中，可以嵌套另一个循环语句。内嵌的循环语句称内层循环，包含循环的循环称为外循环。内层循环还可以再包含循环。三种循环语句可以自身嵌套构成多重循环，也可以相互嵌套，构成多重循环。

下面举例分析循环的嵌套结构及其应用。

【例4.17】 编程，每行10个，输出1～500中所有的素数。

程序设计分析：例4.15分析了判断一个自然数是否为素数的方法，在此基础上，只要在“判断自然数n是否为素数”的程序段外再套上一个外层循环，由外层循环控制n取2～500(1不是素数)的自然数，即

```
for(n=2; n<=500; n++)
{
    判断自然数n是否为素数,
    若n是素数,输出
}
```

程序如下：

```
#include <stdio.h>
```

```
#include<math.h>
void main()
{
    int n, i, flag,count=0;
    for(n=2; n<=500; n++)
    {
        flag=1;
        for(i=2; i<=sqrt(n); i++)
            if (n%i==0)
            {
                flag=0;
                break;
            }
        if (flag==1)                                //根据 flag 判断 n 是否为素数
        {
            printf("%5d",n);                        //输出素数
            count++;                                //统计输出素数的个数
            if (count%10==0)  printf("\n");         //输出换行
        }
    }
}
```

程序运行：

```
    2    3    5    7   11   13   17   19   23   29
   31   37   41   43   47   53   59   61   67   71
                      …
  419  421  431  433  439  443  449  457  461  463
  467  479  487  491  499
```

程序说明：外循环控制 n 从 2 变化到 500，对于 n 的每一个取值，内循环负责判断是否为素数，并输出。

【例 4.18】 计算 1!＋2!＋3!＋…＋10!。

程序设计分析：需要计算的是 1 到 10 的阶乘的累加和，即程序可以描述如下：

```
for(n=1; n<=10; n++)
{
    求出 n!
    s+=n!
}
```

而求 n!的程序段为

```
y=1;
for(i=1; i<=n; i++)
    y*=i;
```

因此，完整的程序如下：

```
#include <stdio.h>
void main()
{
    int i,n;
    float s=0,y;                          //阶乘值较大，所以用 float 型
    for(n=1; n<=10; n++)
    {
        y=1;                              //保证每次进入内循环累乘的初值从 1 开始
        for(i=1; i<=n; i++)               //计算 n!
            y*=i;                         //累乘
         s+=y;                            //将 y 值即 n!累加到 s 上
    }
    printf("1!+2!+3!+…+10!=%e",s);
}
```

程序运行：

```
1!+2!+3!+…+10!=4.037913e06
```

程序说明：内循环计算 n!，其阶乘值存放在 y 变量中。需要注意的是在进入内循环前，必须对 y 初始化，以保证每次内循环终止时，y 的值是 n!。请读者思考：若将语句“y=1;”移放到外层循环 for(n=1;n<=10;n++) 之前，程序是否能完成题目的要求？

【例 4.19】 编程输出 n 层用字符“*”构成的“*”符金字塔。下图是 5 层“*”符金字塔。

程序设计分析：以 n=5 为例：第 1 行先输出 4 个空格，然后输出一个“*”，第 2 行先输出 3 个空格，然后输出 3 个“*”字符，以此类推。因此可以确定：第 i 行应该先输出 n−i 个空格，再输出 2×i−1 个“*”字符。

通过循环执行 n 次实现 n 层“*”符金字塔的输出。

```
for(i=1; i<n; i++)
{
```

```
    输出第 i 行的 n-i 个空格;
    输出第 i 行的 2×i-1 个字符;
    输出一个换行符;
}
```

程序如下:

```
#include <stdio.h>
void main()
{
    int n,i,j;
    scanf("%d",&n);
    for(i=1; i<=n; i++)
    {
        for(j=1; j<=n-i; j++)
          putchar(' ');                    //输出第 i 行的 n-i 个空格
        for(j=1; j<=2*i-1; j++)
          putchar('*');                    //输出第 i 行的 2×i-1 个"*"符
        putchar('\n');                     //每行最后输出一个换行符
    }
}
```

程序说明:外循环执行 n 次共输出 n 行,而循环体是由两个并列的循环组成,分别输出每层的若干个空格和若干个"*"符。

【例 4.20】 搬砖问题。现有 36 块砖,假设男搬 4,女搬 3,要求一次全部搬完,问可以指定男、女各多少人?有几种指定法?

程序设计分析:该问题就是求不定方程 4*m+3*w=36 的所有非负整数解。

根据题意及方程式,则 m、w 非负整数值的范围分别为:$0\leqslant m\leqslant 9$,$0\leqslant w\leqslant 12$。对变量 m、w 的取值采用枚举法,每确定一个 m 值,w 的值依次用 0~12 值代入方程,若能使方程 4*m+3*w=36 成立,则(m,w)即为一组解。

程序如下:

```
#include<stdio.h>
void main()
{
   int m,w,count=0;
   m=0;
   while(m<=9)                             //外层循环
   {
      for(w=0; w<=12; w++)                 //内层循环
        if((4*m+3*w)==36)                  //判断(m,w)是否为一组解
        {
```

```
            printf("men=%d  women=%d\n",m,w);
            count++;
            break;                          //跳出内层 for 循环
        }
      m++;
   }
   printf("count=%d",count);
}
```

程序运行：

```
men=0  women=12
men=3  women=8
men=6  women=4
men=9  women=0
count=4
```

程序说明：为减少循环执行次数，提高程序运行效率，在内循环 for 中一旦找到一组解后，使用 break 语句跳出内层循环，转至语句“m ++;”。

注意：break 语句只能跳出它所在的一层循环，而不是一下子跳出多层循环。

4.3.6　程序举例

这一节介绍几个利用循环结构编写的程序。

【例 4.21】　编程，按下面的幂级数展开式计算 e 的值。要求误差小于 10^{-5}。

```
e=1+1/1!+1/2!+1/3!+…+1/n!+…
```

程序设计分析：这是一个级数求和问题，把若干个级数项累加。从给定的计算式可导出级数项的通项公式如下：

$$\begin{cases} a_0=1 \\ a_i=a_{i-1}*1/i \quad i>0 \end{cases}$$

```
#include<stdio.h>
void main()
{
    float t=1,e=1;
    int i=0;
    while(t>=1e-5)
    {
        i++;
        t*=1.0/i;
        e+=t;
    }
```

```
    printf("%f\n",e);
}
```

程序说明：在 while 循环语句中，每执行一次循环体，计算一个新级数项 t，并将 t 值累加到变量 e 上。

【例 4.22】 猜数游戏。由计算机随机产生一个 1～100 范围内的随机数(正整数)，由游戏者猜，猜数过程中，如果猜错，计算机提示猜高了或猜低了，如果猜对，游戏者获胜；若猜错 7 次，则计算机获胜。

```
#include<stdio.h>
#include<stdlib.h>
#include<time.h>
void main()
{
    int r, i=0,guess,count=0;
    char  ans;
    r=rand()%100+1;                                          //产生 1~100 范围内的随机数
    printf("I have a number between 1 and 100.\n");
    printf("Please input your guess:\n");
    do
    {
        scanf("%d",&guess);                                  //输入用户猜的数
        count++;
        if  (guess>r)  printf("Sorry,High\n");
        else if (guess<r)   printf("Sorry,Low\n");
        else
        {
            printf("Congratulation,You win!\n");             //猜数正确,用户获胜
            break;                                           //跳出循环,终止游戏
        }
    if (count>=7)                                            //猜数超过指定 7 次
            {
                printf("Haw-haw,I am win and You fail.\n");  //计算机获胜
                break;                                       //跳出循环,即终止继续猜数
            }
        printf("Please,Continue guess\n");
    }
    while(1);
    printf("The random data is %d\n",r);                     //输出计算机产生的随机数
}
```

程序运行：

```
I have a number between 1 and 100.
Please input your guess:
50↙
Sorry,Low
Please,Continue guess:
75↙
Sorry,Low
Please,Continue guess:
88↙
Sorry,High
Please,Continue guess:
81↙
Congratulation,You win!
The random data is 81
```

程序说明:rand( )函数是一个伪随机数发生器,产生一个范围为 $0\sim 2^{15}-1$ 的随机数,表达式 rand( )%100+1 使随机数产生范围为 1~100。

随机数有很多应用,如估算不规则的面积或体积,模拟统计等。由于篇幅关系,在此不作进一步的讨论。

【例 4.23】 用迭代法求 a 的平方根,迭代公式如下:

$$x_1=\left(x_0+\frac{a}{x_0}\right)\Big/2$$

程序设计分析:利用该公式,进行迭代计算,初始时,给 x_0 任意一个值,计算出 x_1,以 x_1 做第 2 次迭代计算时的 x_0 值,以此类推,随着迭代次数的增加,其计算结果 x_1 趋近于定值,该定值即为 a 的平方根。如果要求计算的精确度要达到小数点后 5 位,即当 $|x_1-x_0|<10^{-5}$ 时,迭代计算终止,迭代计算的结果 x_1 或 x_0 就是 a 的近似平方根。

因为该公式迭代计算结果趋近的定值是 a 的平方根,所以迭代计算终止条件也可以是 $|x_1*x_1-a|<10^{-5}$。

程序如下:

```
#include<stdio.h>
#include <math.h>
#include<stdlib.h>
void main()
{
    double x0,x1,a;
    printf("输入数据 a:\n");
    scanf("%lf",&a);
    if(a<0)
    {
        printf("data error\n");
```

```
        exit(0);
    }
    x0=a/2;                                     //给出一个任意值作为迭代的初始值 x0
      do
    {
        x1=(x0+a/x0)/2;
        x0=x1;                                  //本次计算结果 x1 作为下次迭代式中的 x0 值
    }
    while(fabs(x1*x1-a)>1e-5);
    printf("a 的平方根=%.5lf\n",x1);
}
```

程序说明：迭代的终止条件 $|x_1*x_1-a|<=10^{-5}$，若 $|x_1*x_1-a|>10^{-5}$，继续迭代，用本次迭代的计算结果作为下次迭代时的 x_0 值。循环终止时，x_1 即为 a 的近似平方根。

数值计算中，有许多的迭代方法。迭代算法的计算过程有一些共同特点，主要是：迭代公式中的值与初值无关；随着迭代次数的增加，计算结果趋近于一个定值；可以利用相邻两次迭代结果的差值是否足够小，来判定迭代结果是否已近似于一个定值。

【例 4.24】 定积分计算，编程求 $\int_1^2(x^2+x+1)dx$。

高等数学中的定积分问题，某些特殊的函数如：

$$\sqrt{1+x^3} \quad e^{x^2} \quad \frac{\sin x}{x}$$

由于它们的原函数不能用初等函数的闭合形式表示，也就无法按照积分学的基本原理求取它们在给定区间的积分值，因此应当采用数值计算法。

用计算机进行处理时，可以根据它的几何意义完成定积分值的近似计算。下面是利用矩形公式求函数 f(x)在[a,b]区间的定积分，如图 4.8 所示。在高等数学中，求函数 f(x)在[a,b]上的定积分问题，实际上是求函数曲线 y=f(x)与直线 x=a、x=b 所围成的面积问题。

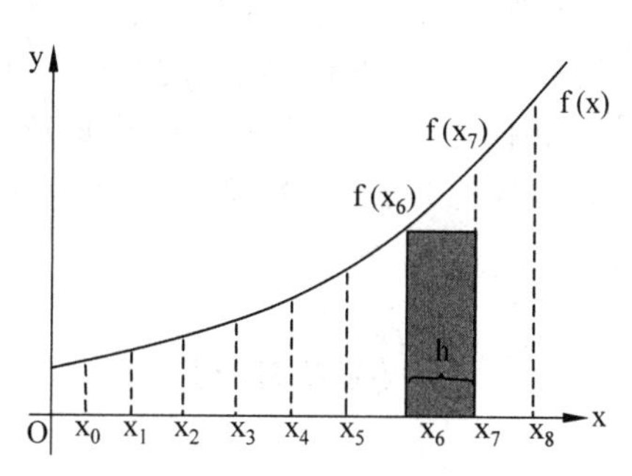

图 4.8 矩形公式求定积分示意图

若将区间[a,b]分为 n 等份，将每一个曲边梯形内的矩形面积相加，就可以得到所求定积分的近似值：

$$\int_a^b f(x)dx = h \cdot \sum_{i=0}^{n-1} f(a+i \cdot h)$$

其中：$h=\frac{b-a}{n}$。

程序如下：

```
#include <stdio.h>
void main()
{
    float a,b,h,x,s=0;
    int n,i;
    printf("输入积分区间和分割矩形个数\n");
    scanf("%f%f%d",&a,&b,&n);
    h=(b-a)/n;
    for(i=0; i<n; i++)
    {
        x=a+i*h;
        s+=x*x+x+1;                    //累加矩形的高
    }
    printf("%.4f\n",h*s);
}
```

程序运行结果:

```
输入积分区间和分割矩形个数
1  2  800↙
输出定积分值
4.8308
```

程序说明:程序中,由于每个矩形的宽相等为 h,for 循环先完成所有矩形高的累加,最后用 h*s 计算出所有矩形的面积和,即为定积分的近似值。

如果图 4.7 中用每一个曲边梯形内的梯形面积而不是矩形面积代替曲边梯形的面积,则会提高定积分值的精确度,有兴趣的读者可以自己改写上面的程序,用梯形面积求定积分的近似值。

4.4 习题与实践

1. 选择题

(1) 假定所有变量均已正确定义,下列程序段运行后 y 的值是(   )。

```
int a=0, y=10;
if(a=0)
    y--;
else
    if(a>0)
        y++;
    else
        y+=y;
```

A. 20　　B. 11　　C. 9　　D. 0

(2) 假定所有变量均已正确定义，下列程序段运行后 x 的值是(　　)。

```
a=b=c=0,x=35;
if(!a) x--; else if(b); if(c)  x=3; else  x=4;
```

A. 34　　B. 4　　C. 35　　D. 3

(3) 下面的程序片段所表示的数学函数关系是(　　)。

```
y=-1;
if(x!=0)if(x>0)  y=1;  else y=0;
```

A. $y=\begin{cases}-1 & (x<0)\\ 0 & (x=0)\\ 1 & (x>0)\end{cases}$　　B. $y=\begin{cases}1 & (x<0)\\ -1 & (x=0)\\ 0 & (x>0)\end{cases}$

C. $y=\begin{cases}0 & (x<0)\\ -1 & (x=0)\\ 1 & (x>0)\end{cases}$　　D. $y=\begin{cases}-1 & (x<0)\\ 1 & (x=0)\\ 0 & (x>0)\end{cases}$

(4) 下列各语句序列中，能够将变量 u、s 中较大值赋值到变量 t 中的是(　　)。

A. if(u>s)t=u; t=s;　　B. t=s; if(u>s)t=u;

C. if(u>s)t=s; else t=u;　　D. t=u; if(u>s)t=s;

(5) 下列各语句中，能够输出整型变量 a、b 中较大值的是(　　)。

A. printf("%d\n",(a>b)? a,b);

B. (a>b)? printf("%d",a): printf("%d",b);

C. printf("%d",if(a>b)a else b);

D. printf("%d\n",(a>b)? a: b);

(6) 下列语句应将小写字母转换为大写字母，其中正确的是(　　)。

A. if(ch>='a'&ch<='z') ch=ch-32;

B. if(ch>='a'&&ch<='z') ch=ch-32;

C. ch=(ch>='a'&&ch<='z')? ch-32: '';

D. ch=(ch>'a'&&ch<'z')? ch-32: ch;

(7) 设 int a=1, x=1; 循环语句 while (a<10) x++; a++; 的循环执行(　　)。

A. 无限次　　B. 不确定次　　C. 10 次　　D. 9 次

(8) 下列语句中，有语法错误的是(　　)。

A. while(x=y) 5;　　B. do x++ while(x==10);

C. while(0);　　D. do 2;while(a==b);

(9) 变量 i、j 已定义为 int 类型，则以下程序段中内循环体的执行次数是(　　)。

```
for(i=5;i;i--)
```

```
for(j=0;j<4;j++){…}
```

A. 20　　B. 24　　C. 25　　D. 30

(10) 下列程序段执行后 s 的值为(　　)。

```
int i=1, s=0;  while(i++)  if(!(i%3)) break;  else s+=i;
```

A. 2　　B. 3　　C. 6　　D. 以上均不是

(11)

```
int i=1,s=0;
while(i<100) {s+=i++;if(i>100) break;}
```

执行以上程序段后,s 的值是(　　)。

A. 1 到 101 的和　　B. 1 到 100 的和　　C. 1 到 99 的和　　D. 以上均不是

(12) 假定 a 和 b 为 int 型变量,则执行以下语句后 b 的值为(　　)。

```
a=1;b=10;
do { b-=a;a++;}
while (b--<0);
```

A. 9　　B. -2　　C. −1　　D. 8

(13) 设 x 和 y 均为 int 型变量,则执行下面的循环后,y 的值为(　　)。

```
for (y=1,x=1;y<=50;y++)
  {
     if (x>=10 ) break;
     if (x%2==1) {x+=5;continue;
  }
  x-=3;
  }
```

A. 2　　B. 4　　C. 6　　D. 8

(14) 求整数 1 至 10 的和并存入变量 s,下列语句中错误的是(　　)。

A. s=0;for(i=1;i<=10;i++) s+=i;

B. s=0;i=1;for(;i<=10;i++) s=s+i;

C. for(i=1,s=0;i<=10;s+=i,i=i+1);

D. for(i=1;s=0;i<=10;i++) s=s+i;

(15) 下列语句中,哪一个可以输出 26 个大写英文字母?(　　)

A. for(a='A';a<='Z';printf("%c",++a));

B. for(a='A';a<'Z';a++)printf("%c",a);

C. for(a='A';a<='Z';printf("%c",a++));

D. for(a='A';a<'Z';printf("%c",++a));

(16) 下列选项中与 while(1){if(i>=100)break;s+=i;i++;} 功能相同的是(　　)。

A. for(;i<100;i++) s=s+i;　　　　B. for(;i<100;i++;s=s+i);

C. for(;i<=100;i++) s+=i;　　　　D. for(;i>=100;i++;s=s+i);

2. 填空题

(1) 结构化程序设计规定的三种基本结构是________结构、________结构和________结构。

(2) 若 a=13、b=25、c=-17,条件表达式 ((y=(a<b)? a: b)<c)? y: c 的值为________。

(3) 若 s='d',执行语句 s=(s>='a'&&s<='z')? s-32: s; 字符变量 s 的值为________。

(4) 若有定义语句 int a=25,b=14,c=19; 以下语句的执行结果是________。

```
if(a++<=25 && b--<=2 && c++)
  printf("***a=%d,b=%d,c=%d\n", a, b, c);
else
  printf("***a=%d,b=%d,c=%d\n", a, b, c);
```

(5) 以下两条 if 语句可合并成一条 if 语句________。

```
if(a<=b)  x=1;
else  y=2;
if(a>b)  printf("***y=%d\n",y);
else     prinft("***x=%d\n",x);
```

(6) 下列程序的功能是输入一个正整数,判断是否能被 3 或 7 整除,若能整除,输出“YES”,若不能整除,输出“NO”。请为程序填空。

```
#include <stdio.h>
void main()
{
    int k;
    scanf ("%d", &k);
    if (________________________) printf("YES\n");
    else printf ("NO\n");
}
```

(7) 下列程序段的输出结果是________。

```
int k,a=1,b=2;
k=(a++==b) ? 2:3;  printf("%d",k);
```

(8) 下列程序段的输出结果分别为________、________、________、________、________。

A.
```
int a=1,s=0;
switch(a)
{
    case 1: s+=1;
    case 2: s+=2;
    default : s+=3;
}
printf("%d",s);
```

B.
```
int a=1,s=0;
switch(a)
{
    case 2: s+=2;
    case 1: s+=1;
    default : s+=3;
}
printf("%d",s);
```

C.
```
int a=1,s=0;
switch(a)
{
    default : s+=3;
    case 2: s+=2;
    case 1: s+=1;
}
printf("%d",s);
```

D.
```
int a=1,s=0;
switch(a)
{
    case 1: s+=1; break;
    case 2: s+=2; break;
    default : s+=3;
}
printf("%d",s);
```

E.
```
int a=1,s=0;
switch(a)
{
    default : s+=3; break;
    case 2: s+=2; break;
    case 1: s+=1;
}
printf("%d",s);
```

(9) 当循环体中的 switch 语句内有 break 语句时,则只跳出________语句。同样,当 switch 语句中有循环语句,内有 break 语句时,则只跳出________语句。

(10) 若 int i=10,s=0;,执行语句 while(s+=i--,--i);后 s、i 值分别为________。

(11) 程序段 int s, i; for(i=1;i<=100;s+=i,i++); 能否计算 1~100 的和? ________,原因是________。

(12) 若 short int 类型变量字长为 2,程序段 short int jc=1; for(i=2;i<10;i++)jc *=i; 能否计算 10 的阶乘? ________,原因是________。

(13) 设 i, j, k 均为 int 型变量,则执行完下面的 for 循环后,k 的值为________。

```
for(i=0,j=10; i<=j; i++,j--)   k=i+j;
```

(14) 以下程序的功能是:输入若干个字符,分别统计数字字符的个数、英文字母的个数,当输入回车符时输出统计结果,运行结束。请填空。

```
#include <stdio.h>
void main( )
```

```
{
   char ch;
   while((____________________)!='\n')
   {
      if(ch>='0'&&ch<='9') s1++;
      if(ch>='a'&&ch<='z' ||____________________) s2++;
   }
  ____________________
}
```

(15) 以下程序的功能是：输入 m,求 n 使 n! <=m<=(n+1)!,例如输入 726,应输出 n=6。请填空。

```
#include <stdio.h>
void main( )
{
   int ______________;
   scanf(______________);
   for(n=2;jc<=m;n++) jc=jc*n;
   printf("n=%d\n",____________);          /*想一想为什么要 n-2  */
}
```

(16) 下列程序计算并输出方程 $X^2+Y^2+Z^2=1989$ 的所有整数解。

```
#include <stdio.h>
void main()
{
   ________________________
   for(i=-45;i<=45;i++)
     for(________________)
        for(k=-45;k<=45;k++)
           if(________________)
              printf(______________, i,j,k);
}
```

3. 程序阅读题

(1) 阅读下列程序,写出程序运行的输出结果。

```
#include <stdio.h>
void main( )
{
   int y=9;
   for( ;y>0; y--)
        if(y%3==0)  { printf("%d", --y);  continue;}
```

```
}
```

(2) 阅读下列程序，写出程序运行的输出结果。

```
#include <stdio.h>
void main ( )
{
   int i=5;
   do
   {
          switch (i%2)
          {
              case  4: i--; break;
              case  6: i--; continue;
          }
           i--;  i--;
           printf("i=%d  ", i);
   } while(i>0);
}
```

(3) 阅读下列程序，写出程序运行的输出结果。

```
#include <stdio.h>
void main( )
{
    int k=0; char c='A';
    do
    {
       switch (c++)
       {
          case 'A': k++; break;
          case 'B': k--;
          case 'C': k+=2; break;
          case 'D': k=k%2; break;
          case 'E': k=k*10; break;
          default: k=k/3;
       }
       k++;
    }
    while(c<'G');
    printf("k=%d\n", k);
}
```

(4) 阅读下列程序，当输入为：ab*AB%cd#CD$ 时，写出程序运行的输出结果。

```
#include <stdio.h>
void main ( )
{
    char c;
    while((c=getchar( ))!='$')
    {
        if('A'<=c && c<'Z')   putchar(c);
        else if('a'<=c && c<='z')   putchar(c-32);
    }
}
```

(5) 阅读下列程序,输入数据:2　4,写出程序运行的输出结果。

```
#include <stdio.h>
void main( )
{
    int s=1,t=1,a,n;
    scanf("%d%d",&a,&n);
    for(int i=1;i<n;i++)
    {
      t=t*10+1; s=s+t;
    }
    s*=a;  printf("SUM=%d\n",s);
}
```

(6) 阅读下列程序,写出程序运行的输出结果。

```
#include <stdio.h>
void main( )
{
    int i,j,n;
    for(i=0;i<4;i++)
    {
      for(j=1;j<=i;j++) printf(" ");
      n=7-2*i;
      for(j=1;j<=n;j++) printf("%1d",n);
      printf("\n");
    }
}
```

4. 程序设计题

(1) 输入一个实数,输出它的平方根值,如果输入数小于0,输出“输入数据错误”的提示。

(2) 编一个程序,输入三个单精度数,输出其中的最小数。

(3) 用 if 语句编程序,输入 x 后按下式计算 y 值并输出。

$$y=\begin{cases}\sin x+2*x^2+10 & 0\leqslant x\leqslant 8\\ |x-3*x^3-9| & x<0 \text{ 或 } x>8\end{cases}$$

(4) 编程序,输入一个百分制的成绩 t 后,按下式输出它的等级,要求分别写作 if 结构和 switch 结构。90～100 分为“A”,80～89 分为“B”,70～79 分为“C”,60～69 分为“D”,59～0 分为“E”。

(5) 输入 3 个字符后,按各字符 ASCII 码值从小到大的顺序输出这些字符。

(6) 编一个程序显示 ASCII 码值 0x20～0X6f 的十进制数值及其对应字符。

(7) 若一个三位整数的各位数字的立方之和等于这个整数,称为“水仙花数”。例如,153 是水仙花数,因为 $153=1^3+5^3+3^3$,求所有的水仙花数。

(8) 编一个程序,求斐波那契(Fibonacci)序列:1,1,2,3,5,8,…。请输出前 20 项。序列满足关系式:$F_n=F_{n-1}+F_{n-2}$

(9) 编一个程序,利用格里高利公式求 π 值。π/4=1－1/3＋1/5-1/7＋…。精度要求最后一项的绝对值小于 1e－5.

(10) 输入一组成绩(0～100),以－1 作为输入结束标识,求平均成绩。

(11) 用“辗转相除法”对输入的两个正整数 m 和 n 求其最大公约数和最小公倍数。

(12) 求 S_n=a＋aa＋aaa＋…＋aa…a (n 个 a)之值,其中 a 代表 1 到 9 中的一个数字。例如:a 代表 2,则求 2＋22＋222＋2222＋22222(此时 n=5),a 和 n 由键盘输入。

(13) 输入 x、n,计算多项式 1－x＋x * x/2!－x * x * x/3!＋…前 n＋1 项的和。

(14) 找出 1000 以内的所有完数,并输出其因子(一个数如恰好等于它的因子之和,这个数称为完数,如 6=1＋2＋3)。

(15) 输入一个正整数,输出它的所有质数因子。

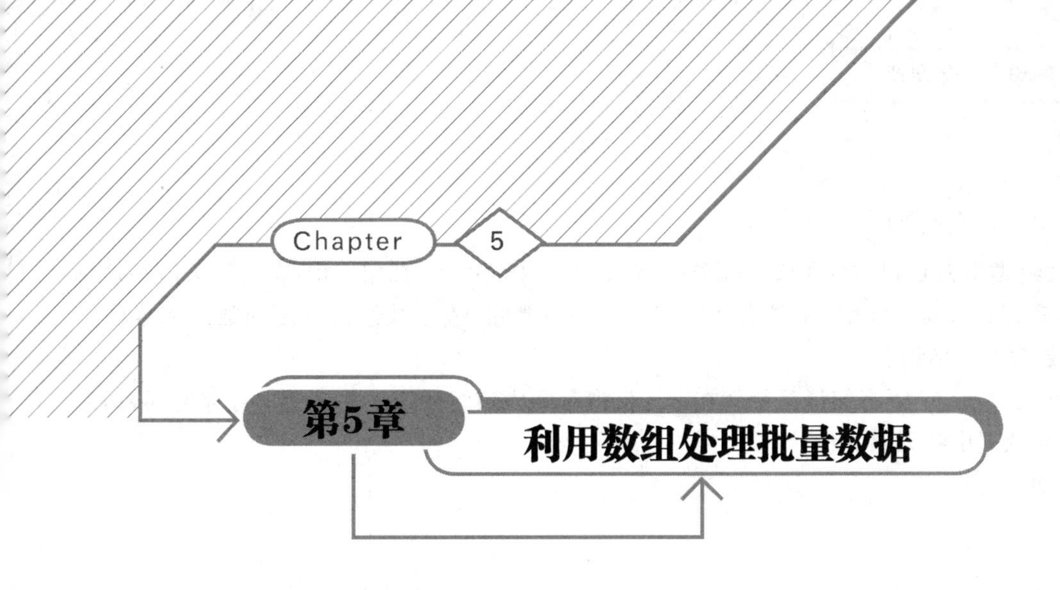

本章学习目标

- 掌握数组的概念、定义和数组元素的引用方法。
- 掌握一维数组、二维数组在程序设计中的应用。
- 掌握字符数组和字符串的应用。

数组是C语言提供的一种构造类型数据,用来有效地处理一批同类型的相关数据。数组是一组相同类型数据的有序集合,每一个数据称为数组元素,这些数组元素有一个共同的名字即数组名,不同元素由其在数组中的序号即下标(从0开始编号)标识。本章介绍数组的概念、定义和数组元素的引用方法,以及一维数组、二维数组、字符数组和字符串在程序设计中的应用。

5.1 一维数组的定义和引用

C语言中,变量必须先定义,然后才能使用。数组也一样,在使用数组前要对它加以定义。数组定义的主要目的是确定数组的名称、数组的大小和数组的类型。

数组是一组相同类型数据的有序集合,每一个数据称为数组元素,这些数组元素有一个共同的名字称为数组名,不同元素由其在数组中的序号即下标来标识。用1个下标确定元素的数组称为一维数组,用2个下标确定元素的数组称为二维数组,用3个及3个以上下标确定元素的数组称为多维数组。C程序中用得比较多的是一维数组和二维数组,5.1节先介绍一维数组,5.2节将介绍二维数组。

5.1.1 一维数组的定义

一维数组定义的一般形式为:

```
数组类型  数组名[常量表达式];
```

其中,数组类型为C语言的类型说明符,标识数组元素的类型;数组名由用户指定,但必须符合C语言标识符命名规则;常量表达式应为正整数常量,表示数组的长度即数组元素的个数;[ ]是数组的标识。

数组定义后,C语言编译系统就在计算机内存中为数组分配一块连续的存储空间,用来依次存放数组中各元素的值。

例如:

```
int a[10];
```

表示定义了数组a,数组的类型是int,该数组包含10个元素,分别是a[0]、a[1]、a[2]、a[3]、a[4]、a[5]、a[6]、a[7]、a[8]、a[9],每一个元素可以用来表示一个int类型的数据,C编译系统在内存中为int类型数组a分配10 * sizeof(int)字节的连续空间,作为这10个元素的存储区域,数组名a同时表示这一片连续存储空间的开始地址。

数组定义时需要注意,数组长度的定义不能用变量。例如:

```
int n=10, a[n];
```

是错误的。

在定义数组的同时,也可以同时为数组元素赋初值,称为数组的初始化。例如:

```
int a[10]={1,2,3,4,5,6,7,8,9,10};
```

则C语言在为数组分配存储单元的同时,还为数组各元素赋初值,a[0]的初值为1、a[1]的初值为2、……、a[8]的初值为9、a[9]的初值为10。

一维数组的初始化有以下几点规则:

(1) 如对数组的所有元素赋初值,则可以不指定数组的长度。

例如:

```
int a[]={1,2,3,4,5,6,7,8,9,10};
```

与上面数组a的定义等价,这时数组的长度根据初值的个数确定。

(2) 如对部分元素赋初值,则从数组第一个元素起按顺序给出初值,未赋初值的数值类型数组元素初值为0、字符型数组元素初值为'\0'。

例如:

```
int a[10]={1,2,3};
```

使a数组前3个元素的值依次为1、2、3,其余元素值为0。

```
char b[5]={'+','-'};
```

使b数组前两个元素的值依次为'+'、'-',其余元素值为'\0'。

(3) 初值的个数不能多于数组长度。

例如：语句 int a[5]={1,2,3,4,5,6,7,8,9,10}；是错误的。

5.1.2　一维数组元素的引用

数组定义后，就可以在程序中使用了。对数组的使用是通过引用数组元素实现的，不能将数组作为一个整体加以引用。一维数组元素的引用方式如下：

```
数组名[下标表达式]
```

下标表达式可以是整型表达式或字符型表达式，其取值范围是 0～数组长度－1。一个数组元素就是一个变量，称为下标变量。

例如：

```
int a[10];                          //数组定义
a[0]=5;                             //第 1 个元素赋值为 5
a[1]=2*a[3/4];                      //第 2 个元素值为 2*a[0],即 10
a[5]=a[3%2]+a['f'-'e'];             //第 6 个元素值为 a[1]+a[1],即 20
```

【例 5.1】　用数组求斐波那契数列前 40 项，并打印输出。

程序设计分析：斐波那契数列的前两个数是 1、1，第三个数是前两个数的和，以后的每个数都是其前两个数的和。即：

$F_1=1$　　(n=1)

$F_2=1$　　(n=2)

Fn=Fn-1+Fn-2 (n≥3)

```
#include <stdio.h>
void main()
{
    int i;
    long int f[40]={1,1};
    for(i=2;i<40;i++)               //第 5 行
      f[i]=f[i-2]+f[i-1];
    for(i=0;i<40;i++)
    {
      if(i%5==0)  printf("\n");     //第 8 行
      printf("%10ld",f[i]);
    }
}
```

程序运行：

```
       1        1        2        3        5
       8       13       21       34       55
      89      144      233      377      610
     987     1597     2584     4181     6765
   10946    17711    28657    46368    75025
  121393   196418   317811   514229   832040
 1346269  2178309  3524578  5702887  9227465
14930352 24157817 39088169 63245986 102334155
```

程序说明:数组 f 的前两个元素 f [0]、f [1](注意 C 语言数组的下标从 0 开始)通过初始化赋初值,所以第 5 行的循环语句 i 从 2 起;程序第 8 行的 if 语句用于控制每一行输出 5 个数。

【例 5.2】 编程,输入一个班级学生(不多于 50 人)的一门功课成绩,计算平均成绩,并统计高于平均成绩的学生人数。

```
#include <stdio.h>
void main()
{
    float score[50],sum=0,aver;
    int i,n,k=0;
    printf("请输入学生人数:\n");
    scanf("%d",&n);
    printf("请输入%d个学生成绩:\n",n);
    for(i=0;i<n;i++)                    //第 8 行
    {
        scanf("%f",&score[i]);
        sum+=score[i];
    }
    aver=sum/n;
    for(i=0;i<n;i++)                    //第 13 行
        if(score[i]>=aver) k++;
    printf("平均成绩:%.2f\t 高于平均分人数:%d\n",aver,k);
}
```

程序运行:

```
请输入学生人数:
10↙
请输入 10 个学生成绩:
60 70 65 75 78 90 54 77 93 68↙
平均成绩:73.00 高于平均分人数:5
```

程序说明:要处理的数据个数不确定,但有一个范围,即不多于 50 个,因此所定义的数

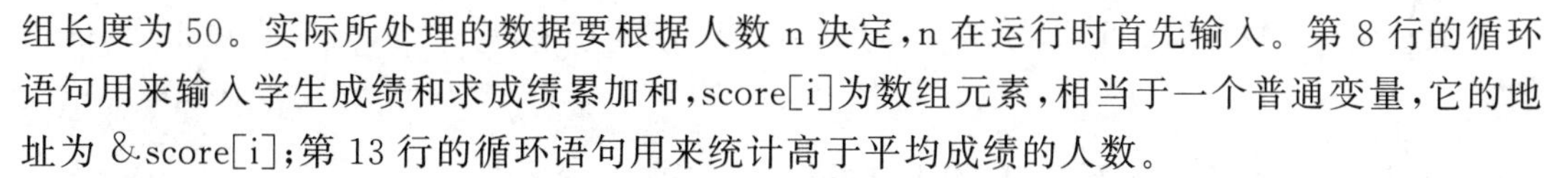

组长度为50。实际所处理的数据要根据人数 n 决定，n 在运行时首先输入。第 8 行的循环语句用来输入学生成绩和求成绩累加和，score[i]为数组元素，相当于一个普通变量，它的地址为 &score[i]；第 13 行的循环语句用来统计高于平均成绩的人数。

初学者往往将这类问题的数组按下面的方法定义：

```
float sum=0,aver;
int i,n,k=0;
printf("请输入学生人数:\n");
scanf("%d",&n);
float score[n];
```

这是不行的，数组长度的定义不能用变量。

5.2　二维数组的定义和引用

二维数组的每个数据有行列之分，用两个下标标识一个数组元素，适合于矩阵处理等应用。二维数组的每一行元素其实就是一个一维数组，所以二维数组也被称作“数组的数组”。

5.2.1　二维数组的定义

与一维数组相同，二维数组也必须先定义，后使用。二维数组定义形式为

```
数组类型 数组名[常量表达式][常量表达式];
```

其中：数组类型为 C 语言的类型说明符，标识数组元素的类型；数组名也由用户命名；常量表达式应为正整数常量，第一个常量表达式表示数组的行数，第二个常量表达式表示每一行的元素个数；[ ]是数组的标识。

例如：

```
float a[3][4];
```

表示定义了二维数组 a，数组的类型是 float，该数组包含 3 行 4 列共 12 个元素，分别是 a[0][0]、a[0][1]、a[0][2]、a[0][3]、a[1][0]、a[1][1]、a[1][2]、a[1][3]、a[2][0]、a[2][1]、a[2][2]、a[2][3]，每一个元素可以用来表示一个 float 型的数据，C 语言编译系统在内存中为 float 型数组 a 分配 3 * 4 * sizeof(float)字节的连续空间，作为这 12 个元素的存储区域。

同样，不能用变量定义数组长度。如 int n=3，m=4，a[n][m]；是错误的；另外在定义二维数组时，行列长度要分别用一对方括号括起来，写成 int a[3,4]是不正确的。

定义数组后，C 语言编译系统就在计算机内存中为二维数组分配一块连续的存储空间，各元素在该区域内的存放顺序为以行为主序存放，即先依次存放第 1 行各元素，再依次存放第 2 行各元素，以此类推。

在定义二维数组的同时也可以初始化各数组元素,方法与一维数组初始化相似,格式如下:

```
二维数组定义={{表达式列表 1},{表达式列表 2},… }
```

或

```
二维数组定义={表达式列表}
```

第一种方法按行初始化,将表达式列表 1 中的数值给数组的第一行、表达式列表 2 中的数值给数组的第二行、……;第二种方法将所有初始化数据写在一对大括号内,自动按行初始化,没有初始化到的数组元素值为 0。

例如:

```
int a[3][4]={{1,2,3},{4,5}};
```

则为数组 a 第 1 行各元素 a[0][0]、a[0][1]、a[0][2]、a[0][3]依次赋值 1、2、3、0;为第 2 行各元素 a[1][0]、a[1][1]、a[1][2]、a[1][3]依次赋值 4、5、0、0;而第 3 行各元素初值均为 0。

当对二维数组初始化时,可以省略数组定义中的第一维长度,此时数组行数由初始化数据的个数和列数决定。例如:

int a[][4]={{1,2},{3,4,5},{6}}; 与 int a[3][4]={{1,2},{3,4,5},{6}};等价。

int b[][3]={1,2,3,4,5,6,7}; 表示数组 b 是 3 行 3 列数组。

而 int a[][]={1,2,3,4,5,6}; 不正确,不能确定每一行数组元素的个数。

本节开始时讲过,二维数组是"数组的数组",每一行元素就是一个一维数组。例如:

```
float a[3][4];
```

定义了 3 行 4 列的二维数组,它由三个一维数组组成,即

(1) a[0] [0]、a[0] [1]、a[0] [2]、a[0] [3],数组名 a[0]。

(2) a[1] [0]、a[1] [1]、a[1] [2]、a[1] [3],数组名 a[1]。

(3) a[2] [0]、a[2] [1]、a[2] [2]、a[2] [3],数组名 a[2]。

5.2.2 二维数组元素的引用

与一维数组相同,二维数组也是由一组相同类型的元素组成的,每一元素是一个下标变量,对这些变量的引用和操作与一维数组相似。二维数组元素的引用方式为

```
数组名[下标表达式 1][下标表达式 2]
```

其中,下标表达式 1 和下标表达式 2 为整型表达式或字符型表达式,取值应限制在 0~行长度-1 和 0~列长度-1。

例如,有定义:

```
int x[2][3];
```

则数组元素为 x[0][0]、x[0][1]、x[0][2]、x[1][0]、x[1][1]、x[1][2]。每一元素是一个整型变量，可以参加相应运算。如：

```
scanf("%d",&x[0][0]);                    //输入数组元素 x[0][0]的值
x[1][3-1]=x[0][0]%10;                    //将 x[0][0]的个位数赋值给 x[1][2]
x[1][2]++;                               //x[1][2]自增 1
```

【例 5.3】 矩阵转置。

程序设计分析：矩阵转置即行列互换，原矩阵第 i 行数据转置后变成第 i 列。用二维数组表示矩阵，矩阵的转置操作就是将数组元素 a[i][j]与 a[j][i]互换。程序如下：

```
#define N 4
#include <stdio.h>
void main()
{
    float a[N][N],temp;
    int i,j;
    for(i=0;i<N;i++)                        //双重循环读入二维数组各元素
      for(j=0;j<N;j++)
          scanf("%f",&a[i][j]);
    for(i=0;i<N;i++)                        //第 10 行，这一双重循环完成行列互换
      for(j=0;j<i;j++)
          {  temp=a[i][j]; a[i][j]=a[j][i]; a[j][i]=temp; }
    for(i=0;i<N;i++)                        //输出转置后的矩阵
      {
          for(j=0;j<N;j++)
              printf("%8.2f",a[i][j]);      //以行列对齐格式输出处理后的矩阵
          printf("\n");                     //输出一行后换行
      }
}
```

程序说明：本程序完成二维数组 a 的行列互换，由第 10 行所在的嵌套循环完成，注意第 10 行开始的双重循环，内循环条件为 j<i，不能写成 j<N，否则转置两次后矩阵恢复原样，内循环 for 语句也可以写成 for(j=i+1;j<N;j++)。

【例 5.4】 找出二维数组的最大值并与最后一个元素进行交换。

程序设计分析：本程序所要完成的主要功能是要找出二维数组中的最大值及它所在的行、列号。在查找二维数组的最大值时，首先取第一个元素为存放最大值变量的初始值，然后逐一与其他元素比较，重新记录最大值，并记录下它们的行、列号，比较完所有元素就可确定最大值以及它所在的位置，再与数组中的最后一个元素交换即可。程序如下：

```
#define M 3
#define N 4
#include <stdio.h>
void main()
{
    float a[M][N],max;
    int i,j,maxi,maxj;
    for(i=0;i<M;i++)
      for(j=0;j<N;j++)
         scanf("%f",&a[i][j]);                //输入数据
    max=a[0][0];                              //第 11 行
    maxi=maxj=0;                              //第 12 行
    for(i=0;i<M;i++)                          //第 13 行
       for(j=0;j<N;j++)
         if(max<a[i][j])
         {  max=a[i][j]; maxi=i; maxj=j; }
    a[maxi][maxj]=a[M-1][N-1];
    a[M-1][N-1]=max;
    for(i=0;i<M;i++)
    {
      for(j=0;j<N;j++)
         printf("%8.2f",a[i][j]);
      printf("\n");
    }
}
```

程序说明：在查找一组数中的最大值时，需要设置相应变量的初始值，作为比较的基础。由于一组数中的最大值肯定是这组数中的某一个，在程序设计时往往先假定第 1 个数是最大数，程序第 11、12 行完成此功能，注意所赋的初值必须是这组数据之一，不能是无关的常量。如第 11 行写成 max=0;，会有什么样的结果？请读者自己思考。

程序第 13 行开始的双重循环完成查找过程，第 15 行 if 语句在查找到目前为止的最大值时，改变 max 值，同时要记录下它的位置即行、列号，否则最后无法确定它的位置；程序最后是交换和输出整个二维数组的全体元素。

5.3 字符数组

5.3.1 字符数组的定义和使用

字符数组是元素类型为字符型的数组，字符数组的每一个元素可以存放一个字符。字符数组也有一维、二维等。

字符数组的定义、初始化和引用方法与前面介绍的其他类型的数组是类似的。

例如：

```
char a[10]; a[0]='C';a[1]='H';a[2]='I';a[3]='N';a[4]='A';
```

定义了长度为10的字符数组，对前5个元素进行了赋值。

此时数组a的内存形式如图5.1所示，未被赋值的数组元素值不确定。

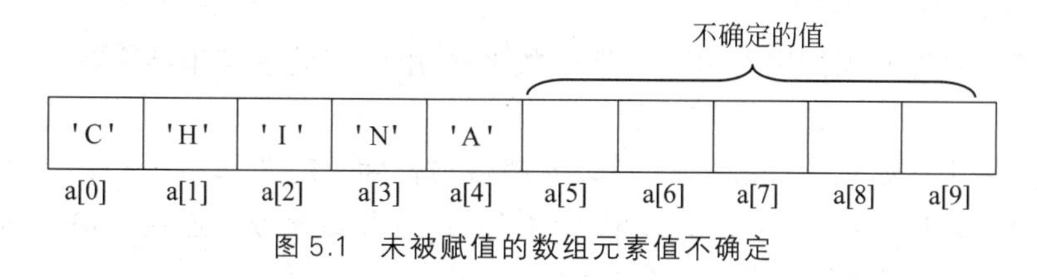

图5.1　未被赋值的数组元素值不确定

字符数组在定义的同时也可以初始化数组元素，例如：

```
char a[10]={'C','H','I','N','A'};
```

前5个元素被依次初始化为'C'、'H'、'I'、'N' 和 'A'，后5个元素都被初始化为 '\0'。数组a的内存形式如图5.2所示。

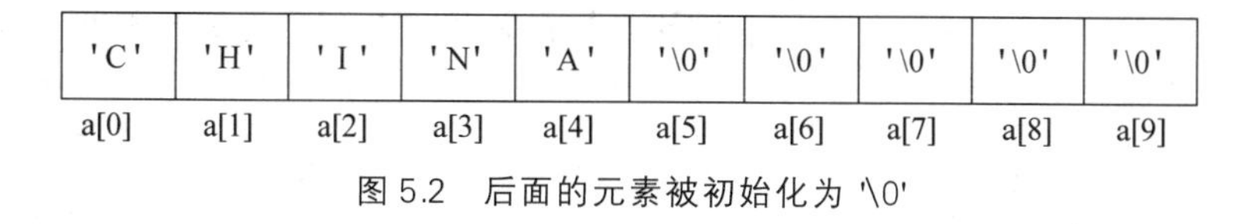

图5.2　后面的元素被初始化为 '\0'

5.3.2　字符数组和字符串

1. 字符串

字符串是一个用双引号括起来的以'\0'结束的字符序列，其中的字符可以包含字母、数字、其他字符、转义字符、汉字(一个汉字占2字节)。

字符串在内存存放时自动在最后加上一个ASCII码值为0的字符即 '\0'，此字符被称为字符串结束标识。C语言中利用字符数组来表示字符串，在字符串处理时不以字符数组的长度为准，而是检测字符 '\0' 判别字符串是否处理完毕。

定义字符数组时可用字符串初始化字符数组，例如：

```
char c[6]={"CHINA"}; 或  char c[6]="CHINA";
```

用字符串初始化字符数组时最后自动添加字符串结束标识'\0'，上面的两种定义和初始化方式等价于：

```
char c[6]={'C','H','I','N','A','\0'};
```

此时，数组 c 的内存形式如图 5.3 所示。

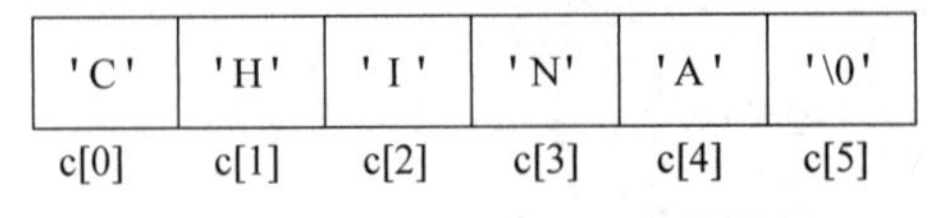

图 5.3　用字符串初始化字符数组

几点注意事项如下：

(1) 数组的长度必须比字符串的元素个数多 1，用以存放字符串结束标识'\0'。如定义语句 char c[5]＝"CHINA"；是错误的。

(2) 用字符串初始化字符数组时，可以省略数组长度的定义，如 char c[ ]＝"CHINA"。

(3) 数组名是地址常量(它表示 C 语言编译系统分配给该数组连续存储空间的首地址，详见第 10 章)，不能将字符串直接赋给数组名。

例如：char c[6]；c＝"CHINA"；是错误的。

(4) 字符串到第一个'\0' 结束。

例如：char c[ ]＝"abc\0xyz"；则数组 c 的长度为 8，而其中存放的字符串为“abc”。

前面介绍的一维字符数组中可以存放一个字符串，如有若干个字符串则可以用多个一维字符数组或一个二维字符数组来存放。一个 n×m 的二维字符数组可以理解为由 n 个一维数组所组成，可以存放 n 个字符串，每个字符串的最多字符个数为 m－1，因为最后还要存放字符串的结束标识'\0'。

例如：

```
char str[3][9]={"HangZhou","ShangHai","Beijing"};
```

定义了一个二维字符数组 str，在内存中的存放形式如图 5.4 所示。

str[0] →	'H'	'a'	'n'	'g'	'Z'	'h'	'o'	'u'	'\0'
str[1] →	'S'	'h'	'a'	'n'	'g'	'H'	'a'	'i'	'\0'
str[2] →	'B'	'e'	'i'	'j'	'i'	'n'	'g'	'\0'	'\0'

图 5.4　定义数组 str 后的内容

数组 str 可以理解为由 3 个一维字符数组 str[0]、str[1]、str[2]组成，它们分别相当于一个一维字符数组名，分别表示 3 个字符串的起始地址。所以，在引用二维字符数组 str 时，既可以与其他二维数组一样引用它的每一个元素 str[i][j]($0\leqslant i\leqslant 2$、$0\leqslant j\leqslant 8$)，也可以用 str[0]、str[1]、str[2]作为参数使用字符串处理函数对其中的每一个字符串进行处理。

2. 字符数组的输入输出

字符数组的输入输出有以下两种方法。

1) 逐个字符的输入输出

用字符输入函数 getchar、字符输出函数 putchar、格式化输入输出函数 scanf/printf 的格式符“%c”逐个字符地输入输出。

【例 5.5】 输入一行字符，将其中的小写字母转换成大写字母，其余字符不变。

```
#include <stdio.h>
void main()
{
    char c[81]; int i;
    for(i=0;(c[i]=getchar())!='\n';i++);
    c[i]='\0';                              //将数组最后的回车符改为结束标识
    for(i=0;c[i]!='\0';i++)                 //逐个处理、输出字符
    {
        if(c[i]>='a'&& c[i]<='z')
            c[i]-=32;
        printf("%c",c[i]);
    }
}
```

2）字符串的整体输入输出

在 scanf 函数和 printf 函数中用格式符“%s”输入输出字符串，对应的参数应该是数组名即数组的起始地址，不能是数组元素。将例 5.5 的程序修改如下：

```
#include <stdio.h>
void main()
{
    char c[81]; int i;
    scanf("%s",c);
    for(i=0;c[i]!='\0';i++)
      if(c[i]>='a'&&c[i]<='z') c[i]-=32;
    printf("%s",c);
}
```

程序运行：

```
HangZhou China↙
HANGZHOU
```

从运行结果可以看到，scanf 函数用格式符“%s”输入若干字符（可以是汉字）到字符数组，遇空格、Tab 字符、回车符终止，并写入字符串结束标识'\0'。因此，c 数组保存的字符串是“HangZhou”，不是“HangZhou China”。

所以，要想输入包含空格、Tab 字符的字符串，无法用 scanf 函数实现，此时可以用下面要介绍的 gets 函数解决字符串的输入问题。

5.3.3 字符串处理函数

C语言提供了一些字符串处理函数,用于字符串处理,包括字符串的输入输出、连接、拷贝和比较等运算。使用这些函数需要在程序中包含头文件string.h。

1. 字符串输入函数gets

函数原型:

```
char* gets(char *str)
```

功能:读入一串以回车符结束的字符,顺序存入到以str为首地址的内存单元,最后写入字符串结束标识'\0'。函数原型中的"*"字符表示地址。

2. 字符串输出函数puts

函数原型:

```
int puts(char* str)
```

功能:输出内存中从地址str起的若干字符,直到遇到'\0'为止,最后输出一个换行符。

对于例5.5,输入一行字符,将其中的小写字母转换成大写字母,其余字符不变。使用gets和puts输入输出字符串,可修改如下:

```
#include <stdio.h>
void main()
{
    char c[81]; int i;
    gets(c);
    for(i=0;c[i]!='\0';i++)
        if(c[i]>='a'&&c[i]<='z') c[i]-=32;
    puts(c);
}
```

程序运行:

```
HangZhou China↙
HANGZHOU CHINA
```

gets函数与scanf函数以格式符%s输入字符串的区别:前者输入以回车结束的所有字符,后者输入的字符串不能包含空格、Tab字符。

puts函数与printf函数以格式符%s输出字符串的区别:前者逐个输出字符到'\0'结束时自动输出一个换行符,后者逐个输出字符到'\0'结束,不自动输出换行符。

3. 字符串连接函数strcat

函数原型:

```
char* strcat(char *str1, char *str2)
```

功能：从地址 str2 起到'\0'为止的若干个字符(包括'\0')，复制到字符串 str1 后。str1 一般为字符数组且必须定义得足够大，使其能存放连接后的字符串，返回值为 str1。

例如，有下列程序段：

```
char c[18]="HangZhou ";
char a[]="China";
…
strcat(c,a);
puts(c);
```

输出：

```
HangZhou China
```

执行语句“strcat(c,a);”前后 c 中各元素的值如图 5.5 所示。

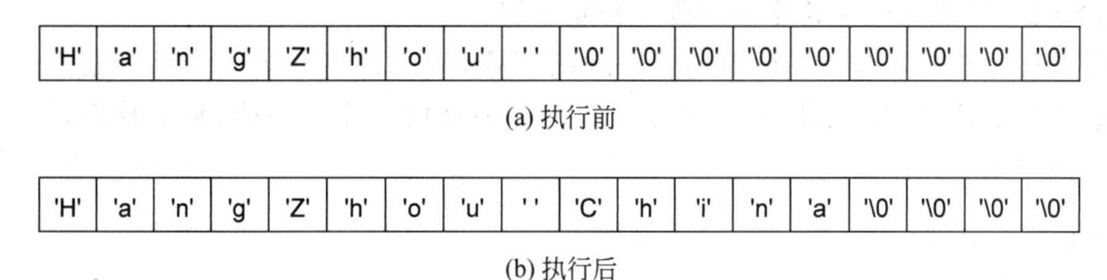

'H'	'a'	'n'	'g'	'Z'	'h'	'o'	'u'	' '	'\0'	'\0'	'\0'	'\0'	'\0'	'\0'	'\0'	'\0'	'\0'

(a) 执行前

'H'	'a'	'n'	'g'	'Z'	'h'	'o'	'u'	' '	'C'	'h'	'i'	'n'	'a'	'\0'	'\0'	'\0'	'\0'

(b) 执行后

图 5.5　执行“strcat(c,a);”前后 c 中各元素值

4. 字符串拷贝函数 strcpy

C 语言不允许将字符串用赋值表达式赋值给数组名。例如：

```
char c[10];   c="HangZhou"
```

是非法的，因为数组名 c 代表的是数组在内存中所占的存储区域的首地址，是常量，常量是不能被赋值的。

如果要将一字符串存入字符数组中，除了初始化和输入外，还可以调用字符串拷贝函数来实现。

函数原型：

```
char * strcpy(char * str1,char * str2)
```

功能：将从地址 str2 起到'\0'止的若干个字符(包括'\0')，复制到从地址 str1 起的内存单元内，返回值为 str1。

例如，程序段：

```
char c[11]="0123456789";
    …
strcpy(c,"HangZhou");
```

```
puts(c);
```

运行的输出结果为：HangZhou。

执行语句“strcpy(c,"HangZhou");”前后数组 c 中的字符信息如图 5.6 所示。语句执行后 c[9]、c[10]保持原值不变。

'0'	'1'	'2'	'3'	'4'	'5'	'6'	'7'	'8'	'9'	'\0'

(a) 执行前

'H'	'a'	'n'	'g'	'Z'	'h'	'o'	'u'	'\0'	'9'	'\0'

(b) 执行后

图 5.6　执行“strcpy(c,“HangZhou”);”前后 c 中各元素值

【例 5.6】 从输入的字符串中删除一指定字符。

程序设计分析：输入一字符串及要删除的字符,从字符串的第一个字符起逐一比较是否是要删除的字符,如是,则将下一字符起的所有字符均往前移一位,直到检查到字符串结束标识。程序如下：

```
#include <stdio.h>
#include <string.h>
void main()
{
    char s[81],ch;
    int i;
    printf("输入字符串:"); gets(s);
    printf("输入要删除的字符:"); ch=getchar();
    for(i=0;s[i]!='\0';)                    //第 9 行
    {
        if(s[i]==ch) strcpy(s+i,s+i+1);
        else i++;
    }
    puts(s);
}
```

程序运行：

```
输入字符串:ag2ftgpg6↙
输入要删除的字符:g↙
a2ftp6
```

程序说明：第 9 行起的循环语句在输入的字符串中删除指定字符,元素下标 i 的改变不能放在 for 语句的表达式 3 位置上,因这样会造成连续字符被删除时的漏删问题。

5. 字符串比较函数 strcmp

函数原型：

```
int strcmp(char * str1,char * str2)
```

该函数的功能是依次对 str1 和 str2 对应位置上的字符按 ASCII 码值的大小进行比较，直到出现不同字符或遇到字符串结束标识'\0'。如果两字符串所有字符都相同，则认为两字符串相等，若出现不同的字符，则第一个不相同字符的 ASCII 码值差作为两个字符串比较的结果。

例如：

strcmp ("abc","abcd") 的返回值为－100(即表达式'\0'－'d'的值)；

strcmp ("abc","aBxy") 的返回值为 32(即表达式'b'－'B'的值)；

strcmp ("ABC","ABC") 的返回值为 0(即表达式'\0'－'\0'的值)。

C 语言中，两个字符串不能进行关系运算，例如：

```
if (str1==str2) printf("yes!");
```

是错误的，应该写作：

```
if (strcmp(str1, str2)==0) printf("yes!");
```

6. 求字符串长度函数 strlen

函数原型：

```
int strlen(char * str)
```

功能：求字符串的长度即所包含的字符个数(不计'\0')。

例如：strlen("China")的返回值为 5。

又如：若有定义语句 char a[15]="ab\110\\cd\'\\ne"；则 strlen(a)的返回值为 10(注意转义字符)；strlen(a+2)的返回值为 8 (从地址 a+2 起计算到'\0'之间的字符数)。

注意 strlen 函数与求字节数运算符 sizeof 的区别，如 sizeof(a)的值是 15。

5.4　程序举例

【例 5.7】　用选择排序方法，将 N 个元素按升序排列。

排序又称分类(sorting)，是程序设计中经常用到的算法。所谓排序，是指将一组按任意序列给定的数据元素，重新排列成一个有序(升序或降序)序列的过程。通常，在排序的过程中需进行下列两种基本操作：

(1) 比较两个数据元素的大小。

(2) 将数据元素从一个位置移动到另一个位置。

排序的方法很多，常用的有选择排序、冒泡法排序、插入排序、快速排序、堆排序等。这里只介绍选择排序,想了解其他排序算法的读者,可参阅相关资料。

程序设计分析:下面以7个元素的数组为例,介绍选择排序算法。

设排序前a数组中的7个数依次为:2 6 1 8 7 4 5

第1次选择:在a(0)至a(6)中找最小值a(k),比较后确定k为2;
交换a(0)与a(k)的值。第1次排序后,各元素当前值依次为:
1 6 2 8 7 4 5 数组中前1个元素有序。

第2次选择:在a(1)至a(6)中找最小值a(k),比较后确定k为2;
交换a(1)与a(k)的值。第2次排序后,各元素当前值依次为:
1 2 6 8 7 4 5 数组中前2个元素有序。

第3次选择:在a(2)至a(6)中找最小值a(k),比较后确定k为5;
交换a(2)与a(k)的值。第3次排序后,各元素当前值依次为:
1 2 4 8 7 6 5 数组中前3个元素有序。

第4次选择:在a(3)至a(6)中找最小值a(k),比较后确定k为6;
交换a(3)与a(k)的值。第4次排序后,各元素当前值依次为:
1 2 4 5 7 6 8 数组中前4个元素有序。

第5次选择:在a(4)至a(6)中找最小值a(k),比较后确定k为5;
交换a(4)与a(k)的值。第5次排序后,各元素当前值依次为:
1 2 4 5 6 7 8 数组中前5个元素有序。

第6次选择:在a(5)至a(6)中找最小值a(k),比较后确定k为5;
交换a(5)与a(k)的值。第6次排序后,各元素当前值仍为:
1 2 4 5 6 7 8 数组中前6个元素有序。

最后一个数自然有序。

一般地,N个数经过N−1次排序后均有序。通过以上选择法排序的展开分析,可以归纳出选择法排序算法如下:

```
for ( i=0; i<N-1; i++)
{
    找出 a(i)至 a(N-1)间最小的数组元素的下标 k;
    交换 a(i)与 a(k);
}
```

其中,找出a(i)至a(N−1)之间值最小的数组元素下标k的程序段为:

```
k=i;                                        //先假设下标为 i 的元素值最小
for ( j=i+1; j<N; j++)
    if (a[k]>a[j] ) k=j;
```

由此不难编写出如下程序:

```
#include <stdio.h>
```

```
#define N 10                                    //待排序数据的个数
void main( )
{
    int a[N],i,j,t,k;
    printf("Input 10 numbers:\n");
    for(i=0;i<N;i++)                            //输入待排序数据
        scanf("%d",&a[i]);
    printf("\n");
    for(i=0;i<N-1;i++)                          //控制选择次数
     {
        k=i;
        for(j=i+1;j<N;j++)                      //控制每次选择时的比较对数
            if(a[k]>a[j])k=j;
         if(k!=i)
          { t=a[i];a[i]=a[k];a[k]=t; }
     }
    printf("The sorted number : \n");
    for(i=0;i<N;i++)                            //输出已排序的数
        printf("%d",a[i]);
}
```

程序运行：

```
Input  10 numbers:
12 3 2 45 6 8 88 123 1 55

The sorted number :
1 2 3 6 8 12 45 55 88 123
```

程序说明：用双重循环实现整个排序过程，外层循环用来控制需要选择的次数，内层循环处理每一次选择操作。

【例 5.8】　排列组合问题，找出 N 个自然数(1,2,…,N)中取 r 个数的组合。

程序设计分析：例如，当 N=5，r=3 时，所有组合为

```
5    4    3
5    4    2
5    4    1
5    3    2
5    3    1
5    2    1
4    3    2
4    3    1
4    2    1
3    2    1
total=10       {组合的总数}
```

此题可用回溯法实现。回溯法是一种选优搜索法,按选优条件向前搜索,以达到目标。但当探索到某一步时,发现原先选择并不优或达不到目标,就退回一步重新选择,这种走不通就退回再走的技术称为回溯法,而满足回溯条件的某个状态的点称为"回溯点"。

N个数中取r个数的组合,其中每r个数中,数值不能相同。另外,任何两组组合的数,所包含的数也不应相同。例如,5、4、3与3、4、5被认为是同一种组合。为此,在选取组合时可以约定前一个数应大于后一个数。

将自然数排列在数组A中,排列时顺序为A[1]－＞A[2]－＞A[3],后一个至少比前一个数小1,并且应满足ri + A[ri] > r,例如,当N=5,r=3时,ri取1,则A[ri]必须大于2,即第一位只能是5、4、3中的一个。若ri + A[ri] ≤ r就要回溯,该关系就是回溯条件。为直观起见,当输出一组组合数后,若最后一位为1,也应作一次回溯。以下是程序:

```
#include <stdio.h>
#define N 5                                   //找 N 个数中取 R 个的组合
#define R 3
void main()
{
    int a[R+1],ri,j;
    ri=1;a[1]=N;
    do
    {
        if(ri!=R)                             //没有搜索到底
            if(ri+a[ri]>R)                    //判断是否回溯
            {
                a[ri+1]=a[ri]-1;
                ri=ri+1;
            }
            else
            {
                ri=ri-1;                      //回溯
                a[ri]=a[ri]-1;
            }
            else
            {
                for(j=1;j<=R;j++)             //输出组合数
                    printf("%3d",a[j]);
                printf("\n");
                if(a[R]==1)                   //判断是否回溯
                {
                    ri=ri-1;                  //回溯
                    a[ri]=a[ri]-1;
```

```
                }
                else
                    a[ri]=a[ri]-1;          //递推到下一个数
            }
    }
    while(a[1]!=R-1);
}
```

程序运行：

```
当 N=5,r=3 时的输出结果:
5  4  3
5  4  2
5  4  1
5  3  2
5  3  1
5  2  1
4  3  2
4  3  1
4  2  1
3  2  1
当 N=5,r=4 时的输出结果:
5  4  3  2
5  4  3  1
5  4  2  1
5  3  2  1
4  3  2  1
```

回溯法的一个经典应用是八皇后问题，有兴趣的读者可参阅有关资料。

【例 5.9】 输入一个十六进制数，转换为十进制数输出。

二进制、八进制、十进制和十六进制等是计算机中最常用的数制形式，本例介绍十六进制数到十进制数的转换及其程序实现方法。

程序设计分析：一个十六进制数可以表示成 $h_n h_{n-1} h_{n-2} \cdots h_2 h_1 h_0$ 的形式，其中每一位是 0 到 9 或 A 到 F 中的一个，因此程序中十六进制数通常表示为字符串。十六进制数 $h_n h_{n-1} h_{n-2} \cdots h_2 h_1 h_0$ 可按以下公式计算得到相应的十进制值：

$$d=h_n \times 16^n + h_{n-1} \times 16^{n-1} + h_{n-2} \times 16^{n-2} + \cdots + h_2 \times 16^2 + h_1 \times 16^1 + h_0 \times 16^0$$

```
#include <stdio.h>
#include <ctype.h>
void main()                                         //主函数
{
    char h[8];
```

```
    int num=0, m, i=0;
    gets(h);                                        //输入十六进制数
    while(h[i]!='\0')
    {
        if(isalpha(h[i])) h[i]=toupper(h[i]);       //统一处理大小写字符
        switch(h[i])                                //每位字符转换为对应的数值
        {
            case 'A':m=10;break;
            case 'B':m=11;break;
            case 'C':m=12;break;
            case 'D':m=13;break;
            case 'E':m=14;break;
            case 'F':m=15;break;
            default :m=h[i]-'0';
        }
        num=num * 16+m;i++;
    }
    printf("%d\n",num);
}
```

程序运行：

```
输入:12↙
输出:18
输入:2A↙
输出:42
```

程序说明：程序执行时，输入表示十六进制数的字符串，输出转换以后的结果。请读者进一步思考如何实现其他进制数向十进制数的转换，以及十进制数转换成其他进制数的实现方法。

【例 5.10】 输入一个班级学生的四门课成绩，求每个学生的平均成绩及每门课的平均成绩。

程序设计分析：学生成绩可以保存在二维数组中，本题要求既要按行计算平均值(学生平均成绩)，又要按列计算平均值(每门课的平均成绩)。程序如下：

```
#define M 30
#define N 4
#include <stdio.h>
void main()
{
    float a[M][N+1],sum,ave[N]; int i,j;
    for(i=0;i<M;i++)
```

```
        for(j=0;j<N;j++)
            scanf("%f",&a[i][j]);                  //输入数据
    for(i=0;i<M;i++)                               //计算每个学生的平均成绩
    {
        sum=0;                                     //第 12 行
        for(j=0;j<N;j++) sum+=a[i][j];
        a[i][N]=sum/N;
    }
    for(i=0;i<N;i++)                               //计算每门课的平均成绩
    {
        sum=0;                                     //第 18 行
        for(j=0;j<M;j++) sum+=a[j][i];
        ave[i]=sum/M;
    }
    for(i=0;i<M;i++)
        printf("NO %d:%8.2f\n",i+1,a[i][N]);       //输出学生平均成绩
    for(i=0;i<N;i++)
        printf("Score %d:%8.2f\n",i+1,ave[i]);     //输出课程平均成绩
}
```

程序说明：第 10 行所在循环语句计算每个学生平均成绩，变量 sum 存放每个学生的成绩累加和，所以在计算学生成绩累加和前 sum 必须赋值为 0(第 12 行)，每个学生的平均成绩存放在该二维数组的最后一列；第 16 行所在循环语句计算每门课的平均成绩，此时 sum 中存放的是每门课程的成绩累加和，在计算每门课程的成绩累加和前 sum 也必须赋值为 0(第 18 行)，每门课的平均成绩存放在一维数组 ave 中。另外，外层循环变量 i 是课程号(列下标)，内层循环变量 j 是学生号(行下标)。

5.5 习题与实践

1. 选择题

(1) 若有以下数组说明，则数值最小的和最大的元素下标分别是(　　)。

```
int a[12] ={1,2,3,4,5,6,7,8,9,10,11,12};
```

A. 1,12　　B. 0,11　　C. 1,11　　D. 0,12

(2) 若有以下说明，则数值为 4 的表达式是(　　)。

```
int a[12] ={1,2,3,4,5,6,7,8,9,10,11,12};   char c='a', d, g;
```

A. a[g-c]　　B. a[4]　　C. a['d'-'c']　　D. a['d'-c]

(3) 设有定义：char s[12] = "string"; 则 printf("%d\n",strlen(s)); 的输出是(　　)。

A. 6　　B. 7　　C. 11　　D. 12

(4) 设有定义：char s[12] = "string"；则 printf("%d\n ", sizeof(s))；的输出是(　　)。

A. 6　　B. 7　　C. 11　　D. 12

(5) 以下合法的数组定义是(　　)。

A. char a[ ]= "string ";　　B. int a[5] ={0,1,2,3,4,5};

C. char a= "string ";　　D. char a[ ]={0,1,2,3,4,5}

(6) 以下合法的数组定义是(　　)。

A. int a[3][ ]={0,1,2,3,4,5};　　B. int a[ ][3] ={0,1,2,3,4};

C. int a[2][3]={0,1,2,3,4,5,6};　D. int a[2][3]={0,1,2,3,4,5,};

(7) 函数调用 strcat(strcpy (str1,str2),str3)；的功能是(　　)。

A. 将字符串 str1 复制到字符串 str2 中后再连接到字符串 str3 之后

B. 将字符串 str1 连接到字符串 str2 之后再复制到字符串 str3 之后

C. 将字符串 str2 复制到字符串 str1 中后再将字符串 str3 连接到字符串 str1 之后

D. 将字符串 str2 连接到字符串 str1 之后再将字符串 str1 复制到字符串 str3 中

(8) 有字符数组定义如下,则不能比较 a,b 两个字符串大小的表达式是(　　)。

```
char a[ ]="abcdefg",b[ ]="abcdefh";
```

A. strcmp(a,b) ==0　　B. strcmp(a,b)>0

C. strcmp(a,b)<0　　D. a<b

(9) 设有如下定义,则正确的叙述为(　　)。

```
char  x[ ]="abcdefg";
char  y[ ]={'a','b','c','d','e','f','g'};
```

A. 数组 x 和数组 y 等价

B. 数组 x 和数组 y 长度相同

C. 数组 x 的长度大于数组 y 的长度

D. 数组 x 的长度小于数组 y 的长度

(10) 设有二维数组定义如下,则不正确的元素引用是(　　)。

```
int a[3][4] ={1,2,3,4,5,6,7,8,9,10,11,12};
```

A. a[2][3]　　B. a[a[0][0]][1]

C. a[7]　　D. a[2]['c'-'a']

2. 填空题

(1) C 语言中,数组的各元素必须具有相同的________,元素的下标下限为________,但在程序执行过程中,不检查元素下标是否________。下标必须是正整数、0 或者________。

(2) C 语言中,数组在内存中占一片________的存储区,由________代表它的首地址。数组名是一个________常量,不能对它进行赋值运算。

(3) 执行 int b[5], a[ ][3] = {1,2,3,4,5,6}; 后,b[4] = ________,a[1][2] = ________。

(4) 设有定义语句 char a[10] = "abcd"; 则 a[3]值为________,a[5]值为________。

(5) 若在程序中用到 putchar 函数,应在程序开头写上包含命令________,若在程序中用到 strlen( )函数,应在程序开头写上包含命令________。

(6) 下面程序的功能是输出数组 s 中最大元素的下标,请填空。

```
#include <stdio.h>
void main( )
{
    int k, p;
    int s[]={1,-9,7,2,-10,3};
    for(p=0,k=p; p<6; p++)
        if(s[p]>s[k]) ________;
    printf("%d\n", k);
}
```

(7) 下面程序在 a 数组中查找与 x 值相同的元素所在位置,数据从 a[1]元素开始存放,请填空。

```
#include <stdio.h>
void main( )
{
    int a[11], i, x;
    printf( "输入 10 个整数:");
    for(i=1; i<=10; i++)
        scanf( "%d",&a[i]);
    printf( "输入要找的数 x:");
    scanf( "%d",______________);
    a[0]=x;  i=10;
    while(x !=______________) ______________;
    if(______________)
        printf( "与 x 值相同的元素位置是:%d\n", i );
    else
        printf( "找不到与 x 值相同的元素!\n");
}
```

(8) 下面程序的功能是将一个字符串 str 的内容颠倒过来,请填空。

```
#include  "string.h"
void main( )
{
```

```
    int  i, j, ________;
    char  str[]="1234567";
    for(i=0, j=strlen(str); ________;  i++, j--)     /*头尾交换,直到中间*/
        { k=str[i];  str[i] =str[j];  str[j]=k;}
    puts(str);
}
```

(9) 从键盘输入一串字符,下面程序能统计输入字符中大写字母的个数。用#号结束输入,请填空。(该程序利用了字符的ASCII码值和整数的对应方法,数组c的下标为0到25,当输入为ca='A'则ca-65=0,c[0]的值加1,以此类推。而输出时c[i]的下标i+65正好又是相应的字母)

```
#include  <stdio.h>
void main( )
{
    int  c[26],i;  char ca;
    for(i=0; i<26; i++)  c[i] =________;
    scanf( "%c",&ca);
    while(_______________)
    {
        if ((ca>='A')&&(ca<='Z'))  c[ca-65]+=________;
        _______________;
    }
    for(i=0; i<26; i++)
        if(c[i])  printf( "%c : %d个\n", i+________, c[i]);
}
```

3. 程序阅读题

(1) 阅读程序,写出运行结果。

```
#include <stdio.h>
void main( )
{
    int a[6]={12,4,17,25,27,16},b[6]={27,13,4,25,23,16},i,j;
    for(i=0;i<6;i++)
    {
        for(j=0;j<6;j++)
            if(a[i]==b[j])break;
        if(j<6) printf("%d ",a[i]);
    }
    printf("\n");
}
```

(2) 阅读程序,写出运行结果。

```
#include <stdio.h>
void main( )
{
    char a[8],temp; int j,k;
    for(j=0;j<7;j++)
        a[j]='a'+j;
    a[7]='\0';
    for(j=0;j<3;j++)
    {
        temp=a[6];
        for(k=6;k>0;k--)
            a[k]=a[k-1];
        a[0]=temp;
        printf("%s\n",a);
    }
}
```

(3) 阅读下列程序,写出程序运行的输出结果。

```
#include <stdio.h>
#include <string.h>
void main( )
{
    int i;
    char str1[ ]="*******";
    for(i=0;i<4;i++)
    {
      printf("%s\n",str1);
      str1[i]=' ';
      str1[strlen(str1)-1]='\0';
    }
}
```

(4) 阅读下列程序,写出程序运行的输出结果。

```
#include <stdio.h>
void main( )
{
    int a[8]={1,0,1,0,1,0,1,0},i;
    for(i=2;i<8;i++)
        a[i]+=a[i-1]+a[i-2];
```

```
    for(i=0;i<8;i++)
        printf("%d ",a[i]);
    printf("\n");
}
```

(5) 写出下列程序的运行结果。

```
#include <stdio.h>
void main( )
{
    char a[ ]={'*','*','*','*','*'};
    int i, j, k;
    for(i=0; i<5; i++)
        {
            printf( "\n");
            for(j=0; j<i; j++)  printf("%c", ' ');
            for(k=0; k<5; k++)  printf( "%c", a[k]);
        }
}
```

4. 程序设计题

(1) 编程序。输入单精度型一维数组 a[10],计算并输出 a 数组中所有元素的平均值。

(2) 求一个 3×3 矩阵对角线元素之和。

(3) 编程序按下列公式计算 s 的值(其中 x_1、x_2、…、x_n 由键盘输入)。(其中 x_0 是 x_1,x_2,…,x_n 的平均值)

$$s=\sum_{r=1}^{n}(x_i-x_0)^2$$

(4) 输入一个字符串,将其中所有大写字母改为小写字母,并把所有小写字母全部改为大写字母,然后输出。

(5) 某班 50 名学生的成绩表如下:

课程一	课程二	课程三
…	…	…

试编一个程序,输入这 50 名学生的三科成绩,计算并输出每科成绩的平均分。

(6) 输入 10 个数,保存在数组 a 中,找出其中的最小数与第一个数交换位置,再输出这 10 个数。

(7) 假设有 10 个数存放在数组 a 中,并且已经按照从小到大的顺序排列,现输入一个数,将其插入到数组 a 中,要求保持数组 a 的有序性。

(8) 输入一个十进制整数,将其转换为二进制数输出。

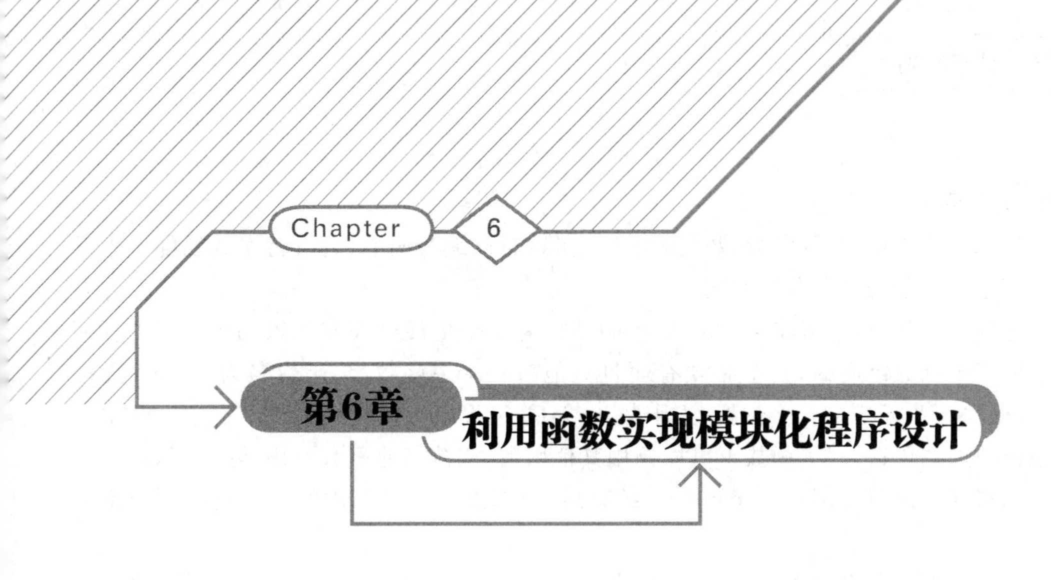

本章学习目标

- 熟练掌握函数的概念、定义和使用。
- 熟练掌握函数的参数传递规则及其应用。
- 掌握全局变量和局部变量的使用。
- 理解变量的存储类别等概念。

函数是C程序的基本单位,一个C程序由一个或若干个函数组成,其中每个函数是一个独立的程序段,可以赋予它完成特定的操作或计算任务。C语言通过函数实现模块化程序设计的功能。本章介绍函数的概念、定义和使用;分析函数的参数传递规则及其应用;介绍变量的存储类别、全局变量和局部变量的使用。

6.1 函数概述

在C程序设计时,通常将相对独立又经常使用的操作编写成函数。用户通过函数调用来实现其具体的功能。C程序的函数有两种:标准库函数和自定义函数。

1. 标准库函数

C语言编译系统将一些常用的操作或计算功能定义成函数,如printf、scanf、sqrt、fabs等,这些函数称为标准库函数,放在指定的库文件中,如stdio.h中描述了输入输出库函数的函数原型,math.h中描述了常用数学函数的函数原型,等等。用户在设计程序时只需要用#include命令将相应的库文件包含进来,就可以在自己的程序中直接调用这些库函数,实现函数功能。

本书第3章介绍了常用库函数的使用,附录中分类列出了常用标准库函数的函数原型、函数功能、函数的返回值,以及一些必要的说明,可供读者查阅。

2. 自定义函数

除了使用系统提供的标准库函数外,用户也可以自己编写函数,完成特定的功能。本章将着重介绍这类函数的定义及其调用方法。

通过这一章的学习,读者将会对C程序的结构有一个更加全面和深入的理解。C程序是由一个或多个函数组成的,其中必须有而且只能有一个主函数,主函数名为main。无论主函数main位于程序中的什么位置,主函数main总是程序执行的开始点。在主函数中完成对其他函数的调用;每一个函数也可以调用其他函数,或被其他函数调用(除主函数外,主函数不可以被任何函数调用);当函数调用结束后,控制总是从被调用的函数返回到原来的调用处。

组成一个C程序的各函数可以存放在同一个C源程序文件中,也可存放在不同的C源程序文件中;每个源程序文件可以单独编译,生成二进制代码的目标程序文件,C程序的所有源文件编译后,由编译系统提供连接操作,将各目标程序文件和用到的系统目标库函数连接装配成一个可执行的程序。

6.2 函数定义、调用和声明

6.2.1 函数定义

函数定义就是对函数所要完成的操作进行描述,即编写一段程序,使该段程序完成所指定的操作。

下面先通过一个例子来了解函数的定义和使用。

【例6.1】 计算S=1!+2!+⋯+10!。

程序设计分析:多项式中的每一项是一个阶乘值,C语言系统并没有提供求阶乘值的标准函数,但用户可以自己设计一个函数,专门计算k!,当k取不同的值时就可以得到不同的阶乘值。程序如下:

```
#include<stdio.h>
long jc(int k)                              //自定义求 k 的阶乘值的函数
{
    long p;
    int i;
    p=1;
    for(i=1; i<=k; i++)
        p=p * i;
    return p;
}
void main()
{
```

```
    long s=0;
    int i;
    for(i=1; i<=10; i++)
        s+=jc(i);                          //调用 jc 函数计算 i 的阶乘
    printf("s=%d",s);
}
```

程序运行：

```
s=4037913
```

程序说明：该程序由两个函数组成，一个是jc函数，另一个就是主函数main。程序中先定义了一个求阶乘的函数jc，主函数main的for循环中，先后10次调用jc函数，分别计算出1!，2!，…，10!，并累加到变量s中。最后在主函数中输出s的值。

通过以上例子可以看出，函数定义的一般形式为

```
类型标识符　函数名(类型 形参, 类型 形参,…)
{
    声明部分
    执行部分
}
```

(1) 类型标识符。

类型标识符用来定义函数类型，即指定函数返回值的类型。函数类型应根据具体函数的功能确定。如例6.1中jc函数的功能是计算阶乘值，执行的结果是一个整数值，所以函数类型定义为long。如果定义函数时，缺省类型标识符，则系统指定的函数返回值为int类型。

函数值通过return语句返回。return语句一般放在函数体内最后。函数执行时一旦遇到return语句，则结束当前函数的执行，返回到主调函数的调用点。

return语句的一般形式：

```
① return;
② return 表达式;　或　return (表达式);
```

return语句的作用是结束函数的执行，使控制返回主调函数的调用点。如果是带表达式的return语句，则同时将表达式的值带回主调函数的调用点。

return语句在函数体中可以有一个或多个，但只有其中一个起作用，即一旦执行到其中某个return语句，立即结束函数执行，控制返回到调用点。

函数执行后也可以没有返回值，而仅仅是完成一组操作。无返回值的函数，函数类型标识符用“void”，称为“空类型”，凡空类型函数，函数体执行完后不返回值。

(2) 函数名。

函数名是由用户为函数所取的名字，如例6.1中定义的函数名为jc。程序中除主函数main外，其余函数名都可以任意取名，但必须符合标识符的命名规则。在函数定义时，函数

体中不能再出现与函数名同名的其他对象名(如变量名、数组名等)。

(3) 形参及其类型的定义。

函数首部括号内的参数称为形参,形参的值来自函数调用时所提供的参数(称为实参)值。

形参也称形参变量。形参个数及形参的类型,由具体的函数功能决定。函数可以有形参,也可以没有形参。函数定义时,如何合理地设置形参,对于初学者是一个难点,一般将需要从函数外部传入到函数内部的数据列为形参,而形参的类型由传入的数据类型决定。如例 6.1 中,jc 函数计算 k 的阶乘值,k(形参)的值来自主函数的 i(实参),i 是 int 型变量,所以对应的形参 k 也为 int 型。

下面再举几个例子来说明函数的定义。

【例 6.2】 定义一个函数,求平面上任意两点之间的距离。

```
float  distance(float x1,float y1,float x2,float y2)
{
    float d;
    d=sqrt((x1-x2) * (x1-x2)+(y1-y2) * (y1-y2));
    return(d);                          //返回两点间的距离
}
```

程序说明:要计算平面上任意两点的距离,必须从函数外部传入这两个点的坐标值,所以 distance 函数带有 4 个 float 型的形参,分别表示两点 x、y 坐标。函数返回的是计算结果,即两点间的距离值,选择实型 float 作为函数类型。

【例 6.3】 编写函数,在一行上输出 8 个"*"字符。

```
void  printstar()
{
    int i;
    for(i=0; i<8; i++)
        printf("%c",'*');
    printf("\n");
    return;                             //返回主调函数
}
```

程序说明:printstar 函数是无参函数。函数不需要外部数据传入函数,只需完成在屏幕上输出一行 8 个"*"字符的操作。函数无返回值,所以函数类型为 void 空类型。

6.2.2 函数调用

程序中使用已定义好的函数,称为函数调用。如果函数 A 调用函数 B,则称函数 A 为主调函数,函数 B 为被调函数。如例 6.1 中,main 函数调用 jc 函数,称 main 函数为主调函数,jc 函数为被调函数。除了主函数,其他函数都必须通过函数调用来执行。

1. 函数调用

函数调用的一般形式：

```
函数名(实参,实参,…)
函数名()
```

其中实参可以是常量、变量或表达式。

函数名(实参,实参,…)是有参函数的调用方式,调用时实参与形参的个数必须相等,类型应一致(若形参与实参类型不一致,系统按照类型转换原则,自动将实参值的类型转换为形参类型)。C程序通过对函数的调用来转移控制,并实现主调函数和被调函数之间的数据传递。即在函数被调用时,自动将实参值对应传给形参变量,控制从主调函数转移到被调函数,当调用结束时,控制又转回到主调函数的调用点,继续执行主调函数的后续语句。

【例 6.4】 定义一个判断自然数是否为素数的函数。利用该函数,找出 2～1000 所有的素数,按每行 6 个输出。

```
#include<stdio.h>
#include<math.h>
int  isprime(int n)                          //定义判断素数的函数
{
   int i,flag;
   for(i=2; i<=sqrt(n); i++)
       if (n%i==0)
           break;                            //n 不是素数
   if(i>sqrt(n))
       flag=1;
   else
       flag=0;
   return  flag;
}
void main()
{
    int k,n;
    n=0;
    for(k=2; k<=1000; k++)
      if (isprime(k)==1)                     //表达式 isprime(k)为函数调用
      {
          printf("%5d", k);
          n++;
          if (n%6==0)  printf("\n");
      }
}
```

程序说明:函数 isprime 判断 n 是否为素数,返回值 1 或 0 分别表示 n 是素数或不是素数。主函数 main 在调用函数 isprime 时,将实参 k 值传给形参变量 n,转入函数 isprime 中执行,当执行 return 语句时,返回主调函数,并带回 0 或 1。

2. 函数调用的三种方式

1) 表达式方式

函数调用出现在一个表达式中。这类函数必须要有一个明确的返回值,参加表达式运算。如例 6.4 的函数调用 isprime 出现在 if 语句的关系表达式中。

2) 参数方式

函数调用作为另一个函数调用的实参。同样,这类函数也必须有返回值,其值作为另一个函数调用的实参。如编写一个求两个数中的较大者的函数 max:

```
int max(int x, int y)
{
   int z;
   return (z=(x>y)? x:y);
}
```

利用该函数求 a,b,c 三个数的最大值,可以这样调用:max(a,max(b,c)),其中函数调用 max(b,c)的值又作为 max 函数调用的一个实参。

3) 语句方式

函数调用作为一个独立的语句,一般用在仅仅要求函数完成一定的操作,丢弃函数的返回值或函数本身没有返回值的情形。如 scanf 函数、printf 函数等库函数的调用。

6.2.3 函数声明

在函数中,若需调用其他函数,调用前要对被调用的函数进行函数声明。函数声明的目的是通知编译系统,有关被调用函数的一些特性,便于在函数调用时,检查调用是否正确。

函数声明的一般形式如下:

```
类型标识符 函数名(类型 形参名, 类型 形参名,…);
```

或

```
类型标识符 函数名(类型, 类型,…);
```

通过函数声明语句,向编译系统提供的被调函数信息包括:函数返回值类型、函数名、参数个数及各参数类型等,称为函数原型。编译系统以此与函数调用语句进行核对,检验调用是否正确。如果函数调用时,实参的类型与形参类型不完全一致,系统自动先将实参值进行类型转换,再复制给形参。

【例 6.5】 验证哥德巴赫猜想:任一个大于 4 的偶数,可以分解成两个素数之和。

```
#include<stdio.h>
```

```
#include<math.h>
void main()
{
    long x,j;
    int isprime(long x);                    //函数原型声明
    printf("输入数据:\n");
    do                                      //输入数据,并验证是否正确
    {
        scanf("%ld",&x);
        if(x<4||x%2)
            printf("输入的数据不正确,请重新输入:\n");
    } while(x<4||x%2);
    for(j=2; j<=x/2; j++)
        if(isprime(j)&&isprime(x-j))   //调用函数 isprime
    {
        printf("偶数:%ld=%ld+%ld\n",x,j,x-j);
        break;
    }
    if(j>x/2)
    {
        printf("哥德巴赫猜想不成立!\n");
        printf("偶数  %ld 不能分解成两个素数的和",x);
    }
}
int  isprime(long x)
{
    long i;
    for(i=2; i<=sqrt(x); i++)
        if(x%i==0)  return 0;
    return 1;
}
```

程序说明：在主函数 main 中，输入一个大于 4 的偶数 x，依次将 x 分解成数对(2，x－2)，(3，x－3)，(4，x－4)，……，如果其中判断出有一对数是素数对，则哥德巴赫猜想对偶数 x 成立。若对于偶数 x，其所有的数对中，不存在素数对，则哥德巴赫猜想不成立。主函数中通过两次调用 isprime 函数，判断数对中的两个数是否为素数。

在主调函数 main 中，语句 int isprime(long x);是对被调函数 isprime 的函数原型的声明。细心的读者可能会问，为什么在本书前面所介绍的有关函数调用程序中，主调函数里并没有出现对被调函数的声明语句？因为前面这些程序有一个共同的特点，就是主调函数定义的位置都在被调函数定义的位置之后。如果被调函数定义的位置在主调函数之前，主调函数中可以省略对被调函数的声明。这是因为，编译系统在编译主调函数前，已经了解了有

关被调函数的属性,此时可以省略函数声明。

C 语言对标准库函数的声明采用#include 文件包含命令方式。C 语言系统定义了许多标准库函数,并且在 stdio.h、math.h、string.h 等“头文件”中声明了这些函数。使用时只需通过#include 命令把“头文件”包含到程序中,即在程序中对这些库函数进行了声明,用户就可以在程序中调用这些库函数了。

6.3 函数的参数传递

6.3.1 函数调用的参数传递

有参函数调用时,需要由实参向形参传递参数。在函数未被调用时,函数的形参并不占有实际的存储单元,也没有实际值。只有当函数被调用时,系统才为形参分配存储单元,并完成实参与形参的数据传递。如图 6.1 所示为函数调用的整个执行过程。

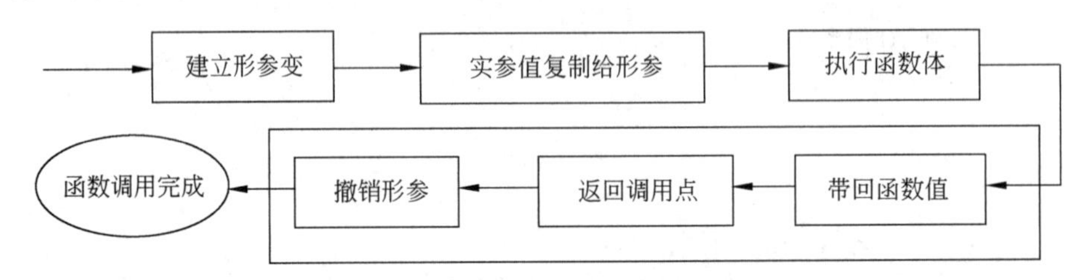

图 6.1 函数调用的整个执行过程

从图 6.1 可知,函数调用的整个执行过程分成以下 4 步:

(1) 创建形参变量,为每个形参变量建立相应的存储空间。

(2) 值传递,即将实参的值复制到对应的形参变量中。

(3) 执行函数体,执行函数体中的语句。

(4) 返回(带回函数值、返回调用点、撤销形参变量)。

函数调用的整个执行过程按上述 4 步依次完成。其中第(2)步是完成把实参的值传给形参。C 语言中函数的值传递有两种方式,一种是传递数值(即传递基本类型的数据、结构体数据等),另一种是传递地址(即传递存储单元的地址)。

6.3.2 值传递

值传递,即将实参的值传递给形参变量。实参可以是常量、变量或表达式。当函数调用时,先为形参分配独立的存储空间,同时将实参的值赋值给形参变量。由于形参与实参各自占用不同的存储空间,因此,在函数体执行中,对形参变量的任何改变都不会改变实参的值。

【例 6.6】 编写函数,求末尾数字非 0 的正整数的逆序数,如:reverse(3407)=7043。在主函数中输入正整数。

```
#include <stdio.h>
void main()
{
    long  a, reverse(long);
    scanf("%ld",&a);
    printf("调用 reverse 前:a=%ld\n",a);
    printf("函数值:%ld\n", reverse(a));
    printf("reverse 后:a=%ld\n",a);
}
long  reverse(long  n)
{
    long k=0;
    while(n)
    {
        k=k*10+n%10;
        n/=10;
    }
    return k;
}
```

程序运行：

```
37082↙
调用 reverse 前:a=37082
函数值:28073
调用 reverse 后:a=37082
```

程序说明：调用 reverse 函数时，实参 a 的值 37082 传给形参变量 n，在 reverse 函数执行过程中，形参 n 值不断改变，最终成 0，但并没有使实参 a 的值随之改变。形参和实参各自为独立的变量，占有不同的存储空间，在函数 reverse 中对形参的更新，与实参无关。

【例 6.7】 分析以下程序的运行结果。

```
#include <stdio.h>
void main()
{
    float x=4.5,y=7.3;
    void swap( float,float );          //对 swap 函数的原型声明
    swap( x,y );                       //独立语句调用方式
    printf("x=%.2f   y=%.2f\n",x,y);
}
void swap(float x,float y)             //定义交换变量 x,y 值的函数
{
    float temp;
```

```
    temp=x;  x=y;  y=temp;
    printf("x=%.2f  y=%.2f\n",x,y);
}
```

程序执行:

```
x=7.3   y=4.5
x=4.5   y=7.3
```

程序说明：swap 函数交换的只是两个形参变量的值。函数调用时，当实参传给形参后，函数内部实现了两个形参变量 x、y 值的交换，但由于实参变量与形参变量是各自独立的(尽管名字相同)，因此实参值并没有被交换。如图 6.2 所示为 swap 函数调用整个执行过程的 4 个步骤。

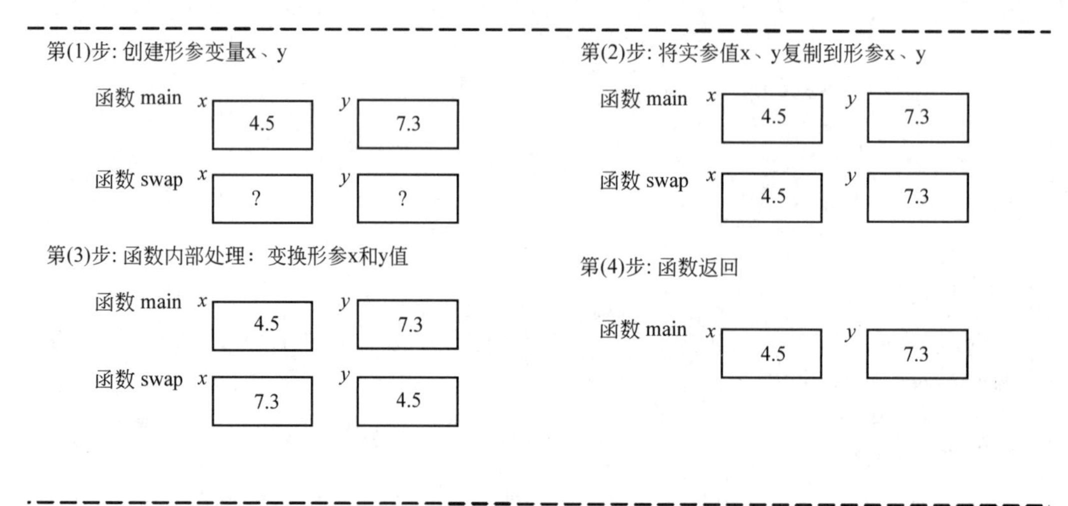

图 6.2　swap 函数整个调用执行过程的 4 步

6.3.3　地址传递

传地址，即实参值是存储单元的地址。当函数调用时，实参值，也就是主调函数中存储单元的地址传给形参变量。由于形参变量获得的是主调函数中变量的地址，在被调函数中可以通过地址，访问主调函数中相应的变量，从而达到改变主调函数变量值的目的。

采用传地址方式时，函数定义中的形参可以是数组或指针变量(有关指针的概念将在第 8 章进行详细介绍)。这里只介绍数组作为函数参数时的应用。

第 5 章介绍了数组的概念及其应用。数组是内存中的一块存储区域，数组名表示这一存储区域的首地址，通过首地址可以实现对数组中各元素的访问。数组作为函数的参数，其本质是把数组的首地址传给形参，使形参数组与实参数组成为同一个数组，使用同一块存储区域，即形参数组的存储区域就是实参数组的存储区域。因此在被调函数中对形参数组的访问,实际上就是对主调函数中数组的访问。

【例 6.8】 编写函数,将数组中的 n 个整数,按值从小到大排序。

a 数组

a[0]	a[1]	a[2]	a[3]	a[4]	a[5]	a[6]	a[7]	a[8]	a[9]
1	6	7	0	8	4	3	2	9	5
b[0]	b[1]	b[2]	b[3]	b[4]	b[5]	b[6]	b[7]	b[8]	b[9]

b 数组

```
#define  N  10
#include<stdio.h>
void main()
{
    int t,b[N]={1,6,7,0,8,4,3,2,9,5};
    int i, j, k;
    void sort(int a[ ],int n);
    printf("排序前:\n");
    for(i=0;i<N;i++)
        printf("%3d",b[i]);
    sort(b,N);
    printf("\n排序后:\n");
    for(i=0;i<N;i++)
        printf("%3d",b[i]);
}
void sort(int a[ ],int n)
{
    int i,k,t,j;
    for(i=0; i<n-1; i++)
    {
        k=i;
        for(j=i+1; j<n; j++)
            if  (a[k]>a[j])  k=j;
        t=a[k]; a[k]=a[i];  a[i]=t;
    }
}
```

程序运行:

```
排序前:
1  6  7  0  8  4  3  2  9  5
排序后:
0  1  2  3  4  5  6  7  8  9
```

程序说明:函数 sort 中定义了形参 int a[ ],表示一维数组作函数的参数。当函数调用时,实参是数组名,将数组 b 区域的首地址传给形参数组 a,使形参数组 a 与实参数组 b 是同一个数组。在函数体执行时,对数组 a 的操作,实际就是对主调函数中实参数组 b 的操作。

例 6.8 sort 函数中的形参 n 用来存放实参传来的元素个数,这样使排序函数具有灵活性,即可以指定对数组中的前 n 个元素进行排序。请读者思考,若将上例的函数调用语句

“sort(b,10)”改为“sort(b, 5);”,运行结果如何?

有关传地址的更多的应用,将在第 8 章中作进一步的介绍。

6.4 函数的嵌套调用和递归调用

在 C 程序中,被调用的函数还可以继续调用其他函数,称为函数的嵌套调用。而当一个函数直接或间接地调用它自身时,称为函数的递归调用。

6.4.1 函数的嵌套调用

嵌套调用的各函数应当是分别独立定义的函数,互不从属。嵌套调用也是从主函数开始,逐级调用,逐层返回。

【例 6.9】 编写程序,输入 n,m,求组合数 C_m^n。

```
#include <stdio.h>
void main()
{
    int n,m;
    long  cmn(int,int);                    //声明函数
    printf("请输入 m、n\n");
    scanf("%d%d",&m,&n);
    printf("m、n 的组合数:%ld\n",cmn(m,n));
}
long  jc(int n)                            //定义求阶乘函数
{
    int i;
    long t;
    t=1;
    for(i=1; i<=n; i++)
           t*=i;
       return (t);
}
long cmn(int m,int n)                      //定义求组合数函数
{
    return (jc(m)/(jc(n)*jc(m-n)));
}
```

程序执行:

```
请输入 m、n
8  6↙
m、n 的组合数: 28
```

程序说明：程序中分别定义了求阶乘的函数 jc 和计算组合数的函数 cmn。当主函数 main 调用 cmm 函数后，由 cmn 函数调用 jc 函数，函数的调用过程如图 6.3 所示。

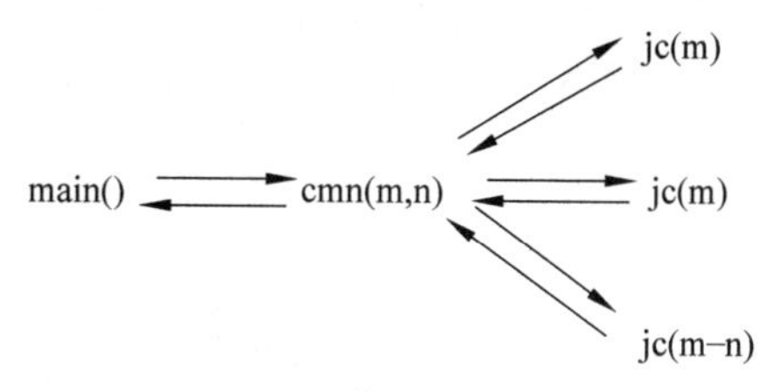

图 6.3　函数嵌套调用过程

6.4.2　函数的递归调用

1. 递归方法

递归是一种特殊的解决问题的方法。其基本思想是：将要解决的问题分解成比原问题规模小的类似子问题，而解决这个类似子问题时，又可以用到原有问题的解决方法，按照这一原则，逐步递推转化下去，最终将原问题转化成较小且有已知解的子问题。这就是递归求解问题的方法。递归方法适用于一类特殊的问题，即分解后的子问题必须与原问题类似，能用原来的方法解决问题，且最终的子问题是已知解或易于解的。

用递归求解问题的过程分为递推和回归两个阶段。

（1）递推阶段：将原问题不断地转化成子问题，逐渐从未知向已知推进，最终到达已知解的问题，递推阶段结束。

（2）回归阶段：从已知解的问题出发，按照递推的逆过程，逐一求值回归，最后到达递归的开始处，结束回归阶段，获得问题的解。

例如：求 5!

5!＝5×4!→4!＝4×3!→3!＝3×2!→2!＝2×1!→1!＝1×0!→0!＝1

递推阶段　　▶0!是已知解问题

5!＝5×4!＝120←4!＝4×3!＝24←3!＝3×2!＝6←2!＝2×1!＝2←1!＝1×0!＝1←0!＝1

获得解←——————————————————回归阶段

2. 函数的递归调用

用递归解决问题的思想体现在程序设计中，可以用函数的递归调用实现。在函数定义时，函数体内出现直接调用函数自身，称为直接递归调用；或通过调用其他函数，由其他函数再调用原函数则称为间接递归调用，该类函数就称为递归函数。

若求解的问题具有可递归性，即可将求解问题逐步转化成与原问题类似的子问题，且最终子问题有明确的解，则可采用递归函数，实现问题的求解。

由于在递归函数中，存在着调用自身的过程，控制将反复进入自身函数体执行，因此在函数体中必须设置终止条件，当条件成立时，终止调用自身，并使控制逐步返回到主调函数。

【例 6.10】 定义一个计算阶乘的递归函数。

计算 n 阶乘的数学递归定义式:

$$n!=\begin{cases}1 & n=0,1\\ n*(n-1)! & n>1\end{cases}$$

(1) 程序如下:

```
#include <stdio.h>
long  jc(int n)                          //定义求阶乘函数
{
    long t;
    if (n==1)  return  1;
    else
        return  n*jc(n-1);
}
void main()
{
    int n;
    printf("请输入 n:\n");
    scanf("%d",&n);
    printf("%d!=%ld\n",n,jc(n));
}
```

程序执行:

```
请输入 n:
4↙
4!=24
```

程序说明:求 n!的问题,可用递归方法求解。在递归函数 jc 中,递归的终止条件设置成 n 等于 1。因为 1!的值是明确的。

(2) jc 函数的递归调用的过程。

以主函数 main 中输出 jc(4)的求值为例,为了便于读者理解,如图 6.4 所示,将每次调用函数的过程展开,使读者对递归和回归过程有一个较直观的理解。

图 6.4 中①~⑧编号表示递归调用的整个执行过程的顺序编号。从图中可以看出,函数 jc 共被调用 4 次。除 jc(4)是由主函数 main 调用的外,其余 3 次都由 jc 函数自调用,即递归调用。递归调用过程分为调用和回归过程两部分。main 函数执行 printf 语句时,调用 jc(4)函数计算 4!,在执行 jc(4)过程中又调用 jc(3)计算 3!的值,此时 jc(4)的执行过程被暂时停顿,等待 jc(3)执行完成后再继续执行;同样在执行 jc(3)过程中又调用 jc(2)计算 2!的值,此时 jc(3)的执行过程又被暂时停顿,等待 jc(2)执行完成后再继续执行;依次逐级调用,当调用到 jc(1)时,不再调用其他函数,而是通过 return 语句回归,其返回值代入到上次

jc(2)调用时的暂停处，继续执行 jc(2)尚未执行完的部分，同样当 jc(2)通过 return 语句将返回值代入到前次调用时的暂停处，继续执行 jc(3)尚未执行完的部分，依次逐层回归，每一次均将返回值代入到上一次调用时的暂停处，继续执行上次未执行完的部分，直至返回到 main 的调用处，执行完语句 printf 输出 24。

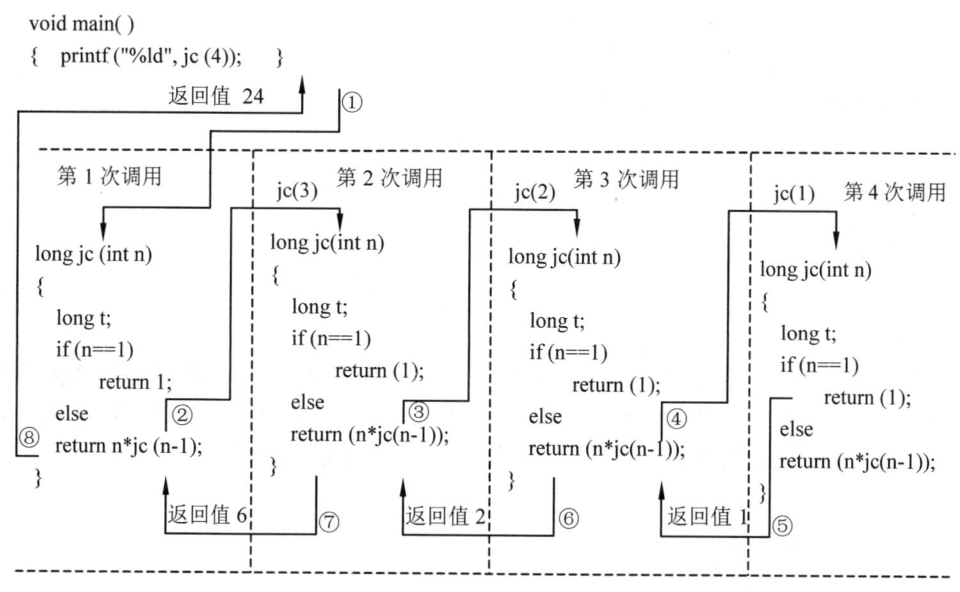

图 6.4　jc(4)的递归调用过程

递归调用时，虽然函数代码一样，变量名相同，但每次函数调用时，系统都为函数的形参和函数体内的变量分配了相应的存储空间，因此，每次调用函数时，使用的都是本次调用所新分配的存储单元及其值。当递归调用结束返回时，释放本次调用所分配的形参变量和函数体内的变量，并带着本次计算值返回到上次调用点。

下面再举一个递归的例子，请读者仔细体会。

【例 6.11】 定义一个递归函数，使整数 n 按逆序输出每个数字。

```
#include <stdio.h>
void  print(long n)
{
    long t;
    if(n==0)
        return;
    else
    {
        printf("%d",n%10);
        print(n/10);
        return;
```

```
    }
}
void main()
{
    long n;
    printf("请输入整数 n\n");
    scanf("%ld",&n);
    print(n);
}
```

程序运行:

```
请输入整数 n
725↙
5  2  7
```

程序说明:在函数中,将递归的终止条件设置成 n 等于 0。每次调用先输出参数 n 的个位数,并用 n/10 作为实参继续递归调用,直到参数值为 0,终止调用,并逐层返回,最终回到主函数,结束 main 函数的执行。如图 6.5 所示为展开了的递归调用的过程。

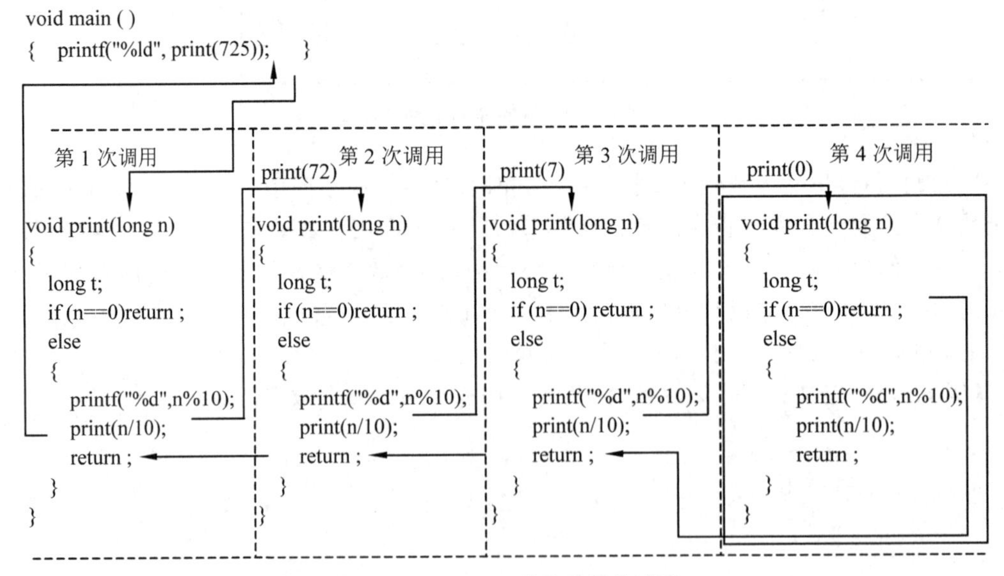

图 6.5 print(725)的递归调用过程

若对 print 函数作小小的改动如下,请读者思考其程序运行结果是否与上面程序相同?

```
void print(long n)
{
    long t;
```

```
    if(n==0)  return;
    else
    {
        print(n/10);
        printf("%d", n%10);
            return;
    }
}
```

6.5　全局变量和局部变量

C程序由若干个函数组成，在函数体内或函数外都可以定义变量，不同位置定义的变量，其作用范围不同，变量的作用域确定程序能在何时、何处访问该变量。

C语言中的变量分为全局变量和局部变量。

1. 全局变量和局部变量的定义

在函数体内部定义的变量称为局部变量。其作用域是所定义的函数，即只能在本函数中可对该变量赋值或使用该变量值，一旦离开了这个函数就不能引用该变量了。

在复合语句内定义的变量亦称局部变量，具有块作用域，即只能在复合语句内引用它，复合语句执行结束后，即出了该复合语句，就不能对该变量引用。

在函数外面定义的变量称为全局变量。其作用域从变量定义的位置开始到文件结束，可被本文件的所有函数所共用。但如果在全局变量的定义位置之前或其他文件中的函数要引用该全局变量时，必须对变量用extern声明。

例如：

```
int a;                              //a为全局变量,可在main函数和fun函数中引用
void main()
{
    int  x,y;                       //x、y为局部变量,在main函数中引用
    …
}
int b;                              //b为全局变量,可在fun函数中引用
fun(int z)                          //z为局部变量,在fun函数中引用
{
    int  c;                         //c为局部变量,在fun函数中引用
    …
}
```

【例6.12】　编写一个函数，求两个数的和与积。

```
#include<stdio.h>
```

```
float  add, mult;                           //全局变量
void func(float x,float y)
{
    add=x+y;
    mult=x * y;
}
void main()
{
    float a,b;
    scanf("%f%f ",&a,&b);
    func(a,b);
    printf("%.2f %.2f\n",add,mult);
}
```

程序运行结果:

```
7  5↙
12.00   35.00
```

程序说明:由于通过 return 语句函数只能返回一个值。该程序使用两个全局变量 add 和 mult,使 func 函数和 main 函数都可以引用。func 函数将计算结果分别赋值给 add 和 mult,主函数中引用全局变量 add、mult 输出值。

全局变量的作用域是整个程序。但在全局变量定义位置之前或其他文件中的函数要引用该全局变量时,必须对该变量用 extern 声明。例如:

```
#include<stdio.h>
void main()
{
    extern int a;
    void fun();
    fun();
    printf("%d",a);
}
int  a;                                      //全局变量
void fun()
{   a=9 * 9;   }
```

程序运行:

```
81
```

因全局变量 a 定义在 main 函数后面,main 函数中必须用 extern 对全局变量 a 声明,目的是告诉编译系统在函数内要引用的全局变量属性(如全局变量名及类型),以便编译系统检验函数中对全局变量的引用是否正确。

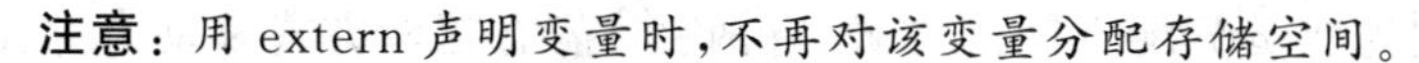

注意：用 extern 声明变量时，不再对该变量分配存储空间。

2. 全局变量与局部变量同名

在同一个函数中不能定义具有相同名字的变量，但在同一个文件中全局变量名和函数中的局部变量名可以同名。当全局变量名与函数内的局部变量同名时，在该函数体内部的同名全局变量暂被屏蔽，函数内使用的是同名局部变量，而同名全局变量在该函数中不可见。

【例 6.13】 读程序，注意全局变量名与局部变量名同名时函数的处理方式。

```
#include<stdio.h>
float  add, mult;                    //全局变量
void fun(float x,float y)
{
    float add,mult;                  //局部变量
    add=x+y;
    mult=x*y;
}
void main()
{
    float a,b;
    scanf("%f%f",&a,&b);
    fun(a,b);
    printf("%.2f %.2f\n",add,mult);
}
```

程序执行结果：

```
7  5↙
0.00   0.00
```

程序说明：全局变量 add、mult 与 fun 函数中局部变量同名，函数 fun 中，引用的是局部变量，即给局部变量 add、mult 赋值，全局变量值未被改变，返回主函数后，引用的是全局变量 add、mult 输出值。全局变量定义时如果未初始化，则系统赋初值 0。

6.6　变量的存储方式

C 程序中变量有两种属性：数据类型和存储类别。数据类型表示存储在变量中的数据格式；存储类别表示系统为变量分配存储空间的方式。C 程序运行时，供用户使用的内存空间由程序存储区、静态存储区、动态存储区三部分组成，如图 6.6 所示。程序存储区存储程序代码，静态存储区和动态存储区存放程序中处理的数据。

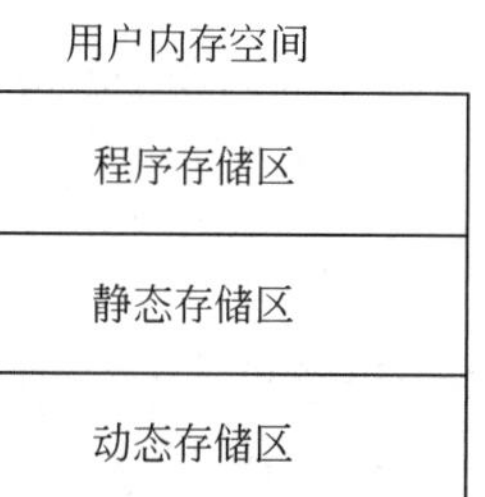

图 6.6　用户内存空间

变量的存储方式指的是为变量分配空间的方式,有两种:静态存储方式和动态存储方式。静态存储方式是在程序运行前为全局变量、静态变量等分配固定的存储空间的方式,空间分配在静态存储区,当整个程序运行结束时释放空间。动态存储方式则是在每次进入函数调用或复合语句时,为自动变量动态分配存储空间的方式,空间分配在动态存储区,函数调用结束或复合语句结束时,释放空间。

静态存储方式和动态存储方式具体包含4种存储类别:auto(自动型)、static(静态型)、register(寄存器型)和extern(外部参照型)。

变量定义的一般形式为

```
存储类型标识符 类型标识符 变量名列表;
```

其中,存储类型标识符用以定义变量的存储类型,即auto、register、static、extern4种。

若定义变量时,省略存储类型,则系统定义为auto。

1. auto

定义自动变量时,前面可加auto存储类别标识符或不加。一般在函数内部或复合语句内部使用,系统在每次进入函数或复合语句时,为定义的自动变量分配存储空间,分配在动态存储区。函数执行结束或复合语句结束,控制返回时,存储空间释放。前面的例子中用得最多的就是这类变量。

2. static

静态型变量可分为静态局部变量和静态全局变量。

1) 静态局部变量

定义静态局部变量时,前面加static存储类别标识符。一般在函数内部或复合语句内部使用,其特征是在程序执行前变量的存储空间被分配在静态区,并赋初值一次,若无显式赋初值,则系统自动赋值为0。当包含静态变量的函数调用结束后,静态变量的存储空间不释放,所以其值依然存在,当再次调用进入该函数时,静态变量上次调用结束的值就作为本次的初值使用。

【例6.14】 读程序,注意静态局部变量与自动变量的区别。

```
#include"stdio.h"
int func1()
{
    static int s=1;                    //静态局部变量
    s+=2;
    return (s);
}
int func2()
{
    int s=1;                           //局部变量
    s+=2;
```

```
    return (s);
}
void main()
{
    int i;
    for(i=0;i<3;i++)
        printf("%5d",func1());
        printf("\n");
    for(i=0;i<3;i++)
        printf("%5d",func2());
}
```

程序运行结果：

```
3   5   7
3   3   3
```

程序说明：func1 函数中 s 是静态局部变量，在程序运行前，初始化赋值为 1。首次调用 func1 函数时，s 的值是 1，函数执行后，s 值为 3，函数返回时变量 s 依然存在。以后的第二次、第三次调用函数 func1 时，都是在上一次调用结束时的 s 值上加 2。而 func2 函数中的局部变量 s，在每次进入函数调用时重新分配 s 并初始化为 1，函数执行后，s 值为 3，函数返回时，撤销 s 变量。再次调用 func2 时，重新对 s 分配存储单元和赋初值，所以函数每次调用后返回值 3。

2）静态全局变量

定义静态全局变量时，前面加 static 存储类别标识符。其特点是静态全局变量只能被所定义的本文件中所有函数引用，而不能被其他文件中的函数引用(全局变量可以被整个程序的不同文件中的函数引用)。

3. register

寄存器型变量是 C 语言所具有的汇编语言特性之一，它存储在 CPU 中，而不像普通变量那样存储在内存中。对寄存器型变量的访问要比对内存变量访问速度快得多。通常将使用频率较高的数据，存放在所定义的 register 变量中，以提高运算速度。寄存器型变量与计算机硬件关系较为紧密，可使用的个数和使用方式，不同型号的计算机都有自己的约定。

6.7　习题与实践

1. 选择题

(1) 在 C 语言程序中，有关函数的定义正确的是(　　)。

A. 函数的定义可以嵌套，但函数的调用不可以嵌套

B. 函数的定义不可以嵌套，但函数的调用可以嵌套

C. 函数的定义和函数的调用均不可以嵌套

D. 函数的定义和函数的调用均可以嵌套

(2) 以下对C语言函数的有关描述中,正确的是(　　)。

A. 在C程序中,调用函数时,只能把实参的值传送给形参,形参的值不能传送给实参

B. C函数既可以嵌套定义又可以递归调用

C. 函数必须有返回值,否则不能使用函数

D. C程序中有调用关系的所有函数必须放在同一个源程序文件中

(3) 函数调用语句 f((e1,e2),(e3,e4,e5));中参数个数是(　　)。

A. 5　　B. 4　　C. 2　　D. 1

(4) C语言中,若对函数类型未加显式说明,则函数的隐含类型为(　　)。

A. void　　B. double　　C. char　　D. int

(5) C语言中函数的隐含存储类型是(　　)。

A. auto　　B. static　　C. extern　　D. 无存储类型

(6) 能把函数处理结果的两个数据返回给主调函数,在下面的方法中不正确的是(　　)。

A. return 这两个数　　B. 形参用两个元素的数组

C. 形参用两个这种数据类型的指针　　D. 用两个全局变量

(7) 以下程序的输出结果是(　　)。

```
#include <stdio.h>
fun(int a, int b, int c)
{   c=a*b;   }
void main()
{
    int c;
    fun(2,3,c);
    printf("%d\n", c);
}
```

A. 0　　B. 4　　C. 6　　D. 无法确定

(8) 对于以下递归函数 f,调用 f(4),其返回值为(　　)。

```
int f(int n)
{
    if(n)  return f(n-1)+n;
    else  return n;
}
```

A. 10　　B. 4　　C. 0　　D. 以上均不是

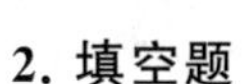

2. 填空题

(1) 变量的作用域主要取决于变量________，变量的生存期既取决于变量________，又取决于变量________。

(2) 从变量的存储类型来说，________变量不允许初始化，________变量、________变量和________变量可以初始化。其中变量如果不进行初始化，则________变量和________变量的初值不确定，而________变量的初值为0。

(3) 静态型内部变量的作用域是________。

(4) 函数中的形参和调用时的实参都是数组名时，传递方式为________，都是变量时，传递方式为________。

(5) 函数的形式参数的作用域为________，全局的外部变量和函数体内定义的局部变量重名时，________变量优先。

(6) 若自定义函数要求返回一个值，则应在该函数体中有一条________语句，若自定义函数要求不返回一个值，则应在该函数说明时加一个类型说明符________。

(7) 执行下列程序段后，i值为________。

```
int i;
int f(int x)
{
    static int k=0;
    x+=k++;
    return x;
}
i=f(f(1));
```

(8) 执行i=f(3);后，i值为________。

```
int i;
int f(int x)
{  return  ((x>0)? f(x-1)+f(x-2):1); }
```

3. 程序阅读题

(1) 程序运行时从键盘输入abcdef<CR>，写出输出结果。

```
#include <stdio.h>
void fun( )
{
    char c;
    if((c=getchar( ))!='\n')
        fun( );
    putchar(c);
}
```

```
void main( )
{    fun( );   }
```

(2) 阅读下面程序,写出输出结果。

```
#include <stdio.h>
#define C 5
int x=1,y=C;
void main( )
{
   int x;
   x=y++;  printf("%d %d\n", x,y);
   if(x>4) { int x; x=++y; printf("%d %d\n",x,y);   }
   x+=y--;
   printf("%d %d\n",x,y);
}
```

(3) 阅读下面程序,写出输出结果。

```
#include <stdio.h>
int c, a=4;
func(int a, int b)
{   c=a*b; a=b-1; b++; return (a+b+1); }
void main( )
{
   int b=2, p=0, c=1;
   p=func(b, a);
   printf("%d,%d,%d\n", a,b,c,p);
}
```

(4) 阅读函数,写出函数的主要功能。

```
float av(float a[ ], int n)
{
   int  i; float s;
   for(i=0,s=0; i<n; i++) s=s+a[i];
   return(s/n);
}
```

(5) 阅读下面程序,写出输出结果。

```
#include <stdio.h>
unsigned fun6(unsigned num)
{
   unsigned k=1;
```

```
    do { k * =num%10; num/=10; }
    while(num);
    return k;
}
void main( )
{
    unsigned n=26;
    printf("%d\n", fun6(n));
}
```

(6) 阅读下面程序,写出输出结果。

```
#include <stdio.h>
void main()
{
     int a,b,c;
     int find(int,int,int);
     scanf("%d%d%d",&a,&b,&c);
     printf("%d\n%d,%d,%d\n",find(a,b,c),a,b,c);
}
int find(int a,int b,int c)
{
    int u,s,t;
    u=((u=(a>b)?a:b)>c)? u:c;
    t=((t=(a<b)?a:b)<c)? t:c;
    s=a+b+c-u-t; a=u;
    b=s; c=t; return s;
}
```

(7) 阅读下面程序,写出输出结果。

```
#include <stdio.h>
void fun1(int n,int a[ ][3])
{
     for(int i=0;i<n;i++)
          for(int j=0;j<n;j++) a[i][j]=a[i][j]/a[i][i];
}
void main( )
{
     int a[3][3]={{6,4,2},{8,6,4},{9,6,3}};
     fun1 (3,a);
     for(int i=0;i<3;i++)
     {
```

```
        for(int j=0;j<3;j++)  printf("%d",a[i][j]);
        printf("\n");
    }
}
```

(8) 阅读下面程序,写出输出结果。

```
#include "stdio.h"
int binary(int x,int a[ ],int n)
{
            int low=0,high=n-1,mid;
    while(low<=high)
    {
      mid=(low+high)/2;
      if(x>a[mid]) high=mid-1;
      else if(x<a[mid]) low=mid+1;
      else return(mid);
    }
    return(-1);
}
void main( )
{
    static int a[]={4,0,2,3,1}; int i,t,j;
    for(i=1;i<5;i++)
    {
      t=a[i]; j=i-1;
      while(j>=0&&t>a[j])
      {
          a[j+1]=a[j]; j--;
      }
      a[j+1]=t;
    }
    printf ("%d \n",binary(3,a,5));
}
```

4. 程序设计题

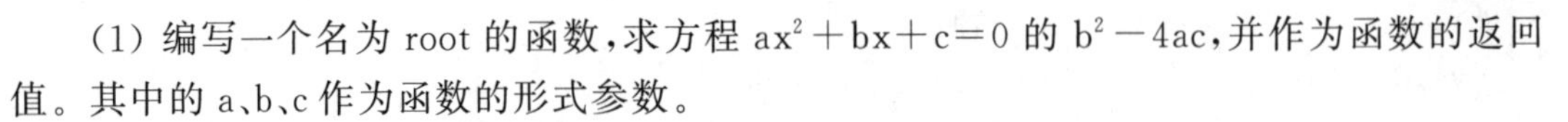

(1) 编写一个名为 root 的函数,求方程 $ax^2+bx+c=0$ 的 b^2-4ac,并作为函数的返回值。其中的 a、b、c 作为函数的形式参数。

(2) 编写一个函数,若有参数 y 为闰年,则返回 1,否则返回 0。

(3) 编写一个无返回值、名为 max_min 的函数,对两个整数实参能求出它们的最大公约数和最小公倍数并显示。

(4) 编写一个名为 day_of_year(int year,int month,int day)的函数,计算并返回是该年

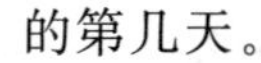
的第几天。

(5) 编写一个名为 link 的函数，要求如下：

形式参数：s1[40]，s2[40]，s3[80]，存放字符串的字符型数组。

功能：将 s2 连接到 s1 后存入 s3 中。

返回值：连接后字符串的长度。

(6) 编写一个函数，返回一维实型数组前 n 个元素的最大数、最小数和平均值。数组、n 和最大数、最小数、平均值均作为函数的形式参数。

(7) 编写一函数 delchar(s,c)，将字符串 s 中出现的所有 c 字符删除。编写 main 函数，并在其中调用 delchar(s,c) 函数。

(8) 按下面要求编写程序：

① 定义函数 cal_power(x, n)计算 x 的 n 次幂(即 x^n)，函数返回值类型是 double。

② 定义函数 main()，输入浮点数 x 和正整数 n，计算并输出下列算式的值。要求调用函数 cal_power(x, n)计算 x 的 n 次幂。

算式：$s=1/x+1/x^2+1/x^3+\cdots+1/x^n$。

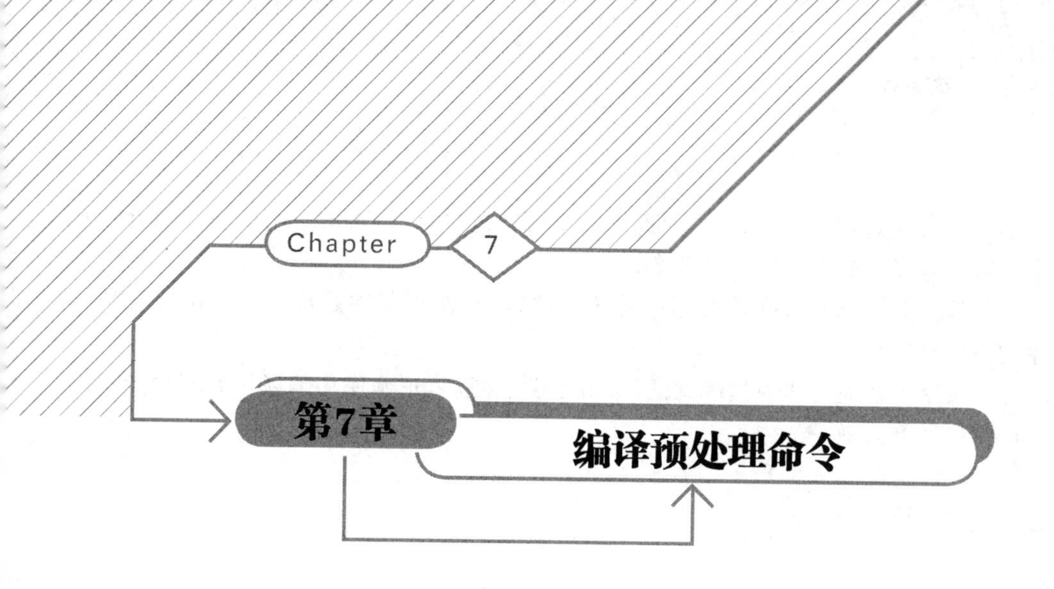

第7章 编译预处理命令

本章学习目标

- 理解编译预处理的概念。
- 能够用＃define命令定义宏。
- 掌握用＃include命令开发由多个文件组成的程序的方法。
- 理解条件编译的概念。

ANSI C标准规定可以在C语言的源程序中加入一些“预处理命令”，但是这些“预处理命令”不是C语言本身的组成部分。在对程序进行通常的编译之前，需要先对程序中这些特殊的命令进行“预处理”，然后再由编译程序对预处理后的源程序进行通常的编译，得到可供执行的目标代码。C语言的源程序中加入“预处理命令”可以改进程序设计环境，提高编程效率。本章介绍编译预处理的概念和应用，包括用＃define命令定义宏、用＃include命令开发由多个文件组成的程序以及条件编译的应用。

7.1 概述

编译预处理是C语言程序在将源程序编译生成目标文件前，对源程序进行的预处理。

预处理命令不同于C语言的语句，C语言的编译程序无法识别它们，如C语言程序中的“＃include ＜stdio.h＞”即是一个预处理命令，其功能是在将源程序编译成目标文件之前将文件“stdio.h”的实际内容替换该命令，然后由编译程序将源程序翻译成目标文件。

常用的编译预处理命令有以下三种：

（1）宏定义。

（2）文件包含。

（3）条件编译。

编译预处理命令必须以“#”为首字符、尾部不得加分号(C语言的语句则必须加分号),一行不得书写一条以上的编译预处理命令。

编译预处理命令可以出现在源程序中的任何位置,其作用范围是从它出现位置直到所在源程序的末尾。

C语言的编译预处理功能为程序调试、移植提供了便利,正确使用编译预处理功能可以有效地提高程序的开发效率。

7.2 宏定义

C语言提供了不带参数的宏和带参数的宏两种宏定义方法。

7.2.1 不带参数的宏定义

不带参数的宏定义的一般形式为

```
#define  宏名 宏体
```

其中,宏名为标识符,宏体为一段文本。

功能:在预处理时,将程序中、该命令后所有与宏名相同的文本用宏体置换(宏替换)。

例如:

```
#define PI 3.1415926
```

它的功能是在程序中用宏名“PI”代替“3.1415926”这个字符串,在编译预处理时,将程序中在该命令以后出现的所有的“PI”都用“3.1415926”代替。使用宏定义编译预处理命令,可以用一个简单的名字(宏名)来代替一个较长的字符串(宏体),以增加程序的可读性。

由此可见,将程序中多次用到的某一个量定义成符号常量,当需要改变这个量时,只需要改变#define命令中的值即可,能做到“一改全改”,大大提高了程序的可维护性。

将宏体替换宏名的过程称为“宏展开”。

在包含文件stdio.h中有一些宏定义编译预处理命令。如:

```
#define EOF -1
#define NULL 0
```

定义了宏名EOF和NULL,在程序被编译之前,程序中的标识符EOF均被-1置换,标识符NULL均被0置换,然后才开始编译。

关于宏定义和宏替换有以下几点说明:

(1) 为了与程序中其他关键字相区别,宏名一般使用大写字母。

(2) 一个宏名只能被定义一次,否则出错,被认为是重复定义。

(3) 在宏体中,可以出现已定义(在该命令前)的宏名。

(4) 对出现在字符串常量中的宏名不作宏替换。

(5) 宏体文本太长，换行时，需要在行尾加换行字符“\”。

(6) 宏定义的作用域：从定义开始到程序结束。

下面的例题可以帮助我们理解以上规则。

【例 7.1】 编程，分别输出 5 个实数中的最大值和最小值以及它们的差。

程序设计分析：依次输入 5 个实数，找出其中的最大值和最小值，求出它们的差，并分别输出。

```
#include <stdio.h>
#define PR printf
#define CR PR("\n")
#define CR2 CR;CR
void main()
{
    float max,min,x;
    int i,n;
    n=5;
    scanf("%f",&x);
    max=min=x;
    for(i=2; i<=n; i++)
    {
        scanf("%f",&x);
        if(x>max) max=x;
        if(x<min) min=x;
    }
    PR("max=%f",max); CR;
    PR("min=%f",min); CR2;
    PR("CR=%f",max-min); CR;
}
```

程序运行：

```
若程序运行时输入：
3.1  4.5  6.3  1.2  3↙
则输出结果为：
max=6.300000
min=1.200000
空一行
CR=5.100000
```

程序说明：程序中定义宏 PR 为“printf”，只要源程序中出现“PR”都将用“printf”替换(除字符串中的以外)，包括在宏定义命令中的“PR”，即：CR 等价于“printf("\n")”。

宏 CR2 定义为“CR;CR”，“CR”在前面已定义，CR2 在宏展开后，相当于被定义为

“printf("\n"); printf("\n")”。

而在格式描述字符串"CR=%f"中的“CR”不被看作是宏名,是字符常数,不被替换。

下面是经过宏展开后的部分源程序:

```
    …
    printf("max=%f",max); printf("\n");
    printf("min=%f",min); printf("\n"); printf("\n");
    printf("CR=%f",max-min); printf("\n");
}
```

7.2.2 带参数的宏定义

带参数的宏定义,其命令的一般形式为

```
#define  宏名(形参列表)  宏体
```

在编译预处理时,将程序中该命令后所有与宏名相同的文本用宏体置换,但置换时宏体中的形参要用相应的实参置换。

【例 7.2】 输入三个值,判断以这三个值作边长,能否构成三角形。

```
#include <stdio.h>
#define f(a,b,c) a+b>c                                    //第 2 行
void main()
{
    float x,y,z;
    scanf("%f%f%f",&x,&y,&z);
    if(f(x,y,z)&&f(x,z,y)&&f(y,z,x))  printf("yes\n");  //第 7 行
    else  printf("no\n");
}
```

程序说明:第 2 行定义带参数的宏,宏名为 f,形参为 a、b、c,宏体为 a+b>c。

在对第 7 行进行编译预处理时,“f(x,y,z)”将被“x+y>z”替换,“f(x,z,y)”将被“x+z>y”替换,“f(y,z,x)”将被“y+z>x”替换,所以,第 7 行等价于:

```
if(x+y>z && x+z>y && y+z>x) printf("yes\n");
```

由此可知,带参数宏定义的展开,也同样是作文本的置换。

在带参数宏定义的格式中,借用了函数定义中“形参”的说法,这种说法便于我们理解在宏的展开时置换文本的规则。

【例 7.3】 写出下列程序的输出结果。

```
#include <stdio.h>
#define f(a,b) a*b
```

```
void main()
{
    float x=2,y=3,z;
    z=f(x,y);                                  //宏展开为: z=x*y;
    printf("%f\t",z);
    z=f(x+1,y+1);                              //宏展开为: z=x+1*y+1;
    printf("%f\n",z);
}
```

程序运行：

```
6.000000    6.000000
```

从例7.3可以得到，如果编程的意图是要定义一个宏，用于计算两个表达式(不仅仅是单个变量或常数)的乘积，则该宏定义是错误的，譬如，按“f(x+1,y+1)”的宏展开是“x+1*y+1”，而不是所期望的“(x+1)*(y+1)”。这一点在编程时必须要注意，不要犯类似的错误。

按照以上的编程意图，应修改宏定义命令为

```
#define f(a,b) (a)*(b)
```

同理，若要定义一个宏来求一元二次方程的判别式，则宏定义应为

```
#define delta(a,b,c) ((b)*(b)-4*(a)*(c))
```

实际上，带参数宏定义中所谓的“形参列表”，准确表述应为“标识符列表”。带参数的宏定义完全不同于函数的定义，其“形参”不是变量而仅仅是一个标识符；在作宏替换时，“实参”文本替换“形参”，根本不存在函数调用时实参与形参之间传递的过程。宏与函数(不带参数的宏可以与不带参数的函数作比较)都可以作为程序模块应用于模块化程序设计中，但它们各有特色。

宏替换时，要用宏体替换宏名，往往使源程序体积膨胀，增加了系统的存储开销。但是它不像函数的调用，要进行参数传递、保存现场、返回等操作，所以比函数调用节省时间。通常，对简短的表达式以及调用频繁、要求快速响应的场合，采用宏替换比采用函数合适。

宏虽然可以带参数，但宏替换与函数调用过程不同，不能计算实参、返回结果。因此，不是所有的函数定义都可以改写作宏定义(如递归函数等)。

7.3　文件包含

C语言中，利用文件包含命令能够非常容易地编写出由若干个文件所组成的程序，例如，在解决实际问题时，我们可以将需要实现的功能独立编写，保存在不同的文件中，然后用#include命令将它们组合到一起，构成一个完整的程序。文件包含命令的运用为开发规模

比较大的程序提供了一种非常行之有效的方法。

1. 命令格式和功能

文件包含预处理命令的一般形式为

```
#include <包含文件名>
```

或

```
#include "包含文件名"
```

功能：在编译源程序前，用包含文件的内容置换该预处理命令。即从指定的目录中将“包含文件名”读入，然后把它写入到源程序中该预处理命令处（置换），使它成为源程序的一部分。

文件包含预处理命令有两种不同的格式，它们的区别是：

<包含文件名>用尖括号包围文件名时，编译系统将在系统设定的标准目录下搜索该文件（通常在 include 目录下）。

"包含文件名"用双引号包围文件名时，编译系统将首先在当前目录中查找该文件，再在系统设定的标准目录下查找该文件。

在大多数的例子中，首部都有编译预处理命令“＃include <stdio.h>”。读者可以选择一个编辑器打开文本文件 stdio.h，可以观察到该文件中的内容，如使用标准函数时所需要的函数原型声明，符号常量 NULL、EOF 的定义等。

2. 常用的包含文件

由 C 语言处理系统所提供的包含文件一般都以.h 为文件后缀，通常被称为头文件。

如表 7.1 所示，每个标准库函数都与某个包含文件相对应，包含文件中有对该函数的声明，以及各种数据结构的声明和宏定义等。

请参考附录 C，了解常用的标准库函数所对应的包含文件。程序中调用了某个库函数，一定要用文件包含预处理命令，将相应的包含文件的文本插入到源程序中。

在编制由多个源程序文件组成的较大程序时，也可以用文件包含预处理命令，将一个源文件中的文本插入到另一个源程序文件的文本中，下面再看一个例子。

表 7.1 常用包含文件与相应标准库函数

包含文件名	源程序所调用的标准库函数
ctype.h	字符处理函数
math.h	数学函数
stdio.h	标准输入输出函数
stdlib.h	常用函数库
string.h	字符串处理函数

【例 7.4】　一个程序写在多个源文件中的应用举例。

源文件 prg1.c

```
#include <stdio.h>
#include "prg1_1.c"
#include "prg1_2.c"
void main()
{
  printf("%d\n",g1(7));
  printf("%d\n",g2(7));
}
```

源文件 prg1_1.c

```
int g1(int k)
{
  int s=0,i=1;
  for(;i<=k;i++)
     s+=i;
  return s;
}
```

源文件 prg1_2.c

```
int g2(int m)
{
  int s=0,i=1;
  for(;i<=m;i++)
     s+=i * i;
  return s;
}
```

如上所示，在文件 prg1.c 中，文件包含预编译命令：

```
#include "prg1_1.c"
#include "prg1_2.c"
```

将其他两个文件中的文本插入到了命令所在的位置，经过编译预处理后，源文件 prg1.c 包含的内容如下：

```
#include <stdio.h>
int g1(int k)
{
  int s=0,i=1;
  for(;i<=k;i++)
```

```
    s+=i;
  return s;
}
int g2(int m)
{
  int s=0,i=1;
  for(;i<=m;i++)
    s+=i * i;
  return s;
}
void main()
{
  printf("%d\n",g1(7));
  printf("%d\n",g2(7));
}
```

因此在对 prg1.c 的编译过程中,C 所处理的是一个完整的程序,不会出现诸如"函数 g1 未定义"之类的错误信息。该程序的运行结果,是分别输出 1 至 7 的和以及 1 至 7 的平方和。

7.4 条件编译

一般情况下,源程序中的所有行都要参加编译。但是,有时我们希望源程序中的一部分程序只在满足一定条件时才进行编译,或者,当条件成立时去编译一组语句,而当条件不成立时编译另一组语句,这就是"条件编译"。

条件编译命令有以下几种形式。

```
#ifdef 标识符
    程序段 1
#else
    程序段 2
#endif
```

功能:当指定的标识符在此之前已经被"#define"语句定义过,"程序段 1"被编译,否则,"程序段 2"被编译。类似于条件 if 语句,"#else 分支"可以省略,即

```
#ifdef 标识符
   程序段 1
#endif
```

例如,在调试程序时,经常要输出一些所需的信息,一旦调试结束,这些信息就不再需要了。一种处理方法可以采用条件编译完成,只要在源程序中插入类似于以下的语句。

```
#ifdef DEBUG
  printf("x=%d, y=%d, z=%d\n",x,y,z);
#endif
```

只要在程序的起始处有以下命令行：

```
#define DEBUG
```

程序在运行中就会输出 x、y、z 的值，以便调试时分析。

在程序中需要输出的地方，都可以使用相同的方法输出所需的信息。调试结束后，只要将#define DEBUG 语句删除即可，而不必去一一删除相关的 printf 语句，这样可以简化调试工作。

```
#ifndef 标识符
    程序段 1
#else
    程序段 2
#endif
```

功能：当指定的标识符在此之前没有被#define 语句定义过，"程序段 1"被编译，否则，"程序段 2"被编译。类似于#ifdef，"#else 分支"可以省略。下面的程序段摘自文件 stdio.h，用于定义 NULL 指针。

```
/* Define NULL pointer value */
#ifndef NULL
  #ifdef __cplusplus
     #define NULL     0
  #else
     #define NULL     ((void *)0)
  #endif
#endif
```

如果指针常数 NULL 之前没有被定义，则根据不同的编译环境，给出不同的定义。

由于对宏名只能定义一次，用条件编译来处理这类问题非常普遍，可以查阅系统提供的头文件，里面使用了非常多的条件编译。

【例 7.5】 条件编译应用举例。

```
#define N                                                  //定义标识符 N
#include <stdio.h>
#include <math.h>
#ifdef N                                                   //条件编译
int prime(int m)
{  int i;
```

```
    if(m==1)  return 0;
    n=sqt(m);
    for(i=2;i<=n;i++)
        if(m%i==0)  return 0;
    return 1;
}
#else
void main()
{   int coun,i,number;
    count=0;
    for(number=6;number<=20;number=number+2){
        for(i=3;i<=number/2;i=i+2)
            if(prime(i)!=0 && prime(number-i)!=0){
                printf("%d=%d+%d ",number,i,number-i);
                count++;
                if(count%5==0)  printf("\n");
                break;
            }
    }
}
#endif
```

该程序的功能是将6～20之间的偶数表示成两个素数之和，并以每行5组打印输出，但这个程序中有一些语法错误。由于标识符N已经定义，所以该程序在编译阶段只处理函数prime部分代码；如果删除第一行命令：#define N，则程序在编译时将只处理main函数部分代码。有时一个程序代码比较多时，可以用条件编译一段一段处理，达到方便语法错误排查的目的，等到所有的代码都处理完毕以后，再将这些与条件编译有关的命令删除。

7.5 习题与实践

1. 选择题

(1) 下列正确的预编译命令是(　　)。

A. define PI 3.14159　　B. #define P(a,b) strcpy(a,b)

C. #include stdio.h　　D. #define PI 3.14159;

(2) 下列命令或语句中，错误的是(　　)。

A. #define PI 3.14159　　B. #include <math.h>;

C. if (2);　　D. for (;;) if (1) break;

(3) 定义带参数的宏计算两式乘积(如 x^2+3x-5 与 $x-6$)，下列定义中正确的是(　　)。

A. #define mult(u,v) u * v　　B. #define mult(u,v) u * v;

C. #define mult(u,v)　(u) * (v)　　　　D. #define mult(u,v)=(u) * (v)

(4) 宏定义 #define div(a,b) a/b 的引用 div(x+5,y-5),替换展开后是(　　)。

A. x+5/y-5　　　　B. x+5/y-5;

C. (x+5)/(y-5)　　　　D. (x+5)/(y-5);

(5) 定义带参数的宏 #define jh(a,b,t) t=a;a=b;b=t,使两个参数 a、b 的值交换,下列表述中(　　)是正确的。

A. 不定义参数 a 和 b 将导致编译错误

B. 不定义参数 a、b、t 将导致编译错误

C. 不定义参数 t 将导致运行错误

D. 不必定义参数 a、b、t 的类型

(6) 设有宏定义 #define　AREA(a,b)　a * b，则正确的“宏调用”是(　　)。

A. s=AREA(r * r)　　　　B. s=AREA(x * y)

C. s=AREA　　　　D. s=c * AREA((x+3.5),(y+4.1))

(7) 设有以下宏定义,则执行语句 z=2 * (N+Y(5+1));后,z 的值为(　　)。

```
#define  N  3
#define  Y(n) ((N+1) * n)
```

A. 出错　　B. 42　　C. 48　　D. 54

(8) 设有以下宏定义,int x,m=5, n=1 时,执行语句 IFABC(m+n,m,x); 后,x 的值为(　　)。

```
#define IFABC(a, b, c)   c=a>b? a:b
```

A. 5　　B. 6　　C. 11　　D. 出错

(9) 以下程序中的 for 循环执行的次数是(　　)。

```
#include  "stdio.h"
#define  N  2
#define  M  N+1
#define  NUM  (M+1) * M/2
void main( )
{
    int  i, n=0;
    for ( i=1; i<=NUM; i++) { n++; printf ("%d", n); }
    printf (" \n" );
}
```

A. 5　　B. 6　　C. 8　　D. 9

(10) 程序 ccw1.c 中有函数 max1,程序 ccw2.c 中有调用函数 max1 的语句,则当程序 ccw.c 中有包含命令时,正确的写法是(　　)。

A. #include "ccw2.c"
   #include "ccw1.c"

B. #include <ccw1.c>
   #include <ccw2.c>

C. #include "ccw1.c"
   #include "ccw2.c"

D. 两个包含命令的次序可以任意

2. 填空题

(1) C程序中，以“#”符号开头的命令是在源程序正式________前进行处理的，称为________命令。

(2) 设有定义如下：#include F(N) 2*N，则表达式F(2+3)的值是________。

(3) 宏定义语句#define f(c) c>="A" && c<="Z"的引用f(x[i])，置换展开后为________。

(4) 求a、b、c的最大值，宏定义________。

(5) 判断c是否为大写字母，宏定义________。

3. 程序阅读题

(1) 写出以下程序段的运行结果。

```
#define A 10
#define B  (A<A+2)-2
printf("%d", B*2);
```

(2) 写出以下程序段的运行结果。

```
#define F(x)  x-2
#define D(x)  x*F(x)
printf("%d,%d", D(3),D(D(3)));
```

(3) 阅读下面的程序，写出运行结果。

```
#include <stdio.h>
#define  M  5
#define  N   M*3+4
#define  MN   N*M
void main( )
{  printf ("%d, %d\n", 2*MN,  MN/2);}
```

(4) 阅读下面的程序，写出运行结果。

```
#include <stdio.h>
#define EXCH(a,b)  {  int t; t=a; a=b; b=t;}
void main( )
{
    int x=5, y=9;
    EXCH(x,y);
```

```
    printf("x=%d, y=%d\n",x,y);
}
```

4. 程序设计题

(1) 三角形的面积为 $area=\sqrt{s(s-a)(s-b)(s-c)}$，其中 $s=0.5(a+b+c)$，a、b、c 为三角形的三边。定义两个带参数的宏，一个用来求 s，另一个用来求 area。写程序，在程序中用宏来求三角形的周长和面积。

(2) 定义两个带参数的宏，分别表示一元二次方程的两个实根，程序运行时输入方程的 3 个系数，调用已定义的宏，输出两个实根。

(3) 设计一个程序，对 x=1,2,…,10，求 f(x)=x * x-5 * x+sin(x)的最大值。

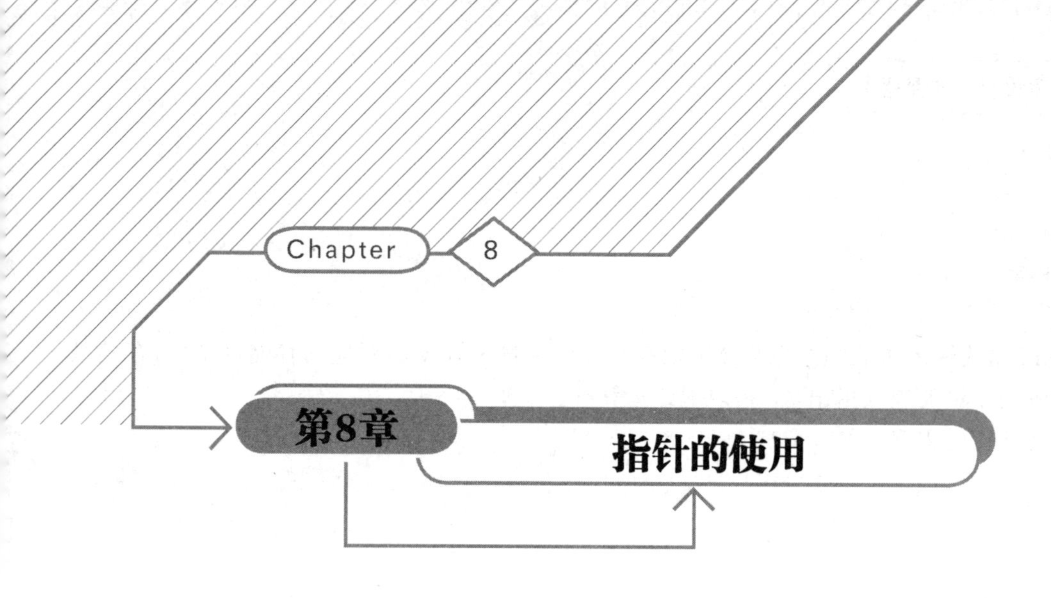

本章学习目标

- 熟练掌握指针的概念、指针变量的定义和引用方法。
- 掌握一维数组、二维数组中的指针应用。
- 掌握字符串指针的应用。
- 掌握指向函数的指针和返回指针值的函数、指针数组和指向指针的指针等的应用。

指针是C语言的精华之一。指针用于描述存储单元的地址，应用广泛，功能强大。通过使用指针来描述数据，可以有效地表示复杂的数据结构、动态分配计算机的内存、方便灵活地使用数组、字符串、实现函数调用时的间接存取，编写出简洁、紧凑、高效的C程序。本章介绍指针的概念、指针变量的定义和引用方法，分析一维数组、二维数组及字符串中的指针应用，另外还将介绍指向函数的指针和返回指针值的函数、指针数组和指向指针的指针等概念及应用。

8.1 指针的基本概念

8.1.1 地址和指针

计算机的内存储器被划分成一个一个的基本存储单元，每个存储单元的大小是一个字节。在内存中每个存储单元都按一定的规则进行编号，这个编号就是存储单元的地址。

C程序中定义的每个对象，包括变量、数组、函数等，都被分配了确定的存储区域，它们占一字节或多字节，存储区域中存放对象的具体值，存储区域的第一个单元的地址就称为对象的地址。

地址的概念其实早就在用了，例如：

```
int  x;
float  y;
scanf("%d %f",&x,&y);
```

scanf 格式输入函数的意思是读入数据存放到变量 x 和 y 所对应的存储区域中,存储区域的位置由变量的地址指出,& 是取地址运算符。

再看下面的程序:

```
#include<stdio.h>
void main()
{
    short  a=10;
    float  b=23.5;
    printf("%X    %d\n",&a,a);
    printf("%X    %f\n",&b,b);
}
```

输出变量 a、b 的地址和值,其中地址用十六进制表示,显示如下:

```
12FF7C    10
12FF78    23.500000
```

由此可见,变量、变量的值和地址的关系如图 8.1 所示。

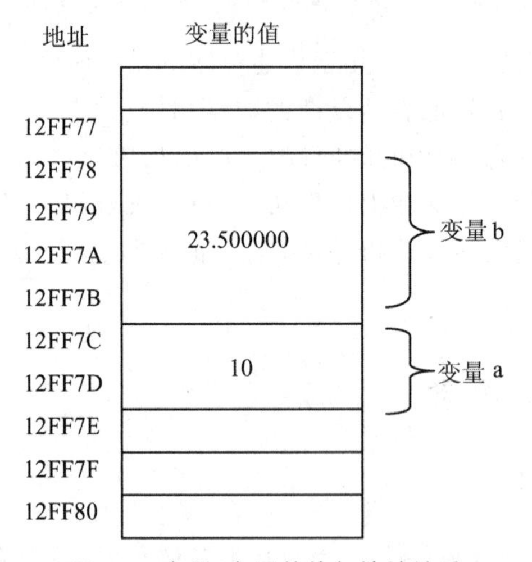

图 8.1　变量、变量的值与地址关系

上面的程序中分别定义了短整型变量 a 和实型变量 b,变量所占的字节数由变量的类型决定,变量 a 占 2 字节,变量 b 占 4 字节(short 型占 2 字节,float 型占 4 字节)。编译系统运行时为 a、b 分配存储区域。在这里,为 a 分配 12FF7C～12FF7D 共 2 字节;为 b 分配 12FF78～12FF7B 共 4 字节。变量 a 的地址为 12FF7C,变量 b 的地址为 12FF78。

一般情况下,变量的地址也叫变量的指针,两者并无区别,都表示变量所占存储区域第一字节的地址。

8.1.2　指针变量的定义和引用

C语言提供了一类专门用于存放其他对象的地址的变量,称为指针变量。

1. 指针变量的定义与初始化

(1) 指针变量定义的一般形式:

```
类型标识符  *变量名;
```

其中"类型标识符"定义指针变量的类型,变量名前的"*"表示定义的变量是一个指针变量。

例如:

```
int *p1; float *p1;
```

定义了指针变量p1和p2,p1中只能存放整型变量的地址,p2中只能存放float型变量的地址。

(2) 定义指针变量并初始化。

例如:

```
int  x, *px=&x;
```

该语句的作用是定义整型变量x和指向int型数据的指针变量px(即px只能存储整型变量的地址),同时给px赋值为变量x的地址。其中&x是取变量x的地址。

值得注意的是,上面的定义和初始化如果写成:

```
int  *px=&x, x;
```

是错误的,必须先定义变量x,后使指针变量px指向x。通常,如果指针变量px存储了变量x的地址,则称px指向x。

2. 指针变量的引用

指针变量的使用与两个运算符"&""*"有密切关系。

(1) &:取地址运算符,求得变量在内存中的地址。

(2) *:指针运算符(或称间接引用运算符),间接引用指针变量所指向的对象。运算符的操作对象必须是指针。

例如:

```
int  x=8, *px;
px=&x;                     //将x的地址赋值给px
*px=10;                    //将10赋值给px所指向的变量,即将10赋值给变量x
```

当指针变量px指向变量x时,px的对象是x。引用变量x可用*px表示,即表示通过指针变量 px 间接引用变量 x。此时 * px 与变量 x 表示的是同一个存储单元,如果改变 * px 的值就是改变了 x 变量的值。

【例 8.1】 取地址运算符 & 和指针运算符 * 的简单应用。

```
#include<stdio.h>
void main()
{
    int a=100, * pa;
    pa=&a;                          //把变量 a 的地址赋给 pa
    printf("a=%d, * pa=%d\n",a, * pa);
    a=200;
    printf("a=%d, * pa=%d\n",a, * pa);
    * pa=300;                       //给 pa 的对象赋值,即给 a 赋值
    printf("a=%d, * pa=%d\n",a, * pa);
}
```

程序运行:

```
a=100, * pa=100
a=200, * pa=200
a=300, * pa=300
```

【例 8.2】 使两个指针变量交换指向关系。

```
#include<stdio.h>
void main()
{
    int  a=10,b=20;
    int *p1=&a, * p2=&b, * p;
    printf("a=%d,b=%d, * p1=%d, * p2=%d\n",a,b, * p1, * p2);
    p=p1;p1=p2;p2=p;
    printf("a=%d,b=%d, * p1=%d, * p2=%d\n",a,b, * p1, * p2);
}
```

程序运行:

```
a=10,b=20, * p1=10, * p2=20
a=10,b=20, * p1=20, * p2=10
```

程序说明:如图 8.2(a)所示,程序初始时 p1、p2 分别指向 a、b 变量,所以 a 与 * p1 值相同;b 与 * p2 值相同。通过 p=p1;p1=p2;p2=p;三条语句使 p1、p2 指针值交换,分别指向 b、a,如图 8.2(b)所示,此时 * p1 与 b 有相同的值; * p2 与 a 有相同的值。

3. 指针应用中的注意点

(1) 初始化指针变量与用赋值表达式指针变量赋值在表示方法上的区别:

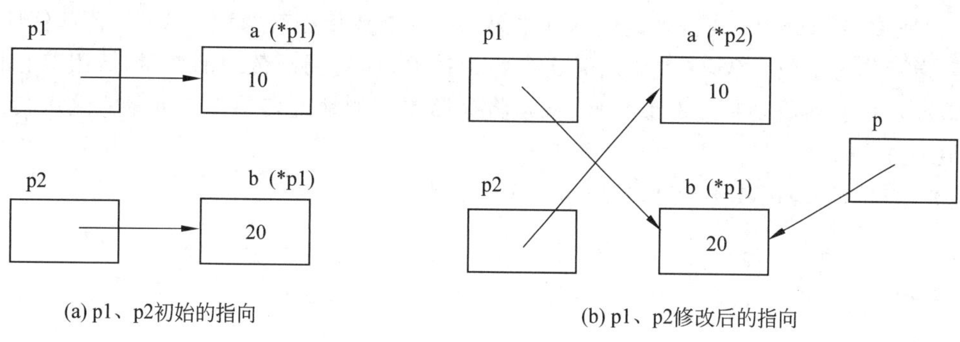

(a) p1、p2初始的指向　　(b) p1、p2修改后的指向

图 8.2　例 8.2 程序示意图

语句 int x, * p=&x;与 int x, * p; p=&x;是等价的。它们都定义 x 是 int 类型变量，定义变量 p 为指向 int 型数据的指针变量，前者初始化使 p 指向 x，后者通过赋值操作使 p 指向 x。

但 int x, * p; * p=&x; 中的赋值语句是错误的。原因是把定义语句 int * p=&x 与赋值语句 * p=&x 相混淆了。在定义语句中变量名前的"＊"是用于指明所定义的变量 p 是一个指针变量，符号"＊"在这里只是一个记号而已，&x 值是存放到 p 中去的；而赋值语句中变量名前的"＊"是间接引用运算符，表示利用指针变量 p，间接引用它所指向的对象，&x 值试图存放到 p 的对象 * p 中。

(2) 悬挂指针问题。

指针变量值不确定的指针称为悬挂指针。在定义语句中如果没有对指针变量 p 初始化，变量 p 中的地址值是不确定的，那么 p 就是悬挂指针。

例如 int * p;此时 p 是悬挂指针，假如有语句 * p=2345;将如何执行呢？不同版本的 C 语言处理系统可能对此将作不同处理：一种处理方式是编译显示出错信息；一种处理方式是继续执行。后一种处理方式可能会导致系统错误，因为 p 可能指向某个存储区域，强行向该存储区域内写入数据，可能改写系统中的原有数据，导致系统被破坏、死机等结果。

(3) 指针变量中只能存储地址。

指针变量中存储的地址，必须是已明确定义过的对象地址(如变量、数组等)。

例如：

```
int x, * p, * q;
p=2000; (不正确)      q=&x; (正确)
```

其中 p=2000 是不正确的。初学者可能会想，这是把内存中编号为 2000 的存储单元地址赋值给变量 p。但事实上程序运行时所需存储空间的具体分配不能由用户指定，必须由系统来管理分配。因此必须先定义对象，然后再把对象的地址存储到指针变量中。

8.1.3　指针变量作函数参数

函数调用的整个执行过程分以下 4 步完成：①建立形参变量；②将实参值复制给形参

变量；③函数内部处理；④函数返回。其中第②步的参数传递有两种方式：传值和传地址。

若指针作为函数参数,函数调用时实参为指针值(即主调函数中的变量、数组等存储单元的地址),将实参值复制给形参变量,就是将存储单元的地址传给形参变量。这种传递就是传地址方式。

【例 8.3】 编写函数 swap1,交换两个变量的值。

```
#include <stdio.h>
void main()
{
    float a,b;
    void swap1(float *x,float *y);      //函数声明
    printf("请输入数据\n");
    scanf("%f%f",&a,&b);
    swap1(&a, &b);                      //函数调用时,把 a、b 的地址传给形参
    printf("执行 swap1 后:\n");
    printf("a=%.2f  b=%.2f\n",a,b);
}
void swap1(float *x,float *y)           //定义形参 x、y 是指针变量
{
    float t;
    t=*x;                               //这三条语句是交换形参变量 x、y 的对象,
    *x=*y;                              //即 *x 和 *y 交换
    *y=t;
}
```

程序运行：

```
请输入数据
4.5  7.3↙
执行 swap1 后:
a=7.30  b=4.50
```

程序说明：swap1 函数完成的是交换 x、y 两指针的对象 * x 和 * y。即通过实参值,把变量 a、b 的地址传给形参变量 x、y,在函数中,利用形参 x,y 间接引用主函数中的变量 a、b,使 a、b 的值交换。如图 8.3 所示,为调用 swap1 函数整个执行过程的 4 个步骤。

若将例 8.3 中的函数 swap1 修改成 swap2,swap2 函数如下：

```
void swap2(float *x,float *y)           //声明 x、y 是指向 float 类型数据的指针变量
  {  float *t;
     t=x;   x=y;   y=t;   }             //交换形参变量 x、y 的值
```

程序运行：

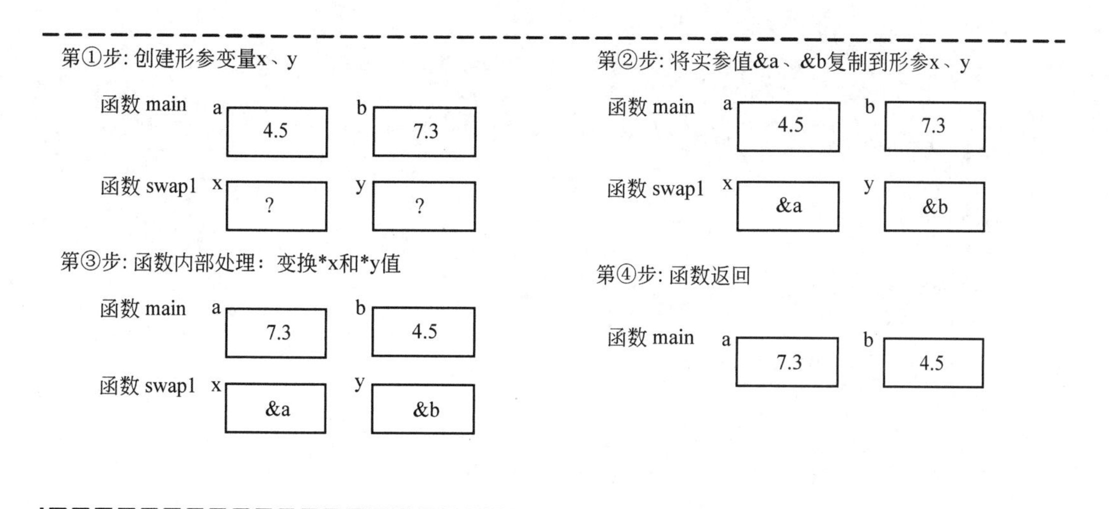

图 8.3　swap1 函数整个调用执行过程的 4 个步骤

```
请输入数据
4.5  7.3↙
执行 swap2 后:
a=4.50  b=7.30
```

程序说明：swap2 函数完成的是交换形参 x、y 指针值本身，即改变的仅仅是形参指针 x、y 的指向关系，但没有改变主函数中的变量 a、b 值。读者可以参照图 10.3 所示列出调用 swap2 函数整个执行过程的 4 步，分析函数 swap1 与函数 swap2 功能上的根本区别。

通过第 6 章的学习，读者已经知道函数只能返回一个值。若在编写函数时，希望函数能将计算得到的多个结果都带回到主调函数时，用指针作为函数的参数可以把函数计算的多个结果返回给主调函数。

【例 8.4】　编制函数，求一元二次方程 $ax^2+bx+c=0(a\neq 0)$的两个实根。

程序设计分析：因函数计算后有两个实根要返回给主调函数，所以用指针作为函数的参数。

```
#include<math.h>
#include<stdio.h>
int root(float a,float b,float c,float *x1,float *x2)
{
    float d;
    d=b*b-4*a*c;
    if(d>=0)
    {
        *x1=(-b+sqrt(d))/2/a;
        *x2=(-b-sqrt(d))/2/a;
```

```
        return 1;
    }
    else
        return 0;
}
void main()
{
    float  a,b,c,x1,x2;
    int flag;
    scanf("%f %f %f",&a,&b,&c);
    flag=root(a,b,c,&x1,&x2);
    if(flag)
        printf("x1=%.2f    x2=%.2f\n",x1,x2);
    else
        printf("方程无实数解\n");
}
```

程序运行:

```
1 -5  3↙
x1=4.30  x2=0.70
```

程序说明:函数 root 应有 5 个参数,其中变量 a、b、c 确定一个一元二次方程,此外,定义形参 x1、x2 为指针变量。当函数调用时,它指向主函数中存储实根的两个变量 x1、x2,在 root 函数中,通过形参 x1、x2 间接引用主函数中的变量 x1、x2。函数返回值用 1 或 0 表示方程是否有实根。

注意:虽然程序中形参变量 x1、x2 与主函数中的 x1、x2 变量名相同,但它们是互相独立的变量,变量 a、b、c 也一样。

8.2 指针与数组

在第 5 章中,数组元素的引用采用下标表达式方式。数组元素的引用也可以用指针方式实现,数组名是一个指针常量,指向数组的首地址,数组与指针几乎是可以互换使用的。

8.2.1 一维数组元素的指针表示法

定义数组以后,C 语言编译系统就在内存中为该数组分配一组连续的存储区域,用来存放数组的各个元素,其中数组名代表数组的首地址,即数组的第 1 个元素的地址。对数组元素的引用除了用下标表示法外,也可以用指针表示法实现。

1. 下标表示法和指针表示法

若定义一维数组为

```
short int a[6]={10,45,17,34,10,18};
```

如图 8.4 所示，图中为了描述方便，地址用了十进制表示，假设 C 语言编译系统为数组 a 分配了地址从 2000 到 2011 为止的存储区域(short 型每个元素占 2 字节，6 个元素，共占 12 字节)，元素 a[0]占用 2000、2001 两个单元，元素 a[1]占用 2002、2003 两个单元，以此类推，因此，a[0]的地址为 2000，a[1]的地址为 2002，等等，数组名 a 表示地址 2000。引用数组 a 的第 i 个元素(数组元素的编号从 0 开始)的方法为

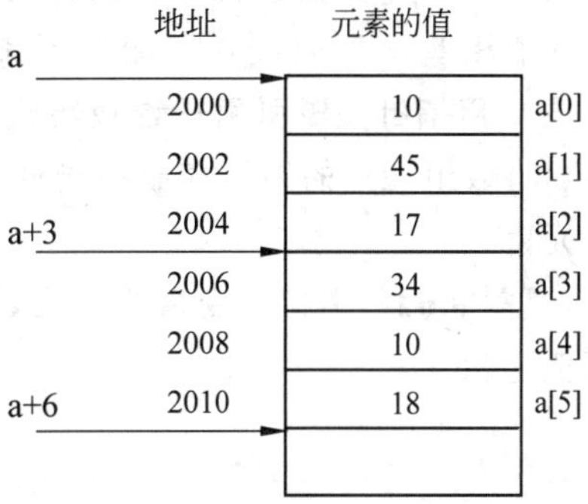

下标表示法：a[i]

指针表示法：*(a+i)

指针	地址	元素的值	元素
a	2000	10	a[0]
	2002	45	a[1]
	2004	17	a[2]
a+3	2006	34	a[3]
	2008	10	a[4]
	2010	18	a[5]
a+6			

图 8.4 数组 a 元素与地址的关系

例如：*(a+2)与 a[2]等价。其实 a[i] 和 *(a+i)只是表示形式不同，无论是用 a[i]还是用 *(a+i)的形式引用数组元素，C 语言编译系统在处理时，都是先按数组首地址 a 的值计算 a+i(即 a[i]元素的地址)，然后根据地址所标识的存储单元，引用该元素。

如：a[3]=34;或 *(a+i)=34; 系统处理时，先按数组首地址 a 值 2000 计算 a+3 的值为 2006，然后根据地址 2006 所标识的存储单元，引用该元素为其赋值为 34。

在这里需要注意的是，指针的加减有其特殊性，不是普通意义上的加 1 减 1，而是取决于该指针所指向的元素的类型，a 数组的类型为 short 型，每个 short 型元素占 2 字节，计算 a+3 的值时实际上是按 a+3*2 处理的。

【例 8.5】 查看数组元素的地址及数组元素的值。

```
#include <stdio.h>
    void main()
    {
        int i,x[5]={1,-6,5,7,2};
        for(i=0; i<5; i++)
          printf("%x,%d\n",x+i,*(x+i));
        printf("\n");
    }
```

程序运行：

```
12ff68,1
12ff6c,-6
12ff70,5
12ff74,7
12ff78,2
```

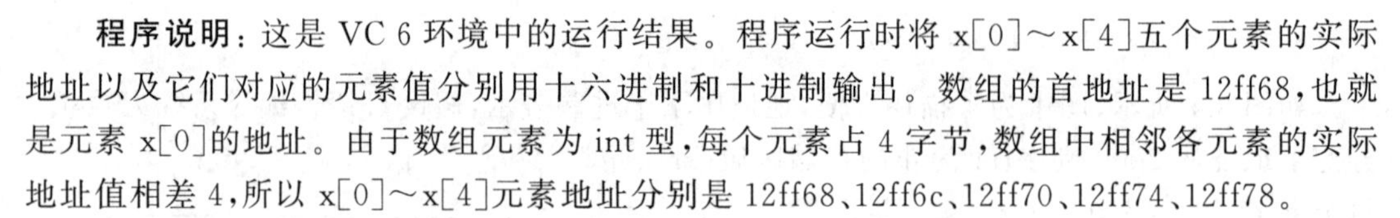

程序说明:这是 VC 6 环境中的运行结果。程序运行时将 x[0]~x[4]五个元素的实际地址以及它们对应的元素值分别用十六进制和十进制输出。数组的首地址是 12ff68,也就是元素 x[0]的地址。由于数组元素为 int 型,每个元素占 4 字节,数组中相邻各元素的实际地址值相差 4,所以 x[0]~x[4]元素地址分别是 12ff68、12ff6c、12ff70、12ff74、12ff78。

2. 用指针变量引用一维数组元素

将数组元素的地址存放在指针变量中,这样就可以通过指针变量间接引用数组中的各个元素。

【例 8.6】 用指针变量给一维数组元素赋值,计算各元素值的和,输出各元素的值及元素值之和。

```
#include <stdio.h>
void main()
{
    int  a[10], i, j, s;
    int *p;
    for(p=a; p<a+10; p++)
        scanf("%d", p);
    p=a;                                    //第 8 行,使 p 重新指向第 1 个元素
    for(s=0,i=0; i<10; i++)
        s+= *(p+i);
    for(i=0; i<10; i++)
        printf("%3d", p[i]);
    printf("\ns=%d",s);
}
```

程序说明:在给数组元素输入数据时,scanf 语句中的 p 是某个元素的地址,所以不能在 p 前再加取地址运算符 &;由于输入循环执行时每次都使 p 加 1 指向后一个元素,当该循环终止时,p 的值等于 a+10,即指针 p 已指向 a 数组外的存储单元,所以程序第 8 行 p 需要被重新赋值,使指针指回到数组的首地址。

当指针 p 的值与 a 相等时,用指针形式 *p,*(p+1),*(p+2),…,*(p+9)或 p 带下标的形式 p[0],p[1],…,p[9]都表示引用元素 a[0],a[1],…,a[9]。

【例 8.7】 输入 10 个数据存放在数组中,找出最大值,使它与数组中的第 1 个元素交换位置,并输出该组数。

```
#include<stdio.h>
void main()
{
    int  i,t, a[10], *p, *maxq;
    for(i=0; i<10; i++)
        scanf("%d",a+i);
```

```
    maxq=a;                                   //使 maxq 指向数组的第一个元素
    for(p=a+1,i=1; i<10; i++)
    {
        if (*maxq < *p)   maxq=p;
        p++;
    }
    t=*a;   *a=*maxq;   *maxq=t;              //最大值与 a[0]交换
    for(p=a,i=0; i<10; p++,i++)
        printf("%d", *p);
}
```

程序说明：程序中设置指针变量 maxq，存放最大值元素的地址，初始时使它指向第一个元素，利用指针 p 将后续元素逐个与 maxq 指向的元素比较，每次比较后使 maxq 指向两者中较大值的元素，全部元素比较完后，maxq 指向的元素就是最大值。

程序中有两处出现了指针变量的自增运算 p++，使 p 指向下一个元素。有时指针运算和自增运算又往往结合在一起，如上面程序中的最后一个循环可以改写为

```
for(p=a,i=0; i<10; i++)
printf("%d", *p++);
```

表达式 *p++中的 * 运算和++运算属于同一优先级，结合方向为自右向左，因此 *p++等价于 *(p++)，按照后缀形式自增运算的特点，先取当前 p 的值进行 * 运算，再让 p 的值加 1，即

```
*p,p++
```

因此，*p++与(*p)++的作用不同，后者表示指针 p 所指向元素的值加 1。

另外需要注意：数组名是数组存储区域的首地址，它是一个地址常量，不能进行赋值或自增自减等试图改变其值的操作。如上面程序中的最后一个循环如果写成：

```
for(i=0; i<10; i++)
printf("%d", *a++);
```

是不允许的。

8.2.2 数组名作函数参数

数组名作为函数的实参，实际上就是将数组的首地址传给被调函数。实参和形参有以下 4 种表示形式。

(1) 实参和形参都用数组名，例如：

```
void main()              f(int x[ ],int n)
{
  int a[10];             {
```

```
    ⋮                          ⋮
  f(a,10);                   }
    ⋮
}
```

形参数组名接收实参数组的首地址，因此在函数调用期间，形参数组和实参数组共用一段内存单元，这样在 f 函数中对 x 数组的操作，实际上也就是对 a 数组的操作，如图 8.5 所示。

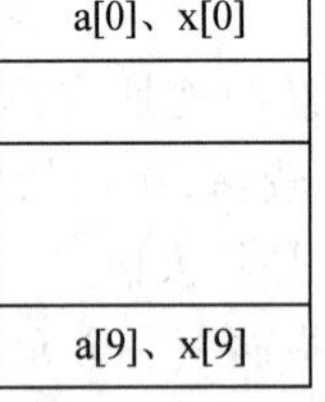
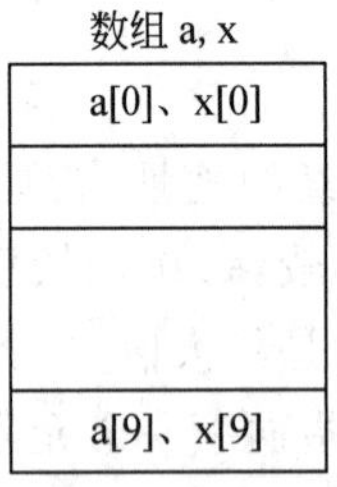

图 8.5　实参和形参都为数组名

x 指向数组 a
a[0]
a[9]
图 8.6　实参为数组名，形参为指针变量

(2) 实参用数组名，形参用指针变量，例如：

```
void main()                f(int *x, int n)
{
  int a[10];               {
    ⋮                          ⋮
  f(a,10);                 }
    ⋮
}
```

实参 a 为数组名，函数调用时将数组 a 的首地址传递到形参 x 中，x 为指向整型变量的指针变量。f 函数刚执行时，x 指向 a[0]，改变 x 的值，可以访问到 a 数组的任何一个元素。如图 8.6 所示。

(3) 实参和形参都用指针变量，例如：

```
void main()                f(int *x,int n)
{
  int a[10], *p;           {
    ⋮                          ⋮
  p=a;                     }
f(p,10);
    ⋮
}
```

先使 p 指向数组 a，函数调用时通过实参 p 将数组 a 的地址传递给形参指针变量 x，使 x

也指向数组 a，如图 8.7 所示。

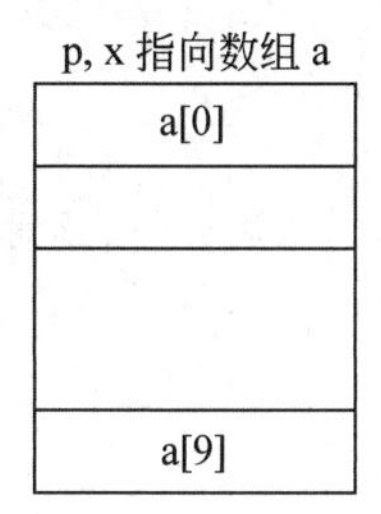

图 8.7　实参和形参都为指针变量

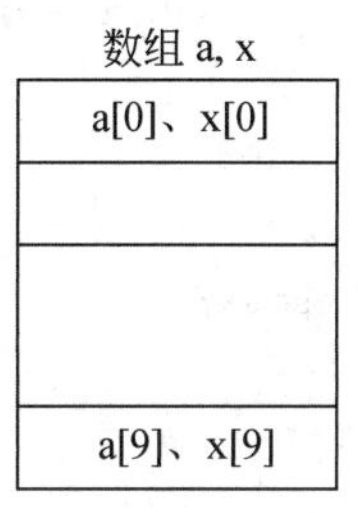

图 8.8　实参为指针变量，形参为数组名

(4) 实参用指针变量，形参用数组名，例如：

```
void main()                  f(int x[ ],int n)
{ int a[10];                 {
     ⋮                           ⋮
  p=a;                       }
  f(p,10);
     ⋮ }
```

这种形式其实与第(1)种形式一样，实参指针变量保存着数组 a 的地址，形参数组名接收实参变量的值，这个值就是数组 a 的地址，因此在函数调用期间，形参数组和实参数组共用一段内存单元，这样在 f 函数中对 x 数组的操作，实际上也就是对 a 数组的操作，如图 8.8 所示。

事实上，不管用哪种方式，结果都是一样的。理解用数组名作函数参数的应用，关键还是要熟悉数组元素的指针表示。

【例 8.8】 编程，在有序数组中插入一个数，使数组仍然有序。

```
#include <stdio.h>
void main()
{
    int i,n,x;
    void insert(int *,int,int *);           //函数原型声明
    int a[8]={-3,2,6,9,14,19};
    n=6;
    scanf("%d",&x);
    insert(a,x,&n);                          //函数调用
    for(i=0; i<n; i++)
          printf("%d",a[i]);
}
void insert(int *b,int y,int *m)
{
```

```
    int i,j,k;
    for(i=*m-1; i>=0; i--)
    {
        if (y<*(b+i))
         *(b+i+1)=*(b+i);                    //*(b+i)值后移一个元素位置
        else  break;
    }
         *(b+i+1)=y;
        (*m)++;
}
```

程序说明:函数调用语句insert(a,x,&n);中的三个实参分别是:数组名a、待插入数据x和表示a数组数据元素个数的变量n的地址。insert函数中,将等待插入的数据y从数组的最后一个数据开始比较,若y<*(b+i),则将*(b+i)值后移一个元素的位置;y依次自右向左与前面的元素进行比较,直到y>*(b+i)或循环条件i>=0不成立为止,此时插入y在地址为b+i+1的位置中。插入数据后,数组元素的个数要加1,执行(*m)++;,间接引用主函数中的变量n,使其加1。

8.2.3 二维数组中的指针

在第5章中,已经介绍了二维数组的有关概念。例如,定义二维数组:

```
int a[3][4];
```

数组a包含3行4列共12个元素。若将每行看成一个一维数组,则a[0],a[1],a[2]分别为这三个数组的数组名,如图8.9所示。

a[0]	a[0][0]	a[0][1]	a[0][2]	a[0][3]
a[1]	a[1][0]	a[1][1]	a[1][2]	a[1][3]
a[2]	a[2][0]	a[2][1]	a[2][2]	a[2][3]

图8.9 二维数组示意图

如图8.10所示为数组a各元素在内存中的存储情况,在内存中,二维数组元素按行顺序存放。

二维数组与一维数组的地址表示和指针使用有很大的不同,二维数组中的指针无论在概念上或使用上都比一维数组要复杂。不能简单地将一维数组中的指针概念、结论套用到二维数组中。

1. 二维数组中的两种指针

二维数组中的地址或指针有两种:表示数组真实元素的地址,称为“元素地址”;表示数组“虚元素”即数组行的地址,称为“行地址”。

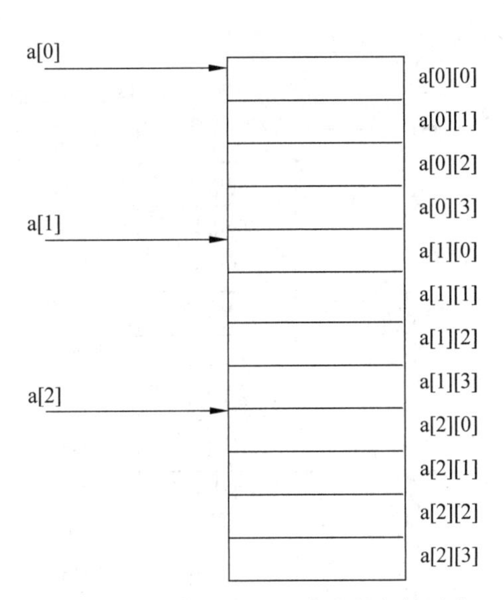

图 8.10 二维数组 a 在内存中的存储形式

1）元素指针

二维数组中每个元素的地址即为元素指针。元素 a[i][j]的指针可用 &a[i][j]或 a[i]+j 表示。后者是将数组中的每一行看成是一个一维数组，则 a[i]就是该行一维数组的数组名，表示该行第 1 个元素的地址。而元素在内存中是按行的顺序排列的，所以 a[i]+j 就是 a[i][j]元素的指针。

如图 8.11 所示，图中存储单元地址描述的是每个数组元素的首地址，一个 int 类型的数据在内存中占 4 字节，假设数组 a 存放在地址 2000 开始的一组存储区域内。这时，a[0][0]的地址为 2000；a[0]为第 1 行第 1 个元素的地址，其值为 2000；a[1]为第 2 行第 1 个元素的地址，其值为 2016；a[1]是元素 a[1][0]的地址，a[1]+1 就是指针 a[1]后移一个元素，为元素 a[1][1]的地址。

2）行指针

二维数组中每一行的地址称为行指针。行指针指向有确定长度的一维数组，其对象是整个一维数组。如图 10.11 所示，数组名 a 就是一个行指针，指向数组第 1 行，其对象是整个第 1 行。而 a+1 指向 a 的后一行，即指向第 2 行。

元素指针与行指针的区别在于它们所指向的对象类型不同。元素指针的对象是一个数组元素；行指针的对象是整个一维数组（或者说是整个行），它含有若干个元素。

在图 8.11 中，数组 a 中每个元素指针是一个指向 int 型数据的指针，它的对象是一个 int 型，占 4 字节，如指针 a[0]，它指向元素 a[0][0]； a[0]+1 在系统内部处理成 a[0]+1 * 4，指向后一个元素 a[0][1]。而行指针的对象是整个含 4 个 int 型元素的一维数组（或者说一行含 4 个 int 型元素），占 4 * 4 字节，如指针 a，它指向第 1 行，若 a+1，其内部实际处理成 a+1 * 4 * 4，指向下一行即第 2 行。从图 8.11 所示可知，元素指针与行指针的值可能相等

(如 a[0]与 a 都是 2000),但其含义不同。

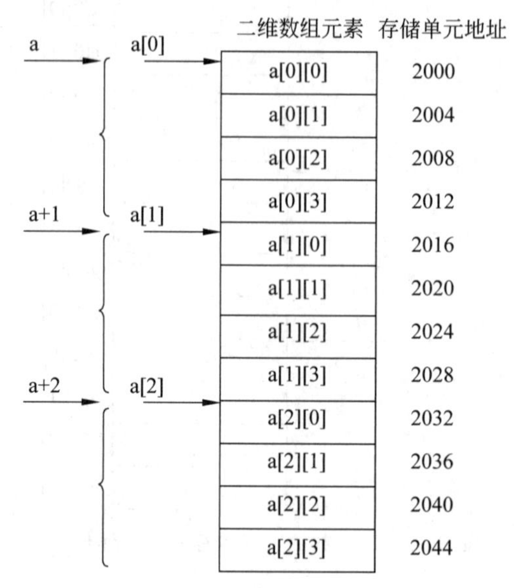

图 8.11 二维数组中的指针

综上所述,二维数组元素 a[i][j]的地址表示通常有三种:

(1) &a[i][j]。

(2) a[i]+j。

(3) *(a+i)+j。

第(1)种形式是用运算符 & 求 a[i][j]元素的地址。

第(2)种形式是将 a[i]看成是该行一维数组的数组名,通过数组名 a[i],计算出元素 a[i][j]的地址 a[i]+j。如 a[1]+2、a[0] 分别表示元素 a[1][2]、a[0][0]的地址。

第(3)种形式是先将行指针 a+i 转化为该行第一个元素的指针 *(a+i),再计算出 a[i][j]的地址 *(a+i)+j。如 *(a+1)+2、*a+2、*a 分别表示元素 a[1][2]、a[0][2]、a[0][0]的地址。

这样,元素 a[i][j]的三种表示法依次为

(1) a[i][j]。

(2) *(a[i]+j)。

(3) *(*(a+i)+j)。

其中第(1)种形式就是常用的下标表示法。

2. 定义行指针变量

行指针变量定义的一般形式:

```
类型标识符 (*指针变量名)[常量表达式];
```

其中常量表达式指明一行含有多少个元素。在定义行指针变量时,必须明确指明一行所含

的元素个数。例如：

```
int(*p)[4], (*q)[3],a[3][4],  x[4][3];
p=a;                                        //p是指向a的第1行的地址
q=x;                                        //q是指向x的第1行的地址
(*p)[2]=12;                                 //相当于:a[0][2]=12;
(*q)[0]=34;                                 //相当于:x[0][0]=34;
```

p、q虽然都是行指针变量，但类型各不相同。p指向的行只能有4个int型元素，q指向的行只能有3个int型元素。

8.3 指针与字符串

字符串是由若干字符组成的一个序列，字符串在内存中按字符的先后顺序依次存放，每个字符占一字节，并在末尾添加'\0'作为字符串结束标记。只要知道字符串在内存的起始地址(即第一个字符的地址)，就可以对字符串进行各种处理。利用指针，让指针变量指向字符串，就可以非常方便地进行字符串操作。

1. 指向字符串的字符指针变量

字符串在程序中是以常量或字符数组的形式出现的。使指针变量指向字符串的方法是：定义字符型指针变量并使其指向字符串的首字符。

例如：

```
char  *s1, *s2,string[]="Hello,World!";
s1=string;
s2="Hello,Everyone!";
```

或

```
char  *s1, *s2="Hello,Everyone!",string[]="Hello,World!";
s1=string;
```

字符串常量实际上表示的是该字符串在内存中第一个字符的地址，所以语句s2="Hello,Everyone!"；就是将字符串"Hello,Everyone!"在内存中第一个字符的地址赋给指针变量s2，使s2指向该字符串。若字符串存放在字符数组中，则数组名即为字符串的首地址，所以s1指向"Hello,World!"。

定义字符指针变量时也可以直接初始化，如char *s2="Hello,Everyone!";。

2. 字符串的引用

字符串一般存放在字符数组中或用指针变量指向一个字符串，通过字符数组名或指向字符串的指针来引用字符串。

【例8.9】 用字符指针变量引用字符串。

```
#include<stdio.h>
void main()
{
   char * s1="Hello,World!", * s2;
   s2="Hello,Everyone!";
   printf("%s\n",s1);                    //或 puts(s1); 输出 s1 指向的字符串
   printf("%s\n",s2);                    //或 puts(s2); 输出 s2 指向的字符串
}
```

程序运行:

```
Hello,World!
Hello,Everyone!
```

将上述程序中的 printf 语句修改为

```
printf("%c\n", * s1);                    //输出字符
printf("%c\n", * s2);                    //输出字符
```

则程序运行时输出:

```
H
H
```

因为 s1、s2 指向字符串的首地址,即第一个字符'H',输出 s1、s2 所指向的字符。

再如:

```
#include<stdio.h>
void main()
{
   char * s1="Hello,World!", * s2;
   s2="Hello,Everyone!";
   printf("%s\n",s1+6);
   printf("%c\n", * (s2+6));
}
```

程序运行时输出:

```
World!
E
```

s1+6 指向字符'W',从这个位置开始输出字符串,所以输出 World!;同样,s2+6 指向字符'E',以格式符%c 输出 *(s2+6),即 s2+6 指向的字符,所以显示 E。

【例 8.10】 将输入的字符串设置成密码输出。密码规律:对大写英文字母用原字母后面的第 4 个字母代替原字母,若遇到大写字母'W'、'X'、'Y'、'Z'则分别用'A'、'B'、'C'、'D'代替原字

母,其余字符不变。

```
#include <stdio.h>
void main()
{
    char s[81], *p;
    int i;
    p=s; gets(p);
    for(i=0; *(p+i)!='\0'; i++)
    {
      if(*(p+i)>='A'&&*(p+i)<='Z')
           if(s[i]>='W'&& s[i]<='Z')  s[i]='A'+s[i]-'W';
      else  s[i]=s[i]+4;
    }
    puts(p);
}
```

程序说明:程序中,语句“p=s;”使指针 p 指向数组 s,执行“gets(p);”语句时,输入的字符串存放在数组 s 中。

需要注意的是,上述程序如果写成:

```
#include <stdio.h>
void main()
{
    char *p;
    int i;
    gets(p);
    for(i=0; *(p+i)!='\0'; i++)
    {
        if(*(p+i)>='A'&&*(p+i)<='Z')
            if(s[i]>='W'&& s[i]<='Z')  s[i]='A'+s[i]-'W';
        else  s[i]=s[i]+4;
    }
    puts(p);
}
```

即不定义数组,直接使用指针变量输入字符串,这是错误的。因为这时指针变量的指向不明确,即输入的字符串存储位置不确定,这在C语言中是不允许的。

【例 8.11】 计算字符串长度。

```
#include<stdio.h>
int  mystrlen(char *s)
{
```

```
    int k=0;
    while(*s!='\0')
    {
        k++;
        s++;
    }
    return  k;
}
void main()
{
    char a[80]={"Windows98\nWindowsXP"};
    printf("字符串长度:%d\n",mystrlen(a));
}
```

程序运行:

```
字符串长度:19
```

程序说明:字符串长度的计算当然可以调用库函数 strlen 很方便地得到,这里通过字符串指针和简单的计数实现。程序中用字符数组 a 存储字符串,数组名 a 就是一个字符串指针(地址)。调用函数 mystrlen 时,将指针 a 复制给指针变量 s,s 与 a 都指向同一字符串。

8.4 指针与函数

8.4.1 指向函数的指针

函数是由一组指令组成的,C 语言编译系统将组成函数的这组指令依次存储在某一内存区域中,存储区域的首地址,称为指向该函数的指针。调用函数就是先找到这组指令的首地址,并依次执行指令。可以用函数名调用函数,也可以用指向函数的指针调用函数。

定义指向函数指针变量的一般形式为

```
类型标识符  (*指针变量名)(函数形参类型列表)
```

其中类型标识符表示指针变量所指向的函数的返回值类型,函数形参类型列表表示指针变量所指向的函数所具有的参数及类型。例如:

```
char (*f1)(float);
int (*f2)(int, float);
```

上述语句定义两个指向函数的指针变量 f1、f2,其中 f1 指向的函数,返回值必须是 char 类型,形参一个,为 float 型;f2 指向的函数返回值必须是 int 类型,形参两个,依次为 int、float 型。

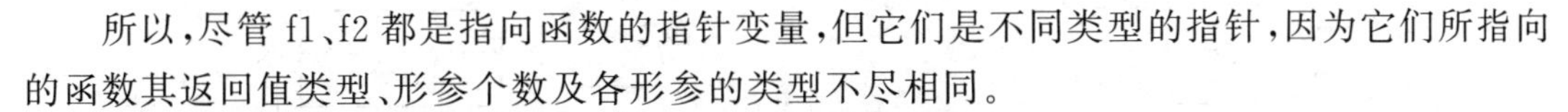

所以,尽管 f1、f2 都是指向函数的指针变量,但它们是不同类型的指针,因为它们所指向的函数其返回值类型、形参个数及各形参的类型不尽相同。

定义了指向函数的指针变量后,就可以为函数指针变量赋值了。

每个函数的函数名表示该函数的指令代码存储在内存区域的首地址,将这一地址赋值到同类型的函数指针变量中,就可以通过指针变量调用函数。

【例 8.12】 指向函数的指针的简单应用举例。

```
#include <stdio.h>
float mult(float x,float y)            //函数 mult,求 x,y 的乘积
{
   return x * y;
}
float div(float x,float y)             //函数 div,求 x,y 的商
{
   if(y!=0) return  x/y;               //返回 x,y 的商
   else
   {
       printf("error\n");
       return 0;                       //返回 0,表示除数为 0
   }
}
void main()
{
    float(* p)(float, float);          //定义 p 为指向函数的指针变量
    float y;
    p=mult;
    y=p(5,3);                          //调用函数 mult(5,3),也可写成(* p)(5,3)
    printf("%.1f\n",y);
    p=div;
    y=p(5,3);                          //调用函数 div(5,3),也可写成(* p)(5,3)
    printf("%.1f\n",y);
}
```

程序说明:利用函数指针变量 p 的不同指向,可调用不同的函数。如图 8.12(a)所示,赋值语句 p=mult;使 p 指向 mult 函数的入口地址,因此第一次执行 p(5,3),调用函数 mult。如图 8.12(b)所示,当执行 p=div;赋值语句时,使 p 修改为指向 div 函数的入口地址,第二次执行 p(5,3),为调用函数 div。

指向函数的指针变量,一般总是用来表示某个函数的入口地址,因此对这类指针的算术运算通常是没有意义的。例如,对于变量 p、p±n、p++、p--等都是非法操作。

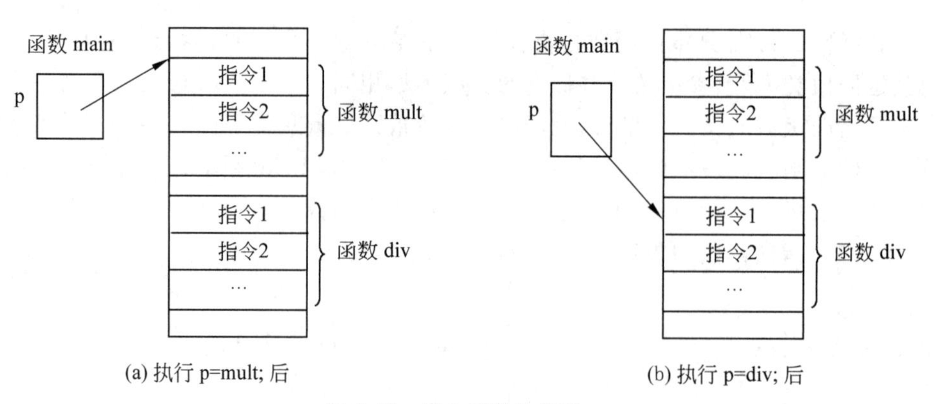

图 8.12　指向函数的指针 p

8.4.2　返回指针值的函数

函数被调用后,可以由 return 语句将函数的值返回到主调函数中。函数的返回值可以是基本数据类型,如 int、float、char 等类型,也可以是指针类型。

返回指针的函数一般定义形式为

```
类型标识符　* 函数名(类型标识符 形参, 类型标识符 形参,…)
    {
        函数体
    }
```

其中函数名前的"*"表示函数返回的值是指针。

【例 8.13】 编一个函数,返回给定的字符在某一字符串中第一次出现的位置(地址)。

```
#include<stdio.h>
char * search(char * p, char ch)
{
    while( * p!='\0')
    {
      if( * p !=ch)  p++;
      else return  p;                    //返回找到的字符地址
    }
    return NULL;                         //没有找到给定字符,返回空指针
}
void main()
{
    char s[80],c, * p;
    printf("输入字符串:\n");
    gets(s);
    printf("输入要找的字符:\n");
```

```
    scanf("%c",&c);
    p =search(s, c);                  //函数调用
    if(p==NULL)
  printf("没找到!\n");
  else
  {
      printf("%c字符的地址是:%x,",c,p);
      printf("是字符串中第%d个字符", p-s+1);
  }
}
```

程序运行：

```
输入字符串
HELLO↙
输入要找的字符
L↙
L字符的地址是:1c0e, 是字符串中第 3 个字符
```

8.5　指针数组

指针数组用以存放一组同类型的地址值。

8.5.1　指针数组的定义和应用

指针数组定义的一般形式：

```
类型标识符   *数组名[常量表达式];
```

例如：

```
char  *p[10];
```

定义的指针数组 p 有 10 个元素,每个元素可以存储一个字符指针。

再如,下面的语句定义了指针数组并同时给元素初始化。

```
char *p[]={"Singapore","Zambia","China ","Mexico","Canada ","Romania" };
```

指针数组 p 中的每个元素都是一个字符指针,指向各自字符串中的第一个字符,如图 8.13 所示。

【例 8.14】 将 6 个国家名称按字母顺序输出。

```
#include <stdio.h>
#include <string.h>
void main()
```

```
{ char * p[6]={"Singapore","Zambia","China","Mexico","Canada", "Romania"};
  char * temp;
  int i,j,k;
  for(i=0; i<5; i++)                              //选择排序
  {
      k=i;
      for(j=i+1; j<6; j++)
         if(strcmp(p[j],p[k])<0)  k=j;
      temp=p[k]; p[k]=p[i]; p[i]=temp;            //交换指针数组中的指向
   }
   for(i=0; i<6; i++)  puts(p[i]);
}
```

程序运行：

```
Canada
China
Mexico
Romania
Singapore
Zambia
```

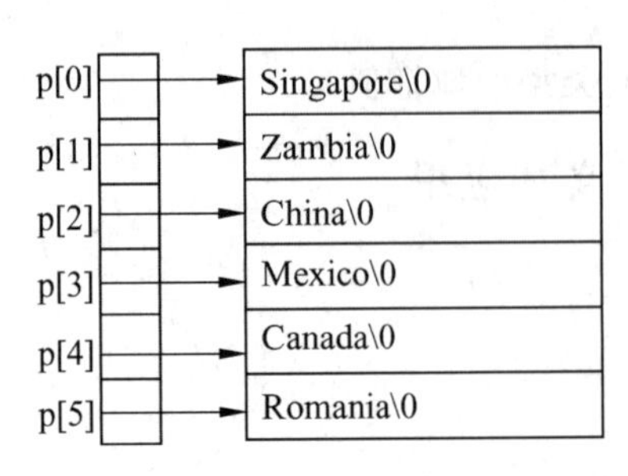

图 8.13　指针数组

程序说明：用指针数组指向若干个字符串，如图 8.13 所示。采用选择法排序，通过修改指针数组中的指向，如图 8.14 所示，使 p[0]指向最小字符串……使 p[5]指向最大字符串。最后依次输出 p[0]～p[5]各自指向的字符串。

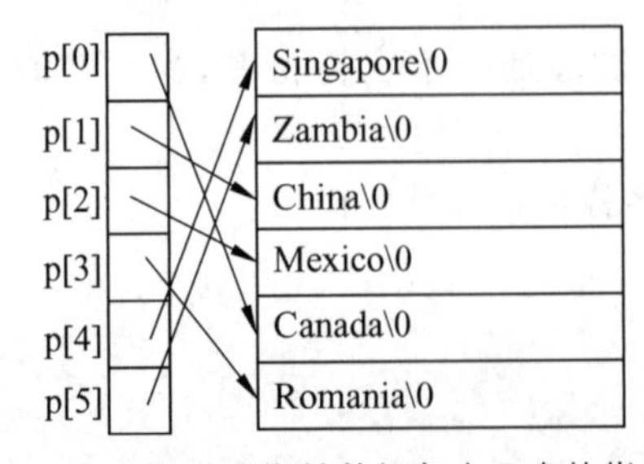

图 8.14　排序后指针数组每个元素的指向

8.5.2　指针数组作 main 函数的参数

前面介绍的所有 main 函数都是不带参数的。读者看到的 main 函数的括号都是空括号。实际上 main 函数是可以带参数的。C 语言规定 main 函数的参数只能有两个，习惯上这两个参数写为 argc 和 argv。

带参数的 main 函数的一般形式如下：

```
void  main(int argc, char * argv[ ])
```

第一个参数 argc 存放程序执行时的参数个数，至少是 1 个(这个参数就是该程序的可执行文件名)；第二个参数 argv 为指针数组，存放实参的指针。其中，argv[0]指向第一个实参即该程序的可执行文件名，argv[1]指向第二个实参，argv[2]指向第三个实参……一般 mian 函数不能被其他函数调用，而 C 程序执行又是从 main 函数开始的，因此 main 函数的参数不可能从程序内部取得实际值。那么如何使 main 函数中的形参获得具体的值呢？请看下面的程序例子。

【例 8.15】 带参数的主函数举例：编辑以下程序，以文件名 prg1.c 保存。

```
#include<stdio.h>
void  main(int argc,char * argv[])
{
    int i;
    printf("参数个数为:%d\n",argc);              //输出 argc 值
    i=0;
    while (i<argc)
    {
        printf("第%d个参数:%s\n", i+1,argv[i]);
        i++;
    }
}
```

将上面的程序经编译、连接后得到可执行文件 prg1.exe，在 DOS 环境下输入：

```
prg1  Hello  Everyone!(回车)
```

参数之间用空格分隔，运行程序。程序的运行结果为：

```
参数个数为:3
第 1 个参数:prg1.exe
第 2 个参数:Hello
第 3 个参数:Everyone!
```

程序说明：在 DOS 环境下，设置好路径，当输入“prg1　Hello　Everyone!”命令行后(参数间用空格分隔)，程序执行时，系统根据参数个数自动使 argc=3，argv 指针数组 argv[0]～

argv[2]分别指向 3 个参数“prg1”“Hello”“Everyone!”。

8.6 多级指针

通过前面的学习,读者已经掌握了指针的有关概念。例如:

```
char  c, * s=&c;
int   x, * p=&x;
```

指针变量 s 和 p 分别可以存储字符变量的地址和 int 型变量的地址。在具体应用时,有时还需要保存指针变量的地址,如上面指针变量 s、p 的地址如何存储?这时就要用到二级指针变量。

例如:

```
char  c='A', * s=&c, **ps=&s;
int   x=56, * p=&x, **pp=&p;
```

其中变量 ps 存储指针变量 p 的地址。ps 是指向 s 的指针或称 ps 是指针的指针;同样 pp 也是指针的指针。

一般在定义指针变量时,指针变量名前“ * ”的个数是所定义指针变量的级。指针除了有类型外还有“级”的概念,不同“级”的指针,其类型不同。

二级指针变量定义的一般形式为:

```
类型标识符    **指针变量名;
```

二级指针变量用于存储一级指针变量的指针(即一级指针变量的地址)。

【例 8.16】 二级指针变量的定义与引用。

```
#include <stdio.h>
void  main()
{
   int x=3, * px,**ppx;                        //px为一级指针变量,ppx为二级指针变量
   px=&x;                                      //使指针变量px指向x
   ppx=&px;                                    //使二级指针变量ppx指向指针变量px
   printf("%d,%x,%x,%x\n",x,px,ppx,&ppx);
   printf("%d,%d,%d\n",x, * px,**ppx);
}
```

程序运行:

```
3,12ff7c,12ff78,12ff74
3,3,3
```

程序说明:px、ppx 分别是一级指针变量和二级指针变量。变量定义后,指针变量 px、

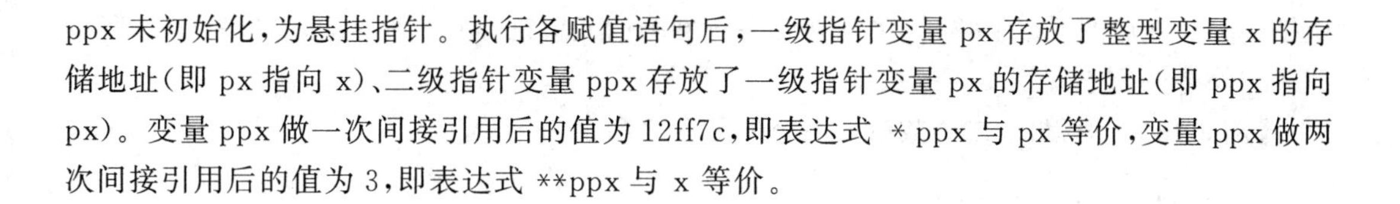

ppx 未初始化,为悬挂指针。执行各赋值语句后,一级指针变量 px 存放了整型变量 x 的存储地址(即 px 指向 x)、二级指针变量 ppx 存放了一级指针变量 px 的存储地址(即 ppx 指向 px)。变量 ppx 做一次间接引用后的值为 12ff7c,即表达式 * ppx 与 px 等价,变量 ppx 做两次间接引用后的值为 3,即表达式 **ppx 与 x 等价。

8.7　程序举例

【例 8.17】　编写函数 f 删除一维数组中的所有负数。

```
#include <stdio.h>
void  f(int *a,int *m)                          //指针变量 a 指向数组 x,指针
                                                //变量 m 指向变量 n
{
    int i,j;
    for(i=0;i< *m;)                             //*m 为数组元素个数
        if(a[i]<0)                              //如果是负数,就删除
        {
            for(j=i;j< *m-1;j++)  a[j]=a[j+1];  //即后面的元素依次前移
            *m= *m-1;                           //数组元素个数减 1
        }
        else
            i++;                                //第 12 行
}
void  main()                                    //主函数
{
    int i,n=7,x[7]={1,-2,3,4,-5,6,-7};          //n 表示 x 数组的元素个数
    f(x,&n);                                    //调用函数 f
    for(i=0;i<n;i++)                            //输出删除负数后的 x 数组各元素
        printf("%5d",x[i]);
    printf("\n");
}
```

程序运行:

```
1    3    4    6
```

程序说明:main 中的函数调用语句:f(x,&n);,实参是数组名和 n 的地址,分别传递给 f 函数的 a 和 m,使指针变量 a 指向数组 x,指针变量 m 指向变量 n。f 函数中逐个判断数组元素的值是否为负数,如果是负数,则后面的元素依次向前移动一个位置,删除该负数。读者要注意程序第 12 行的语句 i++;,该语句只在当前进行判断的元素不是负数的情况下才执行,表示接下来要对下一个位置的元素进行判断;而如果当前进行判断的元素是负数,

由于删除后随后的元素上移了,接下来要进行判断的元素已经在 i 所对应的位置上了,所以此时应保持 i 不变。

【例 8.18】 编程,求二维数组 a 中全体元素之和。

```
#include <stdio.h>
Float  f(float **x, int m, int n)                    //定义函数 f,形参 x 为二级指针
{
    float y=0; int i,j;
    for(i=0;i<m;i++)                                 //遍历二维数组各元素,求累加和
        for(j=0;j<n;j++)
            y=y+ * ( * (x+i)+j);
     return y;
}
void  main()
{
    float a[3][4]={{1,2,3,4},{5,6,7,8},{9,10,11,12}}, * b[3];
    //定义二维数组 a 并初始化各元素,定义指针数组 b
    int i;
    for(i=0;i<3;i++)
        b[i]=&a[i][0];                    //第 15 行,将二维数组每行的首地址赋值到数组 b
    printf("%.2f\n",f(b,3,4));            //第 16 行
}
```

程序运行:

```
78.00
```

程序说明:程序第 15 行也可以写作:b[i]=a[i];,接下来的第 16 行中的函数调用表达式 f(b,3,4),实参是指针数组名 b 和二维数组的行数、列数,由于 b 表示的是数组 b[0]、b[1]、b[2]的地址,而 b[0]、b[1]、b[2]又都是指针变量,所以 b 是指针的指针,因此对应的形参 x 为二级指针。

【例 8.19】 字符串处理:查找和替换。

查找替换是文本编辑中的常用操作,读者已经看到,C 语言提供了非常丰富的字符串处理函数,利用这些函数可以实现很多功能。

程序设计分析:本题是字符串处理函数的综合应用示例,涉及字符串复制(strcpy)、字符串连接(strcat)、字符串查找(strstr)、求字符串长度(strlen),以及字符串输入输出(gets、puts)等函数。其中字符串查找(strstr)函数的函数原型为:

```
char * strstr(char * str1, char * str2);
```

功能是找出 str2 字符串在 str1 字符串中第一次出现的位置,函数返回指向该位置的指针;如找不到则返回空指针。

```
#include <stdio.h>
#include <string.h>
void  main()
{
    char string[80]="zhongguo xh,zhejiang xh,hangzhou xh,XH,xh";
    char str1[80],str2[80],string2[80],*p,*q;
    puts(string);                          //显示原始字符串
    puts("Search for:");
    gets(str1);                            //需要查找的字符串
    puts("Replaced by:");
    gets(str2);                            //用来替换的字符串
    p=string;                              //p指向原始字符串
    q=strstr(p,str1);                      //第一次查找
    while (q!=NULL)
    {
        strcpy(string2,q+strlen(str1));
        *q='\0';
        strcat(string,str2);
        strcat(string,string2);
        p=q+strlen(str2)-strlen(str1);
        q=strstr(p,str1);
    }
    puts(string);
    puts("\n");
}
```

程序运行：程序运行时输入需要查找的字符串和替换字符串，运行情况如下：

```
zhongguo xh, zhejiang xh, hangzhou xh, XH, xh
Search for:
Xh
Replaced by:
Xihu
Zhongguo xihu, zhejiang xihu, hangzhou xihu, XH, xihu
```

程序说明：下面主要围绕程序的循环过程作说明。

第1次查找后，指针变量q指向string字符串中的第10个字符x，然后进入循环，循环体内需要完成替换操作；利用strcpy函数先将第12个字符（当前q指向string字符串中的第10个字符x，strlen(str1)的值为2）开始一直到最后的字符串（即“，zhejiang xh，hangzhou xh，XH，xh”）复制到string2中保存；然后将string字符串中的第10个字符置为字符串结束标识（*q='\0';），这样string字符串实际上就变成了“zhongguo”；最后string字符串先与str2连接，再与string2连接；到此实现了一处替换。循环体的最后，调整指针p的指向，进

行第2次查找。以此类推,直到结束。

【例8.20】 编写用二分法求f(x)=0在[a,b]区间内一个根的通用函数。

程序设计分析:若函数f(x)在[a,b]区间连续,且满足条件f(a) * f(b)<0,则在区间[a,b]中必有根ξ使得f(ξ)=0。求f(x)=0在[a,b]内的一个实根的二分法的基本步骤如下:

(1) 取区间[a,b]的中点:c=(a+b)/2。

(2) 如果|f(c)|<ε,则输出c作为近似解并终止程序,否则继续。

(3) 如果f(a) * f(c)<0,即f(a)与f(c)异号,则b=c,否则a = c,缩小求根区间;再继续执行第(1)步。

程序如下:

```
#include <stdio.h>
#include <math.h>
float root(float a,float b,float eps,float(*f)(float))
{
    float c;
    do {
        c=(a+b)/2;
        if(f(a)*f(c)<0) b=c;
        else a=c;
    } while(fabs(b-a)>eps&&fabs(f(c))>eps);
    return c;
}
```

函数root说明:形参a、b分别为求根区间;eps为求根精度的限差;形参f是指向函数的指针变量,用来指向某个方程。例如求$g1(x)=5*x^2+\sin(x)-25$和$g2(x)=x^3-6*x+1$这两个方程的根,先将方程定义为函数g1,g2,然后分别用g1、g2作为函数的实参,分两次调用函数root,计算出这两个方程g1和g2的根。

```
float g1(float x)                          //定义 g1(x)方程
{   return 5*x*x+sin(x)-25;   }
float g2(float x)                          //定义 g2(x)方程
{   return x*x-6*x+1;     }
void  main()
{
    float x1,x2;
    x1=root(0,3,1e-4,g1);                  //求函数 g1 在[0,3]内的 1 个实根
    x2=root(0,2,1e-5,g2);                  //求函数 g2 在[0,2]内的 1 个实根
    printf("x1=%f  x2=%f\n",x1,x2);
}
```

程序运行结果:

```
x1=2.199554      x2=0.171577
```

程序说明：用二分法求方程 f(x)=0 在[a,b]内的根，其充分条件是 f(a) * f(b)<0。为了进一步完善 root 函数，应该增加检查该条件是否成立的语句，使 root 函数在有解或无解情况下都能正常执行，请读者自己完成。

8.8 习题与实践

1. 选择题

(1) 下列不正确的定义是(　　)。

A. int *p=&i, i;　B. int *p, i;　C. int i, *p=&i;　D. int t, *p;

(2) 下列语句定义 p 为指向 float 型变量 d 的指针，其中正确的是(　　)。

A. float d, *p=d;　B. float d, *p=&d;

C. float *p=&d,d;　D. float d,p=d;

(3) 对语句"int a[10], *p=a;"，下列表述中正确的是(　　)。

A. *p 被赋初值为 a 数组的首地址　B. *p 被赋初值为数组元素 a[0]的地址

C. p 被赋初值为数组元素 a[1]的地址　D. p 被赋初值为数组元素 a[0]的地址

(4) 假如指针 p 已经指向变量 x，则 & *p 相当于(　　)。

A. x　B. *p　C. &x　D. **p

(5) 假如指针 p 已经指向某个整型变量 x，则(*p)++相当于(　　)。

A. p++　B. x++　C. *(p++)　D. &x++

(6) 设指针 x 指向的整型变量值为 25，则 printf("%d\n",++*x);的输出是(　　)。

A. 23　B. 24　C. 25　D. 26

(7) 若有说明语句 int a[ ]={1,2,3,4,5}, *p=a, i; 且 0<=i<5，则对数组元素错误的引用是(　　)。

A. *(a+i)　B. a[p-a]　C. p+1　D. *(&a[i])

(8) 若有说明语句 int a[5], *p=a; 对数组元素的正确引用是(　　)。

A. *&a[5]　B. *p+2　C. *(a+2)　D. *a++

(9) 若有以下定义，则 *(p+5) 的值为(　　)。

```
char s[ ]="Hello", *p=s;
```

A. '0'　B. '\0'　C. '0'的地址　D. 不确定的值

(10) 若有以下定义，则值为 3 的表达式是(　　)。

```
int a[10] ={1,2,3,4,5,6,7,8,9,10}, *p=a;
```

A. p+=2, *(p++)　B. p+=2, *++p

C. p+=3, *p++　D. p+=2,++*p;

(11) 执行语句 char a[10] ={"abcd"}，* p=a 后，*(p+4)的值是(　　)。

A. "abcd"　　B. 'd'　　C. '\0'　　D. 不能确定

(12) 数组定义为 int a[4][5];，引用 a[1]+3 表示(　　)。

A. a 数组第 1 行第 3 列元素的地址　　B. a 数组第 1 行第 3 列元素的值

C. a 数组第 4 行的首地址　　D. a 数组第 4 列的首地址

(13) 数组定义为 int a[4][5];，引用 *(*a+1)+2 表示(　　)。

A. a[1][0]+2　　B. a 数组第 1 行第 2 列元素的地址

C. a[0][1]+2　　D. a 数组第 1 行第 2 列元素的值

(14) 设有定义语句 int (*ptr)[10]; 其中的 ptr 是(　　)。

A. 10 个指向整型变量的函数指针

B. 指向 10 个整型变量的函数指针

C. 一个指向具有 10 个元素的一维数组的指针

D. 具有 10 个指针元素的一维数组

(15) 若有如下定义和语句，则输出结果是(　　)。

```
int **pp, * p, a=10, b=20;
pp=&p; p=&a; p=&b; printf("%d,%d\n", * p, **pp);
```

A. 10，20　　B. 10，10　　C. 20，10　　D. 20，20

2. 填空题

(1) 单目运算符"*"称为________运算符，"&"称为________运算符。

(2) 设 int a[10]，* p=a; 则对 a[3] 的引用可以是 p[3] 和 *(________)。

(3) & 后跟变量名，表示取该变量的________，* 后跟指针变量名，表示取该指针变量________，& 后跟指针变量名，表示取该指针变量的________。

(4) 设有 int sz[4]，p=sz; 有________、________、________和________四种不同的引用数组元素的方法。

(5) 设有 char * a="ABCD"; 则 printf("%s",a);的输出是________，而 printf("%c",* a);的输出是________。

(6) 定义 a 为共有 5 个元素的一维整型数组、同时定义 p 为指向 a 数组首地址的指针变量的语句为________。

3. 程序阅读题

(1) 写出下列程序段的输出结果。

```
char s[ ]="student";
printf("%s\n", s+2);
```

(2) 写出下列程序段的输出结果。

```
char * st[ ]={ "one", "two", "three", "four" };
```

```
printf("%s\n", *(st+3)+1);
```

(3) 阅读下列程序,写出程序的输出结果。

```
#include <stdio.h>
void  main()
{
   char  *a[6]={"AB","CD", "ED", "GH" "IJ" "KL"};
   int  i;
   for(i=0;i<4;i++) printf("%s",a[i]);
   printf("\n");
}
```

(4) 阅读程序,写出程序的主要功能。

```
#include <stdio.h>
void  main()
{
   int  i, a[10],  *p=a;
   for(i=0;i<10;i++)  scanf("%d", p++);
   for(--p; p>=a;  )  printf("%d\n", *p--);
}
```

(5) 阅读下列程序,写出程序运行的输出结果。

```
#include <stdio.h>
char  s[]="ABCD";
void  main()
{
   char *p;
   for(p=s;p<s+4;p++)  printf("%c  %s\n", *p,p);
}
```

(6) 设有下列程序,试写出运行的结果。

```
#include <stdio.h>
void  main()
{
   int i,b,c,a[]={1,10,-3,-21,7,13}, *pb, *pc;
   b=c=1;   pb=pc=a;
   for(i=0;i<6;i++)
   {
      if(b< *(a+i))  { b= *(a+i);  pb=&a[i]; }
      if(c> *(a+i))  { c= *(a+i);  pc=&a[i]; }
   }
```

```
    i=*a;  *a=*pb;  *pb=i;  i=*(a+5);  *(a+5)=*pc;  *pc=i;
    printf("%d,%d,%d,%d,%d,%d\n",a[0],a[1],a[2],a[3],a[4],a[5]);
}
```

(7) 设有下列程序,当输入字符串“LEVEL”和“LEVAL”时,试写出运行的结果。

```
#include <stdio.h>
#include <string.h>
void  main( )
{
    char s[81], *pi, *pj;
    int n;
    gets(s);  n=strlen(s);
    pi=s; pj=s+n-1;
    while(*pi==' ') pi++;                //跳过空格
    while(*pj==' ') pj--;
    while((pi<pj)&&(*pi==*pj)) { pi++; pj--; }
    if(pi<pj) printf("NO\n");
    else printf("YES\n");
}
```

(8) 阅读下列程序,写出程序运行的输出结果。

```
#include <stdio.h>
void  main( )
{
    char *alpha[4]={"ABCD","EFGH","IJKL","MNOP"};
    char *p; int i;
    p=alpha[0];
    for(i=0;i<4;p=alpha[++i]) printf("%c",*(p));
    printf("\n");
}
```

(9) 阅读下列程序,写出程序运行的输出结果。

```
#include <stdio.h>
void  main( )
{
    int s[4][4],i,j;
    for(i=0;i<4;i++)
        for(j=0;j<4;j++)   *(*(s+i)+j)=i-j;
    for(j=0;j<4;j++)
    {
        for(i=0;i<4;i++) printf("%4d",*(*(s+i)+j));
```

```
        printf("\n");
    }
}
```

（10）阅读下列程序，写出程序运行的输出结果。

```
#include <stdio.h>
void  main( )
{
    int x=3,y=5;
    void p(int *a,int b);
    p(&x,y);
    printf("x=%d,y=%d\n", x, y);
    p(&y, x);
    printf("x=%d,y=%d\n", x, y);
}
void  p(int *a, int b)
{   *a=10;   b=20;
}
```

4. 程序设计题（全部题目均要求用指针方法实现）

（1）输入3个整数，按从大到小的次序输出。

（2）编一个程序，输入15个整数存入一维数组，再按逆序重新存放后输出。

（3）输入一个字符串，按相反次序输出其中的所有字符。

（4）输入一个一维实型数组，输出其中的最大值、最小值和平均值。

（5）输入一个3×6的二维整型数组，输出其中最大值、最小值及其所在的行列下标。

（6）输入3个字符串，输出其中最大的字符串。

（7）输入2个字符串，将其连接后输出。

（8）比较2个字符串是否相等。

（9）输入10个整数，将其中最大数和最后一个数交换，最小数和第1个数交换。

（10）写一程序，输入一行文字，找出其中大写字母、小写字母、空格、数字以及其他字符各有多少。

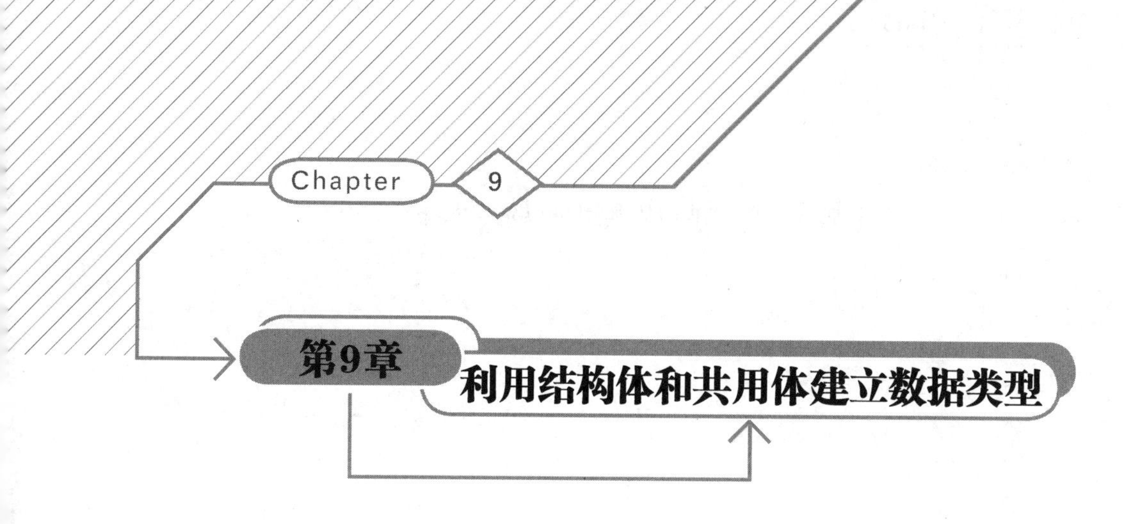

本章学习目标

- 掌握结构体类型的定义和结构体变量的声明。
- 掌握结构体类型数据在程序设计中的应用。
- 掌握链表的概念及主要应用。
- 掌握共用体数据类型的概念和基本应用。

C语言中的数组用于一批相同类型相关数据的存储、处理，在程序设计时还经常需要将类型不同而又相关的一组数据项组织在一起，以便统一管理。如一个学生的基本信息包括：学号、姓名、性别、出生日期、家庭住址、各门课程的成绩等，这些信息的类型各不相同，不能用数组表示，为此，C语言允许用户自己定义这样一种数据类型，称为结构体。本章介绍结构体类型的定义和结构体变量的声明，分析结构体类型数据在程序设计中的应用、链表的概念及主要应用。

9.1 结构体类型的定义和使用

9.1.1 结构体类型的定义

结构体类型定义的一般形式为：

```
struct 结构体名
{ 结构体成员表 };
```

其中：struct为关键字，表示定义结构体类型；结构体名为结构体类型的标记，用合法的标识符表示；大括号内为该结构体的各个成员，对每个成员都应进行类型定义，定义方法与普通变量定义相同，即：

类型名　成员名;

例如,存放一个学生基本信息的结构体类型可以定义如下:

```
struct student
{
    long int number;
    char name[10];
    char sex;
    int age;
    char address[50];
    float score[3];
};
```

以上定义了一个结构体类型,类型名称为 student,以后可以用它(struct student)来定义变量。

定义结构体类型时要注意以下几点:

(1) 结构体类型定义只是指定了一种类型(与 int、float、char 地位相同),还没有具体的数据,系统此时不分配实际的内存单元。

(2) 结构体成员可以是任何基本数据类型,也可以是数组、指针等构造数据类型。

例如:以下结构体类型可以存放一个日期数据。

```
struct date { int year; int month; int day;};
```

(3) 结构体类型可以嵌套定义。即允许将一个或多个结构体成员类型定义为其他结构体类型。例如学生信息的结构体类型可为:

```
struct student1
{
    long int number;
    char name[10];
    char sex;
    struct date birthday;
    char address[50];
    float score[3];
};
```

其中成员 birthday 为结构体 struct date 类型,注意 struct date 类型必须先行定义。

(4) 结构体类型定义时右大括号后的分号不能省略。

9.1.2 结构体类型变量的定义

结构体类型不能当作变量使用,必须定义相应类型的变量。定义结构体类型变量的方

法有以下几种。

(1) 先定义结构体类型,再定义该类型变量。

```
struct 结构体名
{ 结构体成员表 };
struct 结构体名  变量表;
```

例如,上面已定义了结构体类型 student,可以用它来定义结构体类型变量:

```
struct student x,y;
```

定义结构体变量后,系统为它们分配内存单元。系统为结构体变量分配的内存单元是连续的,一个变量所占内存空间为该结构体变量各成员所占字节数之和。例如,以上结构体变量 x 的内存空间分配如图 9.1 所示。

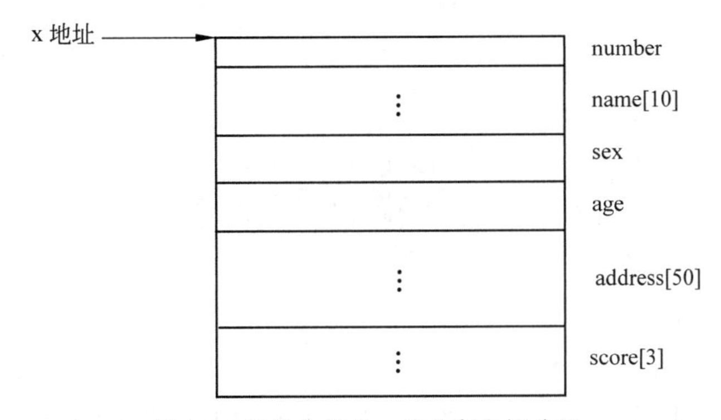

图 9.1 结构体变量 x 的内存空间分配

可以用"sizeof(变量名)"或"sizeof(类型标识符)"计算该变量或该种类型的变量所占存储空间的字节数。

例如,按照以上对 student 类型的定义,表达式 sizeof(student)的值为 89。

(2) 在定义结构体类型的同时定义该类型变量。

```
struct 结构体名
{
   结构体成员表
} 变量表;
```

以上格式除定义结构体类型外,还同时定义了若干个此类型的变量。例如:

```
struct student
{
   long int number;
   char name[10];
   char sex;
```

```
    int age;
    char address[50];
    float score[3];
} x,y,z;
```

(3) 不定义结构体类型标识符,直接定义结构体变量。

```
struct
{
    结构体成员表
} 变量表;
```

例如:

```
struct
{
    long int number;
    char name[10];
    char sex;
    int age;
    char address[50];
    float score[3];
} x,y,z;
```

采用这种定义方式,以后如需再定义这种类型的结构体变量,必须将结构体类型定义形式再重写一遍。建议读者采用前两种方法定义结构体变量。

结构体变量在定义的同时也可以对它进行初始化。结构体变量初始化的一般形式为:

```
结构体类型  结构体变量名={初始值表};
```

例如:

```
struct student
{
    char name[10];
    int age;
    float score[5];
    float ave;
}stu={"zhangsan",20,78,92,83,75,69};
```

这样,结构体变量 stu 各成员依次被赋予初值:name 为"zhangsan"、age 为 20、数组 score 各元素依次为 78、92、83、75、69,而成员 ave 被赋予 0。初始值表中各表达式之间用逗号隔开,其类型必须与各对应成员的类型相同。

9.1.3　结构体类型变量的引用

定义了结构体变量后，就可以使用它了。结构体变量的使用一般只能引用它的各个成员，对结构体变量的整体引用只限在两个同类型结构体变量间的赋值。

1. 结构体类型变量的整体引用

结构体变量可以作为整体赋值给同类型的结构体变量，即把一个变量的各成员值分别赋值给另一同类型变量的相应成员。

例如：

```
struct student li,zhang={"zhangsan",20,78,92,83,75,69};
```

通过赋值语句 li=zhang;将结构体变量 zhang 的各数据成员值顺序赋值给 li 的各对应数据成员。

2. 结构体类型变量成员的引用

引用结构体变量成员的一般形式为：

```
结构体变量名.成员名
```

运算符“.”为成员运算符，表示存取结构体变量的某个成员。在所有运算符中，成员运算符“.”的优先级是最高的，与“( )”、“[ ]”同级(关于各运算符的优先级，请详见附录 B)。

例如，zhang.age 表示结构体变量 zhang 的成员 age，是一个 int 类型的变量，zhang.name 表示结构体变量 zhang 的成员 name，是一个 char 类型的数组。分别与普通的 int 类型变量和 char 类型数组性质相同，可以进行相应的运算。例如：

```
zhang.age=20;
strcpy(zhang.name,"张三");
```

【例 9.1】　输入某个学生的信息(姓名，年龄，五门功课成绩)，计算平均成绩并输出。

```
#include <stdio.h>
void main()
{
    struct student
    {
        char name[10];
        int age;
        float score[5];
        float ave;
    } stu;
    int i;
    stu.ave=0;
    scanf("%s %d",stu.name,&stu.age);           //第 13 行
```

```
    for(i=0;i<5;i++)
    {
        scanf("%f",&stu.score[i]);              //第 16 行
        stu.ave+=stu.score[i];
    }
    stu.ave=stu.ave/5.0;
    printf("%s%4d\n",stu.name,stu.age);        //输出学生信息
    for(i=0;i<5;i++) printf("%6.1f",stu.score[i]);
    printf("  average=%6.1f\n",stu.ave);
}
```

程序运行:

```
zhangsan 20↙
78 92 83 75 69↙
zhangsan  20
78.0  92.0  83.0  75.0  69.0  average=  79.4
```

程序说明:程序第 13 行用于输入学生的姓名及年龄,由于 scanf 函数要求参数是地址值,所以采用 &stu.age 的形式,但 stu.name 为数组名,是地址常量,所以不能加"&"运算符,即"&stu.name"是错误的。第 16 行用于输入学生的五门功课成绩,用了循环语句一项一项输入。在表达式 &stu.score[i]中有三个运算符 &、.和[],根据运算符的优先级,"."与"[]"优先级相同且高于"&",所以表达式"&stu.score[i]"与"&(stu.score[i])"完全等价,第 16 行语句的作用是,将输入的一个实数赋值到结构体变量 stu 的数据成员 score[i]所占的存储单元中。

3. 嵌套结构体中成员的引用

结构体嵌套,即一个结构体变量的某个成员也是结构体变量。其成员的引用方法为通过成员运算符"."一级一级运算,直到找到最低一级成员。

例如,某个学生信息的结构体类型,包括两个分别表示出生日期和入学日期的成员。可先定义一个表示日期的结构体类型 date,将学生信息定义成结构体的嵌套结构,分别将其中的成员"出生日期""入学日期"用类型 date 定义:

```
struct date { int year, month, day; };
struct student
{
    char number[8];
    char name[10];
    struct date bir,rx;                              //bir 表示出生日期,rx 表示入学日期
} li;
```

则 li.bir.year=1985; 表示学生 li 的出生年份为 1985 年,根据运算符"."的左结合性,上

述表达式先通过运算符“.”找到变量 li 的成员 bir,它是一结构体变量,再一次通过运算符“.”找到 bir 的成员 year;同样,“li.rx.year=2003;”表示学生 li 的入学年份为 2003 年。

9.2　结构体数组

前面定义的结构体 student 类型变量,如 li,只能存放一个学生的信息,假如要对全班同学的信息进行处理,则要用结构体数组。

与第 5 章所介绍的数组一样,结构体数组也是相同类型数据的集合。不同的是,结构体数组的类型为已定义过的结构体类型,每一元素都是结构体变量,包含相应的成员,使用时要引用结构体数组元素的成员。

1. 结构体数组的定义

结构体数组的定义与结构体变量的定义一样。例如,先定义结构体类型如下:

```
struct student
{
    char number[8];
    char name[10];
    char sex;
    int age;
    float score[3];
};
```

则可以定义 student 结构体类型的数组:

```
struct student stud[30];
```

stud 为一个包含 30 个元素的数组,其中每个元素都是结构体 student 类型变量。和其他类型数组一样,在编译时系统为它分配连续的内存单元,各数组元素在内存中依次存放,即各元素连续存放每一个成员数据,如图 9.2 所示。

2. 结构体数组的初始化

结构体数组的初始化方法与普通二维数组的初始化方法形式相似。如:

```
struct student2
{
    char number[8];
    char name[10];
    char sex;
    int age;
    float score[3];
} stud[2]={{"02041101","张三",'M',20,89.5,78,64},
                  {"02041206","李四",'W',19,72,95,81}};
```

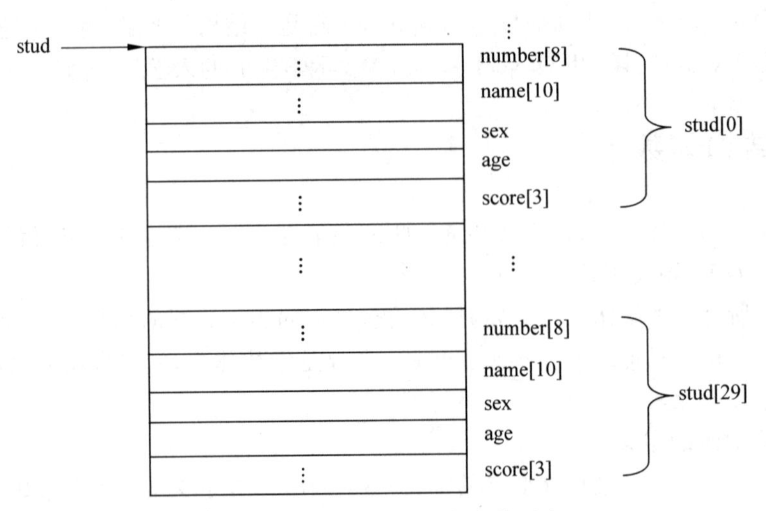

图 9.2　结构体数组的内存存放形式

3. 结构体数组元素的引用

结构体数组元素是一个结构体变量,可以将它赋值给同类型变量或数组元素;或者对结构体数组元素的各个成员进行引用。

【例 9.2】 输入 10 个复数的实部和虚部放在一个结构体数组中,根据复数模的大小顺序对数组进行排序并输出。(注:复数的模=sqrt(实部 * 实部+虚部 * 虚部))

```
#define N 10
#include <stdio.h>
#include <math.h>
void main()
{
    struct complex
    {
      float x,y;
      float m;
    } a[N],temp;
    int i,j,k;
    for(i=0;i<N;i++)                                    //输入复数的实部与虚部
    {
      scanf("%f%f",&a[i].x,&a[i].y);                    //第 14 行
      a[i].m=sqrt(a[i].x*a[i].x+a[i].y*a[i].y); }       //计算复数的模
    for(i=0;i<N-1;i++)                                  //选择排序,按照模的
    {                                                   //值从大到小排序
        k=i;
        for(j=i+1;j<N;j++)
```

```
            if(a[k].m<a[j].m)   k=j;
        temp=a[i]; a[i]=a[k]; a[k]=temp;                    //第 21 行
    }
    for(i=0;i<N;i++)
        if (a[i].y>0)
          printf("%.4f%+.4fi\n",a[i].x,a[i].y);
        else
          printf("%.4f%-.4fi\n",a[i].x,a[i].y);
}
```

程序说明：程序中数组 a 的每个元素用于存放一个复数，其中成员 x、y 存放复数的实部与虚部，成员 m 存放复数的模。第 14 行输入复数(即输入复数的实部与虚部)；第 21 行的作用是交换两个结构体数组元素 a[i]与 a[k]的数据，采用的是同类型结构体变量之间的赋值运算，用中间变量 temp，整体交换结构体变量数据；最后，以复数形式输出结果。

9.3 指向结构体类型数据的指针

结构体变量定义后，程序编译时系统为它在内存中分配一串连续的存储单元，这片存储单元的起始地址就是该结构体变量的地址，可以定义一个指针变量，用来存放该地址，这时就称该指针变量指向这个结构体变量。

1. 结构体指针变量的定义

指向结构体类型数据的指针变量的定义与前面介绍的普通指针变量的定义方法是一样的，例如：

```
struct student
{
    char number[8];
    char name[10];
    char sex;
    int age;
    float score[3];
} stu[30],x, * p;
```

定义了 stu 是 student 结构体类型的数组，x 是结构体变量，而 p 是指向该结构体类型数据的指针变量。值得注意的是，这里定义的结构体指针变量只能指向相同结构体类型的变量或数组，不能指向结构体变量或数组元素的成员。

2. 结构体指针变量的引用

定义了结构体指针变量并让它指向了某一结构体变量后，就可以用指针变量来间接存取对应的结构体变量。例如：

```
struct student
{
    char number[8];
    char name[10];
    char sex;
    int age;
    float score[3];
}x={"3041101","张三",'M',20,82,76,90}, * p=&x;
```

定义了结构体指针变量 p,初始化后指向 x,如图 9.3 所示。

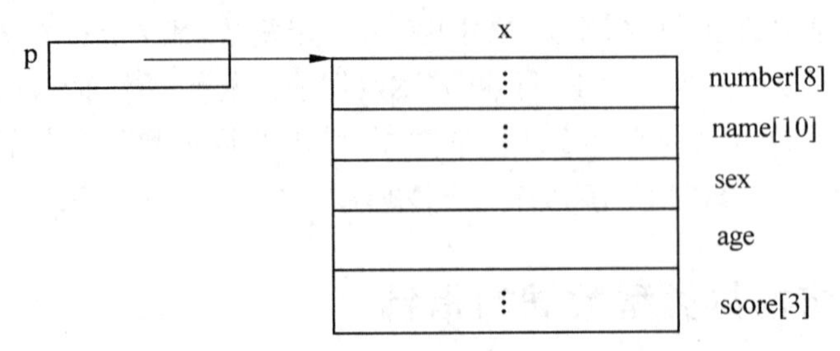

图 9.3 指向结构体变量的指针变量

此时,引用结构体变量 x 的成员有以下三种方法:

(1) x.成员名。

(2) (* p).成员名。

(3) p—>成员名。

其中:因为运算符"."的优先级高于指针运算符" * ",所以(2)中的一对小括号不能省,否则表达式就变成了 * p.成员名,它与 * (p.成员名)等价,就不对了;(3)中的运算符"—>"(减号和大于号)为间接引用成员运算符,称为指向运算符,它的优先级与成员运算符"."相同。

让结构体指针变量指向同类型的结构体数组,则可以用下标法存取结构体数组元素,也可以通过该指针变量间接存取结构体数组元素。例如:

```
struct student a[30], * q=a;
```

即 p 指向结构体数组 a。

【例 9.3】 用结构体指针变量修改例 9.2。程序如下:

```
#define N 10
#include <stdio.h>
#include <math.h>
void main()
{
    struct complex
    {   float x,y;
```

```
        float m;
    } a[N],temp, * p, * q, * k;
    for(p=a;p<a+N;p++)                                    //输入复数
    {
        scanf("%f%f",&p->x,&p->y);
        p->m=sqrt(p->x * p->x+p->y * p->y);               //计算复数的模
    }
    for(p=a;p<a+N-1;p++)                                  //按照模的大小排序
    {   k=p;
        for(q=p+1;q<a+N;q++) if(k->m<q->m) k=q;
        temp= * p; * p= * k; * k=temp;
    }
    for(p=a;p<a+N;p++)
        if (p->y >0)
            printf("%.4f%+.4fi\n", p->x,p->y);
        else
            printf("%.4f%-.4fi\n", p->x,p->y);
}
```

9.4　链表

链表是一种动态的数据结构,它根据需要在程序执行过程中动态分配内存单元。链表中的每一个元素称为一个节点,每一个节点用一个结构体数据表示,包括若干个数据成员和一个指向同类型节点(结构体变量)的指针变量,这样的指针变量用来指向链表的下一个节点,即通过指向下一个节点的指针变量将若干个这样的节点链接起来,组成了一个链表。链表有一个头指针变量,它存放着链表的第一个节点的地址,通过它可以找到链表的第一个节点,第一个节点又有指针成员指向第二个节点,……通过指向下一个节点的指针成员可以找到其他节点,一直到最后。最后一个节点指向下一节点的指针成员存放的是“NULL”(表示空地址),该节点称为表尾节点,链表到此结束。

链表的各个节点,在内存中的存储单元可以是不连续的,链表的增、删节点的操作也非常灵活,不需要移动大量的数据。

9.4.1　链表的基本概念

图 9.4 表示的是单向链表结构。

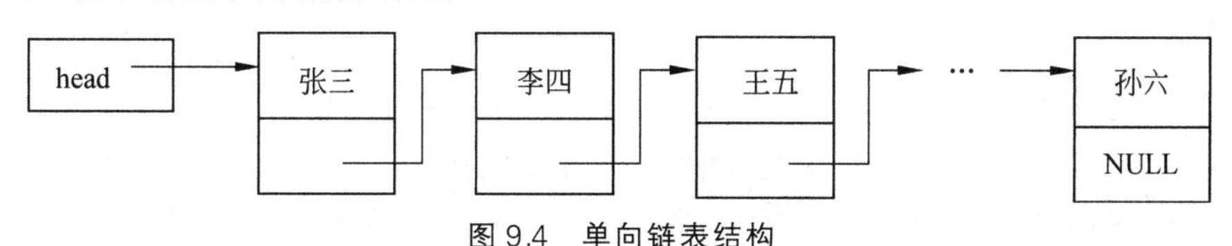

图 9.4　单向链表结构

head表示头指针,存放第一个节点的地址,通过它可以访问链表的第一个节点,每一个节点都有一个指针成员指向下一个节点,最后一个节点的指针成员值为“NULL”。显然链表的每个节点是结构体类型变量,其中有一个成员用来存放下一个节点的地址。例如:设计一个链表,每一个节点需要存放学生姓名及成绩,则对应的结构体数据类型如下:

```
struct student
{
    char name[10];
    float score;
struct student *next;
};
```

其中成员name及score用来存放节点中的数据信息,next是一个指向它自己所在的结构体数据类型的指针,即next可以指向下一个同类型的节点。

以上只定义了结构体数据类型,在实际使用时要定义这种类型的变量,开辟相应的存储单元后才可以使用。

9.4.2 动态存储分配函数

定义了链表的节点结构类型以后,就要考虑怎样给节点分配相应的存储空间。链表是一种动态分配存储空间的数据结构,在程序执行时根据需要分配或释放存储空间,整个操作通过调用系统提供的库函数实现。以下介绍C语言提供的动态存储分配函数,这些库函数对应的头文件为stdlib.h。

1. malloc函数

函数原型:

```
void  *malloc(unsigned int size)
```

功能:在内存的动态存储区中分配长度为size的连续空间,如成功,则函数返回分配到的空间的起始地址,否则返回NULL。

使用方式:

```
结构体指针变量名=(结构体类型名 *) malloc(size);
```

其中size为一无符号整型表达式,表示要求分配的内存空间(字节数);因malloc函数的返回值类型是“void *”,即不确定所指向的数据类型,所以在实际使用时,必须用强制类型转换将它转换成确定类型的指针值。

例如:

```
char *x;                        //此时x的指向不确定
x=(char *)malloc(10);           //x指向了包含10个字符单元(即10字节)的存储空间
```

2. calloc 函数

函数原型：

```
void  *calloc(unsigned int n,unsigned int size)
```

功能：在内存的动态存储区中分配 n 个长度为 size 的连续空间，如成功，则函数返回分配到的空间的起始地址，否则返回 NULL。

使用方式：

```
结构体指针变量名=(结构体类型名 *) calloc(n,size);
```

其中 n 和 size 均为无符号整型表达式，n 为要求分配空间的个数，size 为每个空间要求分配的字节数；其余与 malloc 函数的含义相同。

3. free 函数

函数原型：

```
void  free(void *p)
```

功能：释放 p 所指向的内存空间，使得系统可将该内存区分配给其他变量使用。其中 p 只能是由动态分配函数所返回的值。

使用方式：

```
free(指针变量名);
```

9.4.3　链表的基本操作

对链表的基本操作包括建立链表、遍历链表、在链表中插入节点以及删除链表中的节点等。这里介绍链表的各项基本操作，其中链表的节点类型定义如下：

```
struct student
{
    char name[10];
    float score;
    struct student *next;
};
```

其中成员 name 及 score 用来存放节点中的数据信息，分别表示姓名和成绩。

1. 建立链表

建立链表是指从无到有地将一组节点链接起来，即逐一为每一节点申请内存空间、输入其成员数据并建立起节点之间的链接关系，并让头指针指向第一个节点。

首先，定义结构体类型指针变量：

```
struct student *head=NULL,*pnew,*ptail;    //head 为 NULL 表示链表是空的
```

利用上面介绍的动态存储分配函数申请一个节点空间,并让 pnew 指向它,第一个加入的是链表的头节点,head 将指向此节点;在添加下一节点时先让 ptail 指向刚才 pnew 所指向的节点,现在此节点已成为链表目前的最后节点,再让 pnew 指向新申请的节点,将 pnew 所指向节点链接到 ptail 所指向节点之后,重复以上操作,一直到最后节点加入到链表中,将它的指针成员赋值为 NULL,即完成整个链表的创建工作。具体步骤如下。

(1) 在空链表中建头节点:

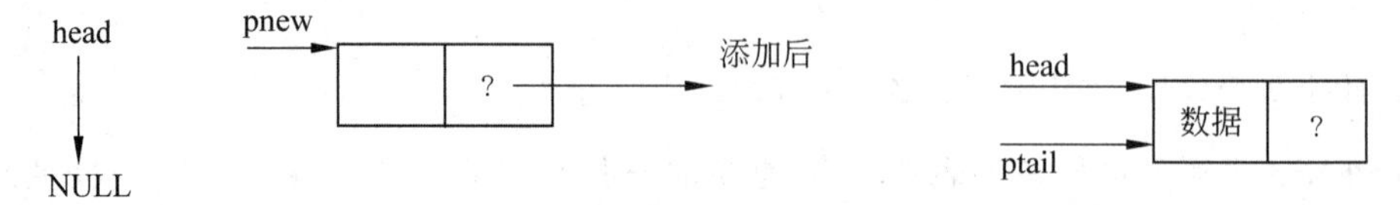

图 9.5 在空链表中建头节点

```
pnew=(struct student *)malloc(sizeof(struct student));
scanf("%s%f",pnew->name,&pnew->score);
head=pnew;
ptail=pnew;
```

(2) 在现有链表中添加新节点。

① 建立新节点:

```
pnew=(struct student *)malloc(sizeof(struct student));
scanf("%s%f",pnew->name,&pnew->score);
```

② 与上一节点链接:

```
ptail->next=pnew;
ptail=pnew;
```

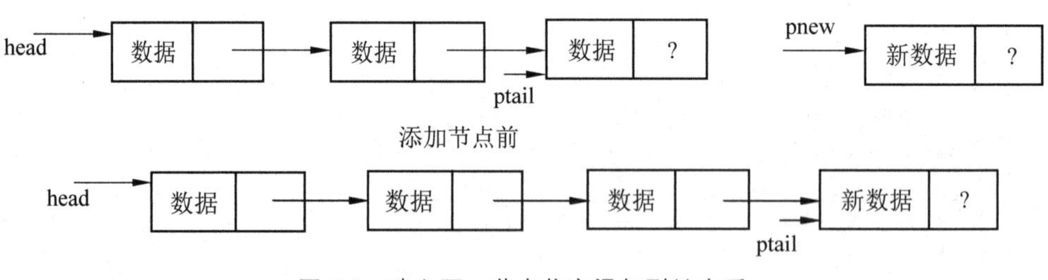

图 9.6 建立下一节点将它添加到链表后

重复执行这一步,直到所有节点加入链表中。

(3) 将末节点指向下一节点的成员赋值为 NULL。

```
ptail->next=NULL;
```

这样,链表建立完毕,数据结构如图 9.4 所示。head 指向头节点,末节点的指针成员为

NULL，可以从头指针 head 出发，访问链表中任何一个节点的数据成员。

以下是创建链表的函数 create，链表的节点数来自参数 n，函数返回所创建链表的头指针值。

```
struct student *create(int n)
{
    struct student *head, *pnew, *ptail; int i;
    pnew=(struct student *)malloc(sizeof(struct student));
    scanf("%s%f",pnew->name,&pnew->score); head=ptail=pnew;   //创建头节点
    for(i=1;i<n;i++)                                           //建立剩余的
                                                               //n-1个节点
    {
        pnew=(struct student *)malloc(sizeof(struct student));
        scanf("%s%f",pnew->name,&pnew->score);
        ptail->next=pnew;
        ptail=pnew;
    }
    ptail->next=NULL;
    return head;
}
```

2. 遍历链表

遍历链表即从链表的头指针出发访问链表的每一个节点，其步骤如下：

（1）已知链表的头指针 head，语句 p=head;使指针变量 p 也指向头节点，如图 9.7 所示。

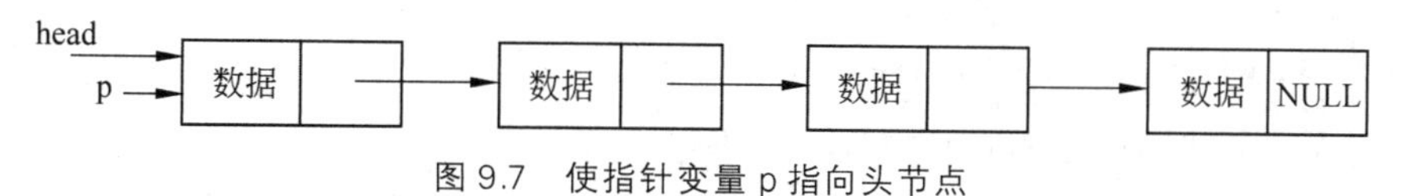

图 9.7　使指针变量 p 指向头节点

（2）访问 p 所指向节点的数据成员后，移动指针 p，使其指向下一节点：

```
printf("%s  %.1f\n",p->name,p->score);
p=p->next;
```

指针 p 指向链表的第一个节点，则 p－＞next 指向 p 所指向节点的下一个节点，执行语句“p=p－＞next;”后，指针变量 p 指向链表的第 2 个节点，如图 9.8 所示。

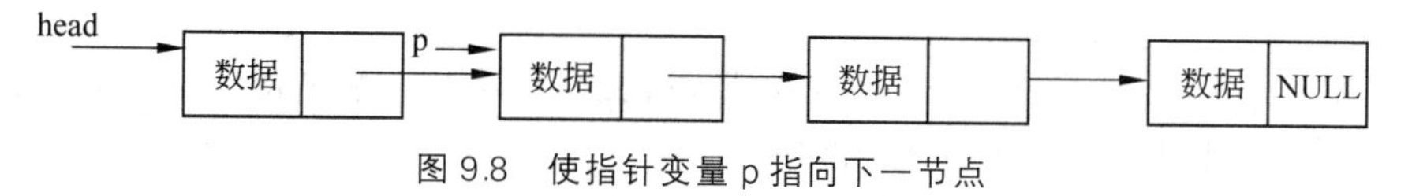

图 9.8　使指针变量 p 指向下一节点

重复这一步骤，在访问第 2 个节点的数据成员后，执行语句“p=p－＞next;”，移动指针变量 p 使之指向第 3 个节点，……，直到链表的尾节点（即指针 p 的值为 NULL）。

函数 print 遍历已创建的 student 类型节点的链表。该函数输出链表中各节点的数据成

员,要使用该函数,只需将链表的头指针由实参传递过来。

```
void  print(struct student * head)
{
    struct student * p=head;
    while(p!=NULL)
    {   printf("%s  %.1f\n",p->name,p->score);
        p=p->next;  }
}
```

3. 在链表中插入节点

在链表中插入节点指的是将新节点插入到一个已存在的链表中。例如有一学生链表,按数据成员 score 降序(高分在先)排列,插入一个新的学生节点,要求按成绩顺序插入链表中,基本步骤如下:

(1) 使指针变量 p 指向头节点,建立要插入的新节点,使指针变量 pnew 指向它,如图 9.9 所示。

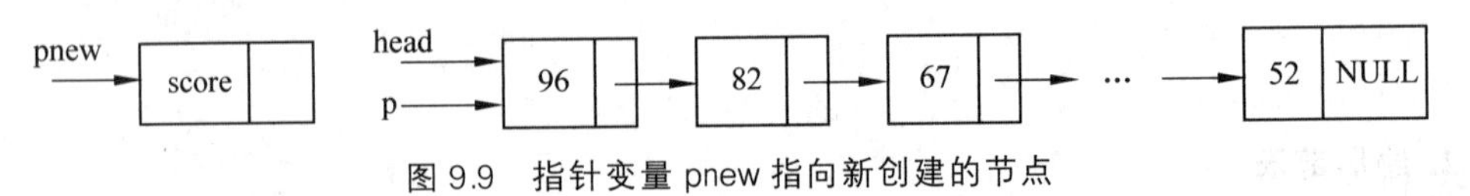

图 9.9　指针变量 pnew 指向新创建的节点

```
p=head;
pnew=(struct student *)malloc(sizeof(struct student));
scanf("%s%f",pnew->name,&pnew->score);
```

(2) 将 pnew 指向的新节点按序插入链表中。

① 若 pnew－>score>head－>score 为真,表示要插入学生的成绩最高,应将其插入在第一个位置,此时需要修改头指针,如图 9.10 所示。

```
pnew->next=head; head=pnew;
```

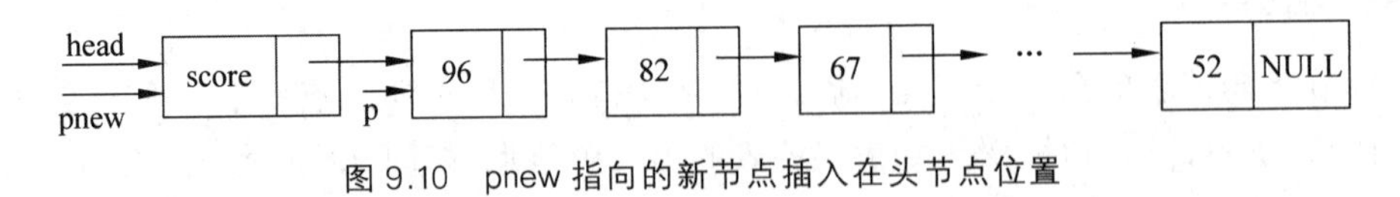

图 9.10　pnew 指向的新节点插入在头节点位置

② 若 pnew－>score>head－>score 为假,表示要插入学生的成绩比最高分学生的成绩低,此时需要寻找其在链表中的插入位置。

从链表头指针开始逐一比较各节点的成绩数据与新节点的成绩值,指针变量 p 指向链表中每一个要比较的节点,另外再定义一个指针变量 pold,在指针变量 p 指向下一个要检查的节点前将刚刚比较完的节点地址存放在指针变量 pold 中。若找到了某一节点的成绩比新节点的成绩小,即 pnew－>score>p－>score 为真,则说明找到了新节点的插入位置,将新节点插入到指针变量 p 所指向节点之前，pold 指针所指向节点之后。

若在链表中找不到比新节点成绩低的节点，则表示新节点应插入到原链表的末尾，此时 p 为 NULL，通过 pnew－>next＝p；让新节点成为表尾节点，与插入在链表中间没有区别。

```
while(p!=NULL && pnew->score<p->score)          //查找新节点插入位置
{ pold=p; p=p->next; }
pnew->next=p;
pold->next=pnew
```

如图 9.11 所示。pnew 指向的节点插入在了链表头节点之后。

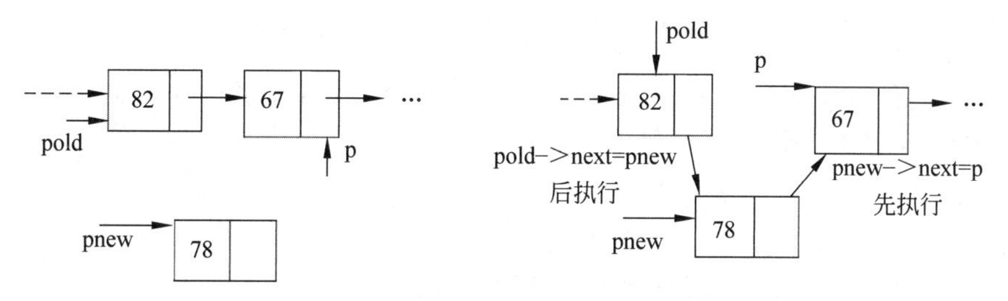

图 9.11　pnew 指向的节点插入在链表头节点之后

根据以上步骤编制函数 insert，该函数的功能是：在一个有序链表中插入一个节点。其中链表节点类型为前面所定义的 student 类型，链表按 score 成员从大到小排列。函数返回插入节点后的链表头指针。

```
struct student * insert(struct student * head)
{
    struct student * p, * pnew, * pold;
    pnew=(struct student *)malloc(sizeof(struct student));
    scanf("%s%f",pnew->name,&pnew->score);       //建立新节点
    p=head;
    if(pnew->score>head->score)                  //插入在第一个位置
      { pnew->next=head; head=pnew; }
    else
      {  while(p!=NULL&&pnew->score<p->score)
         {    pold=p;p=p->next; }
         pnew->next=p; pold->next=pnew;
      }
    return head;
  }
```

程序说明：函数 insert 用于在链表中插入节点，如原链表为空，则建立只有一个节点的链表，以后在插入节点时，相当于插入法排序，反复调用该函数，插入新节点，调用结束后，创建了一个按照相应成员顺序排列的链表。

【例 9.4】 输入 n 个学生的信息(姓名,成绩),再按成绩降序输出这些学生的信息。

```
#include <stdio.h>
#include <stdlib.h>
struct student
{   char name[10]; float score;
    struct student * next;
};
struct student * insert(struct student * head)
{   struct student * p, * pnew, * pold;
    pnew=(struct student *)malloc(sizeof(struct student));
    scanf("%s%f",pnew->name,&pnew->score);      //建立新节点
    p=head;
    if(pnew->score>head->score)                 //插入在第一个位置
    { pnew->next=head; head=pnew; }
    else
      {   while(p!=NULL&&pnew->score<p->score)
            {   pold=p;p=p->next; }
            pnew->next=p; pold->next=pnew;
      }
    return head;
}
void  print(struct student * head)
{
    struct student * p=head;
    while(p!=NULL){ printf("%s  %.1f\n",p->name,p->score); p=p->next; }
}
void  main()
{
    struct student * head;int i,n;
    scanf("%d",&n);
    head=(struct student *)malloc(sizeof(struct student));
    scanf("%s%f",head->name,&head->score);
    head->next=NULL;
    for(i=1;i<n;i++) head=insert(head);
    print(head);
}
```

4. 在链表中删除节点

在一个链表中,根据某一条件删除其中的节点,例如,在由学生信息节点组成的链表中删除及格学生的信息,只保留不及格学生的信息,完成该操作的基本步骤如下:

(1) 删除头节点:

```
p=head;
if(head->score>=60)
{   head=head->next; free(p); }
```

删除头节点，需要改变头指针 head 的值，使原链表头节点后的节点成为删除后的新的头节点，如图 9.12 所示。

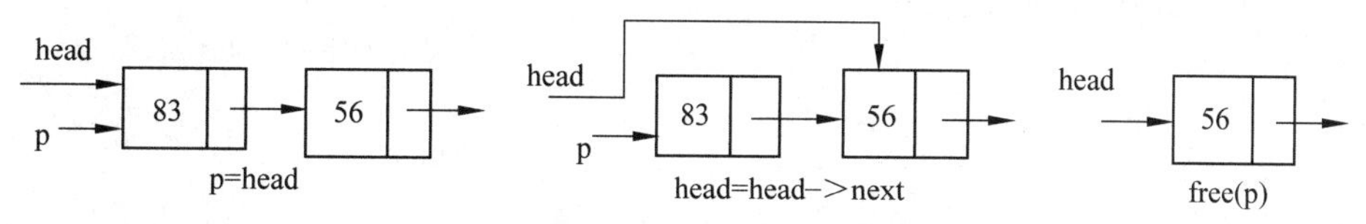

图 9.12　删除链表的头节点

（2）删除头节点以外的节点：

① p 逐一指向链表中的节点，检查是否需要删除，pold 指向刚刚检查过的节点。

② 若 p 指向的节点是需要删除的节点，则删除该节点，如图 9.13 所示。

③ 若 p 指向的节点不是需要删除的节点，则将 p 赋值给 pold 后让 p 指向下一个要检查的节点。

④ 重复这样的步骤，一直到整个链表的每个节点都检查完毕。

```
while(p!=NULL)                    //判断要检查的节点是否存在
{   if(p->score>=60)              //若 p 指向的节点是需要删除的节点，则删除该节点
    {  pold->next=p->next; free(p); }
       else { pold=p; p=p->next; }
}
```

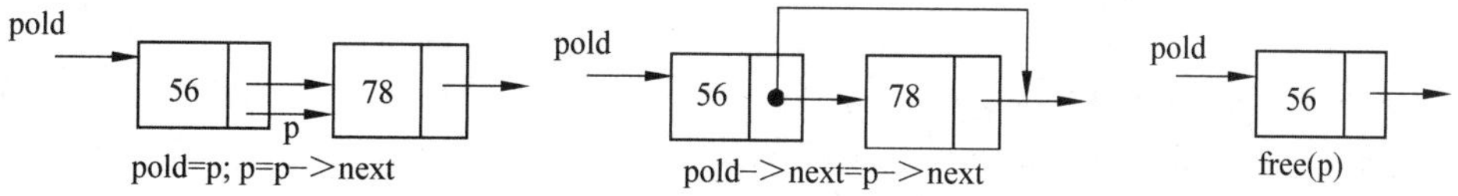

图 9.13　删除头节点以外的节点

如要删除的节点是链表的尾节点，则通过 pold－＞next＝p－＞next，将尾节点中的地址 NULL 写入删除尾节点后的链表的最后节点，与删除链表的中间节点是一样的。

以下是函数 pdelete，其功能是：在链表中删除一个 score 值大于或等于 60 的节点。其中，函数返回处理后链表的头指针，形参变量 flag 为指向主调函数中标识变量的指针，该标识变量为 0 表示无节点删除、为 1 表示已删除一个节点，链表节点类型为前面定义的 student 类型。

```
struct student *pdelete(struct student *head,int *flag)
{
    struct student *p=head, *pold=head;
    *flag=0; if(head==NULL) return head;          //原链表为空
    if(head->score>=60)                            //删除头节点
    {   head=head->next; free(p); *flag=1; }
```

```
else
    while(p!=NULL)
    {   if(p->score>=60)                    //p指向的节点是
                                            //需要删除的节点
        {
          pold->next=p->next;               //删除
          free(p); *flag=1; break;
        }
        else  {   pold=p; p=p->next; }
    }
   return head;
}
```

【例 9.5】 输入n个学生的信息(姓名,成绩),再输出要补考学生的信息。

```
#include <stdio.h>
#include <stdlib.h>
struct student
{
    char name[10]; float score;
    struct student *next;
};
struct student *create(int n)                                   //创建链表
{
    struct student *head, *pnew, *ptail; int i;
    pnew=(struct student *)malloc(sizeof(struct student));
    scanf("%s%f",pnew->name,&pnew->score); head=ptail=pnew;
    for(i=1;i<n;i++)
    {
        pnew=(struct student *)malloc(sizeof(struct student));
        scanf("%s%f",pnew->name,&pnew->score);
        ptail->next=pnew;
        ptail=pnew;
    }
    ptail->next=NULL;
    return head;
}
struct student *pdelete(struct student *head,int *flag)  //删除节点
{   struct student *p=head, *pold=head;
    *flag=0; if(head==NULL) return head;
    if(head->score>=60)
    {   head=head->next; free(p); *flag=1; }
```

```
    else
        while(p!=NULL)
        {
            if(p->score>=60)
            {   pold->next=p->next; free(p); *flag=1; break;}
            else  { pold=p; p=p->next; }
        }
    return head;
}
void  print(struct student *head)                          //输出节点信息
{
    struct student *p=head;
    while(p!=NULL)
    {   printf("%s  %.1f\n",p->name,p->score); p=p->next; }
}
void  main()
{
    struct student *head; int f=1,n;
    scanf("%d",&n); head=create(n);
    do { head=pdelete(head,&f);} while(f!=0);              //如有节点删除时继续循环
    print(head);
}
```

9.5 共用体

共用体也是一种构造数据类型，它是将不同类型的变量存放在同一内存区域内。共用体也称为联合体(union)。共用体的类型定义、变量定义及引用方式与结构体相似，但它们有着本质的区别：结构体变量的各成员占用连续的不同存储空间，而共用体变量的各成员占用同一个存储区域。

9.5.1 共用体变量的定义

共用体变量的定义与结构体变量的定义相似。首先，构造一个共用体数据类型，再定义这种类型的变量。

共用体类型定义的一般方法如下：

```
union 共用体名 { 共用体成员表 };
```

其中，共用体成员表是对各成员的定义，形式为

```
类型说明符 成员名;
```

与定义结构体变量一样,定义共用体变量的方法有以下三种:

(1) 先定义共用体类型,再定义该类型变量。例如:

```
union data
{
    char n[10];
    int a;
    long b;
    double f;
};
union data x,y[10], * p;
```

(2) 在定义共用体类型的同时定义该类型变量。例如:

```
union data
{
   char n[10];
   int a;
   long b;
   double f;
} x,y[10], * p;
```

(3) 不定义共用体类型名,直接定义共用体变量。例如:

```
union
{
   char n[10];
   short a;
   long b;
   double f;
} x,y[10], * p;
```

定义了共用体变量后,系统将给它分配内存空间。共用体变量中的各成员占用同一存储空间,系统给共用体变量所分配的内存空间的大小为其所占用内存空间最多的成员的单元数。共用体变量中各成员从第一个单元开始分配存储空间,所以各成员的内存地址是相同的。例如上述共用体 data 类型的变量 x 的内存分配如图 9.14 所示,它占用 10 字节的内存单元。

需要注意,定义共用体变量时,不能进行初始化,如有需要,只能对它的第一个成员赋初始值。例如:

```
union data x={"zhangsan"};
```

是正确的,而

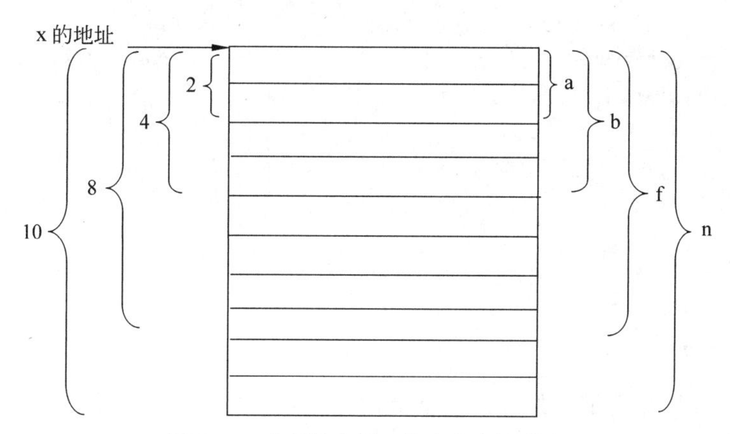

图 9.14 共用体变量 x 的内存空间分配

```
union data x={"zhangsan",12,40000, 78,5};
```

是错误的。

共用体变量的值是其中一个成员的值。

9.5.2 共用体变量的引用

与结构体数据类型相似,共用体变量或数组元素可以赋值给另一个同类型变量或数组元素,除此以外只能引用共用体数据的成员。

直接访问共用体变量 x 的成员 a 可用成员运算符"."实现,写作"x.a"。例如:x.a=123;等。通过执行语句"p=&x;",使指针变量 p 指向共用体变量 x,通过指向运算符"->"可以引用由 p 间接所指向的共用体变量的成员 n,写作"p->n"。例如:strcpy(p->n,"zhangsan");等。

虽然共用体数据可以在同一内存空间中存放多个不同类型的成员,但在某一时刻只能存放其中的一个成员。例如,对 data 类型共用体变量,执行以下语句:

```
x.a=100;
strcpy(x.n,"zhangsan");
x.f=90.5;
```

则此时只有 x.f 是有效的,x.a 与 x.n 目前都是无意义的,因为后面的赋值语句将前面的共用体数据覆盖了。

【例 9.6】 分析下列程序的输出结果,用共用体数据的特性给以正确的解释。

```
#include <stdio.h>
#include <string.h>
void main()
{
```

```
    union bt {  short int k; char c[4];} a;
    strcpy(a.c,"ABC");                                    //第 6 行
    printf("%d\n",a.k);
    a.k=-2;                                               //第 8 行
    printf("%o, %o\n",a.c[0],a.c[1]);
}
```

程序运行：

```
16961
177776,177777
```

程序说明：共用体变量 a 共占用 4 字节的存储空间，执行第 6 行语句后，a 所对应的存储区域中的数据如图 9.15(a)所示。

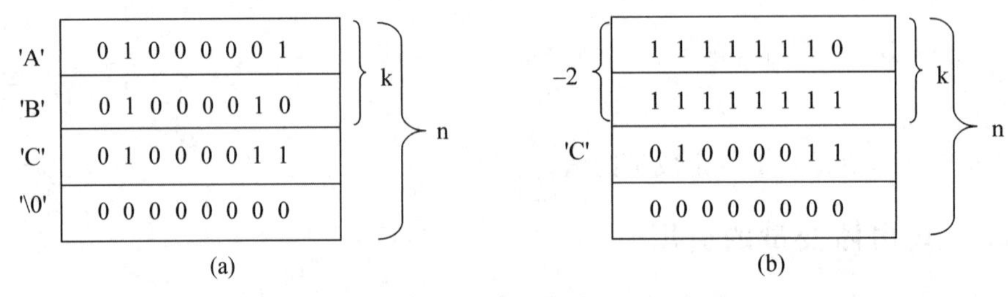

图 9.15　共用体变量 a 的内存空间分配

这时 a 的成员数组 n 被赋值为字符串“ABC”，对应的各字符的 ASCII 码值分别存放在 a 的对应空间中，因 a 的成员 k 与成员 n 所占用的内存单元是重叠的，所以将前两字节作为 a.k。同样，执行程序的第 8 行后，a 所对应的存储区域中的数据如图 9.15(b)所示，a 的成员 k 被赋值为−2，将刚才 a 中的数据覆盖了，执行下一语句后输出的是−2 的内存存放形式的八进制数据，整型数据在内存中的存放原则是低位字节在前，高位字节在后。

9.6　习题与实践

1. 选择题

(1) 存放 100 个学生的数据，包括学号，姓名，成绩。在如下的定义中，不正确的是(　　)。

A. struct student { int sno; char name[20]; float score } stu[100];

B. struct student stu[100] { int sno; char name[20]; float score };

C. struct { int sno; char name[20]; float score } stu[100];

D. struct student { int sno; char name[20]; float score };struct　student stu[100];

(2) 设有定义语句 struct { int x; int y;} d[2]={{1,3}, {2,7}}; 则 printf ("%d\n", d[0].y/d[0].x * d[1].x); 的输出是(　　)。

A. 0　　B. 1　　C. 3　　D. 6

(3) 若有如下定义，则 printf ("%d\n", sizeof (them)); 的输出是(　　)。

```
typedef union {long x[2]; int y[4]; char z[8]; } MYTYPE;
MYTYPE  them;
```

A. 32　　B. 16　　C. 8　　D. 24

(4) 设有如下说明和定义：

```
typedef union {long i;  int k[5];  char c; } DATE;
struct date { int cat;  DATE cow;  double dog; } too;
DATE max;
```

则下列语句的执行结果是(　　)。

```
printf ("%d", sizeof (struct date) +sizeof (max));
```

A. 26　　B. 30　　C. 18　　D. 8

(5) 根据下面的定义，能打印出字母 M 的语句是(　　)。

```
struct person { char name[9];  int age; };
struct person c[10]={"John", 17, "Poul", 19, "Mary", 18, "Adam", 16};
```

A. printf ("%c", c[3] . name);

B. printf ("%c", c[3] . name[1]);

C. printf ("%c", c[2] . name[1]);

D. printf ("%c", c[2] . name[0]);

(6) 设有如下定义，则对 data 中的 a 成员的正确引用是(　　)。

```
struct  sk {int a;  float b; } data,  * p =&data;
```

A. (*p). data. a　　B. (*p). a　　C. p->data. a　　D. p. data. a

(7) 设有如下定义，则对字符串 li ming 的不正确引用是(　　)。

```
struct person{  char name[20];  char sex; } a={"li ming", 'm'},  * p=&a;
```

A. (*p). name　　B. p. name　　C. a. name　　D. p->name

(8) 设有如下定义的链表，则值不为 6 的表达式是(　　)。

```
struct st { int n;  struct st * next; } a[3]={5, &a[1], 7, &a[2], 9, NULL},
* p=&a;
```

A. p++ ->n　　B. p->n++　　C. (*p). n++　　D. ++p->n

2. 填空题

(1) “.”称为__________运算符，“->”称为________运算符。

(2) 设有定义语句 struct {int a; float b; char c;} x, * p=&x; 则对结构体成员 a 的

引用方法可以是________和________。

(3) 若有以下说明和定义语句,则变量 w 在内存中所占的字节数是________。

```
union  aa {float x;  float y;  char c[6]; };
struct  st {union aa v; float w[5];  double ave; } w;
```

(4) 若有以下定义和语句,则表达式++p->a 的值是________。

```
struct wc { int a;  int *b; };
int x[ ]={11,12};  y[ ]={31, 32};
static struct wc z[ ]={100, x, 300, y}, *p=z;
```

3. 程序阅读题

(1) 阅读下列程序,写出运行结果(字符 0 的 ASCII 码值为十六进制的 30)。

```
#include <stdio.h>
void main( )
{
  union{ char c;  char  a[4]; } z;
  z.a[0]=0x39;  z.a[1]=0x36;  printf ("%c\n", z.c);
}
```

(2) 阅读程序,写出程序的运行结果。

```
#include <stdio.h>
void main( )
{
   struct student
   {
     char name[10];
     float k1;
     float k2;
   }
   a[2]={{"zhang", 100, 70}, {"wang", 70, 80}}, *p=a;
   printf("\n name : %s total=%f ", p->name, p->k1+p->k2);
   printf("\n name : %s total=%f ", a[1].name, a[1].k1+a[1].k2);
}
```

(3) 阅读程序,写出程序的运行结果。

```
#include <stdio.h>
void main( )
{
  struct std
  {
```

```
        int id;
        char * name;
        float sf;
    }a, * p=&a;
    int i;char * s;float f;
    i=a.id=1998;
    s=a.name="Windows 98";
    f=a.sf=1800;
    printf("%d  is  %s  sal  %f\n",i, s, f);
    printf("%d  is  %s  sal  %f\n",p->id,p->name, p->sf);
}
```

(4) 阅读程序,写出程序的运行结果。

```
#include <stdio.h>
void main( )
{
    struct st
    {
        int n;
        struct st * next;
    }a[3]={5,&a[1],7,&a[2],9,&a[0]}, * p=a;
    int i;
    for(i=0; i<3; i++)  p=p->next;
    printf("p->n=%d\n", p->n);
}
```

(5) 阅读程序,写出程序的运行结果。

```
#include <stdio.h>
struct s1{ char * s; int i; struct s1 * s1p; };
void main( )
{
    static struct s1 a[ ]={{"abcd",1,a+1},{"efgh",2,a+2},{"ijkl",3,a}};
    int i;
    for(i=0;i<2;i++)
    {
        printf("%d\n",--a[i].i);
        printf("%c\n",++a[i].s[3]);
    }
}
```

4. 程序设计题

(1) 编一个程序,输入10个学生的学号、姓名、三门课程的成绩,求出总分最高的学生

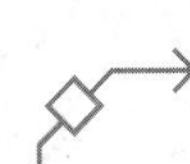

姓名并输出。

(2) 编一个程序,输入表9.1学生成绩表中的数据,并用结构体数组存放。然后统计并输出三门课程的名称和平均分数。

表9.1 学生成绩表

name	foxbase	basic	C
zhao	97.5	89.0	78.0
qian	90.0	93.0	87.5
sun	75.0	79.5	68.5
li	82.5	69.5	54.0

(3) 定义一个结构体变量(包括年、月、日)。编写一个函数,以结构类型为形参,返回该日在本年中是第几天。

(4) 编写一个函数,对结构类型(包括学号、姓名、三门课的成绩)开辟存储空间,此函数返回一个指针(地址),指向该空间。

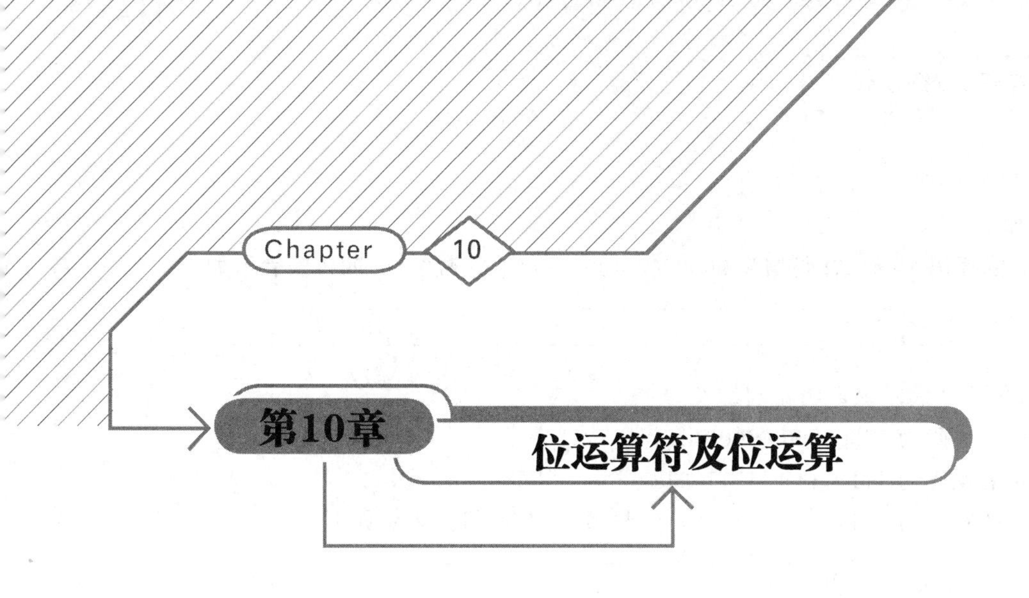

本章学习目标

- 掌握位运算的概念和特点。
- 掌握位运算的功能和应用。

C 语言完全支持位运算，这是它与其他高级语言的显著不同之处。C 语言既有高级语言的特点，又具有一些低级语言的功能，可用来代替汇编语言完成大部分编程工作。第 8 章介绍的指针和本章将介绍的位运算，都是 C 语言所特有的，适合于编写系统软件的需要。本章介绍位运算的概念和特点、位运算符的功能和应用。

10.1 概述

所有的数据在计算机内部都是以二进制序列的形式表示的，顾名思义，位运算提供了对二进制位的各种运算。在系统软件或底层的控制软件中，经常要对二进制数据中的特定位进行处理，如将一个存储单元中的二进制数中的若干位设置成特定的值 0 或 1，或者将一个存储单元中的二进制数各位左移或右移若干位，等等。

C 语言提供的位运算规定只能对整型(包括字符型)数据进行运算。

由于位运算是对一个整数的二进制位进行的操作，因此有必要对整数的机内表示形式作一个简单的回顾。

有符号整数在计算机内部都用该数的二进制补码形式存储。

正整数的原码、反码、补码相同。负整数的反码为其原码除符号位外按位取反(即 0 改为 1、1 改为 0)，而其补码为其反码末位加 1。无论原码、反码、补码其最高位表示该数的符号位，0 表示正，1 表示负。

为方便介绍，假设所有参加位运算的整数为 short 类型，即用 16 个二进制位表示有符号整数。如：

+6 的原码、反码、补码均为 00000000 00000110，整数“+6”的机内表示如下：

0	0	0	0	0	0	0	0	0	0	0	0	0	1	1	0

其中，首位为 0 表示该数为正数。

-6 的原码为 10000000 00000110；

-6 的反码为 11111111 11111001；

-6 的补码为 11111111 11111010。整数“-6”的机内表示如下：

1	1	1	1	1	1	1	1	1	1	1	1	1	0	1	0

其中，首位为 1 表示该数为负数。

10.2　位运算符及位运算

C 语言提供下列 6 种位运算符，见表 10.1。

表 10.1 中，除了按位取反运算符～是单目运算符外，其他的运算符都是双目运算符，即要求运算符两边各有一个操作数。

位运算符的操作数只能是整型数据或字符型数据，字符型数据以其 ASCII 码值参加运算。

表 10.1　位运算符列表

运 算 符	含 义	运 算 符	含 义
&	按位与	～	按位取反
|	按位或	<<	左移
^	按位异或	>>	右移

1. 按位与运算符“&”

1）按位与运算的一般形式：

```
A&B
```

其中，A、B 均为整型数据或字符型数据。计算时，将两个操作数 A、B 的二进制数按相应位运算：如果两个相应位均为 1，则结果该位为 1，否则为 0。

【例 10.1】 计算下列表达式的值。

① 若有定义

```
short a,b,c;  a=14; b=23;
```

计算表达式

```
c=a&b
```

的值。

② 若有定义

```
short a,b,c  a=- 12; b=6;
```

计算表达式

```
c=a&b
```

的值。

计算表达式结果为：

① 表达式 c＝a&b 的值 14&23＝6

② 表达式 c＝a&b 的值－12&6＝4

计算过程分析：

① 将 14 和 23 作“按位与”运算：

（14 的补码）　00000000 00001110

&（23 的补码）　00000000 00010111

（14&23 的补码）　00000000 00000110　　十进制值为 6

按位作与运算，仅当相应位均为 1 时结果为 1，表达式 14&23 的结果为 6。

② 将－12 和 6 作“按位与”运算：

整数－12 的原码：10000000 00001100

整数－12 的反码：11111111 11110011

整数－12 的补码：11111111 11110100

（－12 的补码）　11111111 11110100

&（6 的补码）　00000000 00000110

（－12&6 的补码）　00000000 00000100　　十进制值为 4

表达式－12&6 的结果为 4。

2）按位与运算的一些特殊用途

① 使特定位清零。

某二进制位与 0 进行“按位与”运算，结果总是 0(清零)；如要使整数 n 的低 8 位清零，而高 8 位不变，则可以用“n&0xff00”实现。

② 取指定位的值。某二进制位与 1 进行“按位与”运算，结果总是与该位相同。如要读出整数 n 的低 8 位，则可以用“n&0x00ff”实现。

2. 按位或运算符“|”

1）按位或运算的一般形式：

```
A|B
```

其中，A、B 均为整型数据或字符型数据。计算时，将两个操作数 A、B 的二进制数按相应位运算：如果两个相应位均为 0 则结果该位为 0，否则为 1。

【例 10.2】 计算下列表达式的值。

① 若有定义

```
short a,b,c;  a=14; b=23;
```

计算表达式 c=a|b 的值。

② 若有定义

```
short a,b,c  a=-12; b=6;
```

计算表达式 c=a|b 的值。

计算表达式结果为:

① 表达式 c=a&b 的值 14|23=31。

② 表达式 c=a&b 的值 -12|6=-10。

计算过程分析:

① 将 14 和 23 作“按位或”运算:

```
   (14 的补码)  00000000 00001110
  |(23 的补码)  00000000 00010111
(14|23 的补码)  00000000 00011111    十进制值为 31
```

按位作或运算,仅当相应位均为 0 时结果为 0,表达式 14|23 的结果为 31。

② 将-12 和 6 作“按位或”运算:

```
 (-12 的补码)  11111111 11110100
  |( 6 的补码)  00000000 00000110
(-12|6 的补码)  11111111 11110110    十进制值为-10
```

表达式“-12|6”的结果 11111111 11110110,首位为 1,表明结果为负数。将该补码转化为其反码 11111111 11110101,其原码为 10000000 00001010,因此表达式“12|6 的值应为-10。

2) 按位或运算的用途

按位或运算,可以将一个数中的某些二进制位设置为 1。例如,若 n 值为 0x74d2,其机内码(补码)为 01110100 11010010,表达式“n=n|1”可以将 n 的机内码的最低位设置为 1,n 的值为 01110100 11010011,即为 0x74d3。

表达式“n=n|0x8000”使 n 的机内码的最高位设置为 1,即将符号位设置为负号。

```
   (0x74d2 机内码)              01110100 11010010
|  (0x8000 机内码)              10000000 00000000
   (0x74d2|0x8000)11110100 11010010  新值-2862
```

3. 按位异或运算符“^”

1) 异或运算的一般形式:

```
A^B
```

其中,A、B 均为整型数据或字符型数据。计算时,将两个操作数 A、B 的二进制数按相应位运算：如果两个相应位相同，该位为 0，否则为 1。

【例 10.3】 计算下列表达式的值。

① 若有定义

```
short a,b,c;  a=14; b=23;
```

计算表达式 c＝a^b 的值。

② 若有定义

```
short a,b,c  a=-12; b=6;
```

计算表达式 c＝a^b 的值。

计算表达式结果为：

① 表达式 c＝a^b 的值 14^23＝25。

② 表达式 c＝a^b 的值 －12^6＝－14。

计算过程分析：

① 将 14 和 23 作“按位异或”运算：

（14 的补码） 00000000 00001110

（23 的补码） 00000000 00010111

（14^23 补码） 00000000 00011001 　　十进制数为 25

按位作异或运算，当相应位不相同时结果为 1，相应位相同时结果为 0，计算 14^23 的结果为 25。

② 将－12 和 6 作“按位异或”运算：

（－12 的补码） 11111111 11110100

（6 的补码） 00000000 00000110

（－12^6 补码） 11111111 11110010 　　十进制数为－14

表达式－12^6 的结果 11111111 11110010，其首位为 1，即结果为负，将该补码转化为其反码 11111111 11110001，其原码为 10000000 00001110，所以其计算值为－14。

2）按位异或运算的用途

使特定位“取反”。按位异或运算，可以指定对一个数中的某些二进制位“取反”(0 改为 1，1 改为 0)。如表达式“n＝n^0x0001”的结果是将 n 的最低 1 位取反，而前 15 位不变。表达式“n＝n^0x00ff”是将 n 的最后 8 位取反。

3）按位异或运算的特点

任意一个数与某个指定的数作两次异或操作，则运算结果为原数。根据该特点，可以应用于文本的加解密上，详见例 10.8。

4. 按位取反运算符“～”

按位取反运算的一般形式：

```
~A
```

其中,A 为整型数据或字符型数据。计算结果是将 A 的每一个二进制位取反后的值。

【例 10.4】 计算下列表达式的值。

若有定义

```
short a,b;  a=7; b=-14;
```

计算表达式 ~a 的值;

计算表达式 ~b 的值;

计算表达式结果为:

表达式~a 的值　~7=-8

表达式~b 的值 ~-14=13

计算过程分析:

7 的补码为 00000000 00000111,按位取反后得 11111111 11111000,转为原码为 10000000 00001000,结果为-8。

-14 的补码为 11111111 11110010,按位取反后得 00000000 00001101,即结果为 13。

需要注意的是:表达式~a 是将 a 按位取反所得的结果,但该运算并没有改变变量 a 中原有的值。同样,表达式~b 也没有改变变量 b 的值。

5. 左移运算符“<<”

左移运算的一般形式:

```
A<<N
```

其中,A 为整型数据或字符型数据,N 为整型数据。计算时,将操作数 A 的二进制各位均左移 N 位,在左移过程中,左边的数码被自动挤掉,左移后右边空位补零。对 A 左移 N 位的操作相当于作 $A*2^N$。

【例 10.5】 分析以下程序的输出结果。

```
#include <stdio.h>
void main()
{
    short x,y;
    x=5; y=x<<2;
    printf("%hd  %hd\n",x,y);
    x=-12; y=x<<2;
    printf("%hd  %hd\n",x,y);
}
```

程序运行:

```
5       20
-12     -48
```

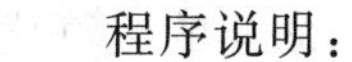

程序说明：

(1) 5 的补码为 00000000 00000101，将其左移 2 位后得 00000000 00010100，其十进制数为 20。

(2) －12 的补码为 11111111 11110100，左移 2 位后得 111111 1111010000，其原码为 10000000 00110000，十进制数为－48。

6. 右移运算符“＞＞”

右移运算的一般形式：

```
A>>N
```

其中，A 为整型数据或字符型数据，N 为整型数据。计算时，将操作数 A 的二进制各位均右移 N 位，在右移过程中，右边的数码被自动挤掉，右移后左边的空位补 A 的最高位数码(即符号位数码)。对 A 右移 N 位的操作相当于作 $A/2^N$。

【例 10.6】 分析以下程序的输出结果。

```
#include <stdio.h>
void main()
{
    short x,y;
    x=5; y=x>>2;
    printf("%hd   %hd\n",x,y);
    x=-12; y=x>>2;
    printf("%hd  %hd\n",x,y);
}
```

程序运行：

```
5     1
-12    -3
```

程序说明：

(1) 5 的补码为 00000000 00000101，右移 2 位后得 00000000 00000001(左边空位补零)，其十进制数为 1。

② －12 的补码为 11111111 11110100，右移 2 位后得 1111111111 111101(左边空位补 1，因为该数的补码最高位是 1)，其原码为 10000000 00000011，十进制数为－3。

7. 位运算符的优先级

6 种位运算符优先级从高到低的次序依次为：～、＜＜和＞＞、&、^、|，其中＜＜和＞＞优先级相同；～运算的结合规则为自右向左，其余运算符的结合规则都为自左向右。

位运算符～的优先级仅次于括号、下标运算、成员运算的优先级，而与逻辑非运算符!、间接访问运算符 * 、取地址运算符 & 的运算优先级相同。

位运算符＜＜、＞＞的优先级低于算术运算符，而高于关系运算符。

其他位运算符的运算优先级低于关系运算符、高于逻辑运算符 &&;它们之间的运算优先级从高到低依次为 &、^、|。

例如:

```
int a=4,b=2,c=5,d=2;
printf("%d",c^a&~b|d);
```

输出结果:3。按位运算符的优先级,表达式"c^a&~b|d"相当于"(c^(a&(~b)))|d"。

10.3 程序举例

【例 10.7】 将字符串中的所有汉字组成一个新的字符串,并将其输出。

程序设计分析:汉字的机内码由两字节组成,每字节的最高位为 1,而西文字符用 ASCII 码值表示,最高位为 0。按此规律,可以通过位运算判断字符串中的字符最高位是否为 1 识别出汉字。程序如下:

```
#include<stdio.h>
void main()
{
    char  s[81]="Microsoft 微软公司 Computer\n 杭州分公司";
    char  c[81];
    int i,j=0;
    for(i=0; s[i]!='\0'; i++)
      if ((s[i]&0x80)==0x80)           //第 8 行
           c[j++]=s[i];
    c[j]='\0';
    puts(c);
}
```

程序运行:

```
微软公司杭州分公司
```

程序说明:表达式(s[i]&0x80)==0x80 将每个字符与 0x80 作按位与运算,若结果是 0x80,则表示该字符最高位是 1,即该字符是某个汉字中的一个字符,依此找出字符串中的汉字。由于字符型数据在运算时自动转换成 int 型运算,所以在作按位与时需用 0x80;==运算优先级高于 &,s[i]&0x80 要用括号括起来,先计算,然后再和 0x80 比较。

【例 10.8】 对文本的加密与解密。输入一组文本信息及任意一个密值,对该文本加密,输出密文;重新输入密值后,输出解密后的原文。

程序设计分析:异或运算的一个特点是任意一个数与某个指定的数做两次异或操作,运算结果仍为原数。将原文与密值通过异或运算得到密文,将密文再与密值做异或运算得到原文。程序如下：

```
#include<stdio.h>
void  main()
{
    char s[81],ans;
    int m1, m2,  i;
    printf("输入原文:\n");
    gets(s);
    printf("原文:%s\n",s);
    printf("输入一个整数密值(1~255):\n");
    scanf("%d",&m1);
    for(i=0;s[i]!='\0';i++)          //加密
        s[i]^=m1;
    printf("密文:%s\n",s);
    printf("是否解密 y/n:\n");
    scanf("%*c%c",&ans);
    if (ans=='y')
    {
        printf("输入原密值:\n");
        scanf("%d",&m2);
        for(i=0;s[i]!='\0';i++)      //解密
          s[i]^=m2;
        if (m1==m2)   printf("解密原文:%s\n",s);
        else
          {
          printf("密值不对,解密文非原文!!\n");
          printf("解密文:%s\n",s);
          }
    }
}
```

程序运行：

```
输入原文:
C程序设计(Computer)
输入一个整数密值(1~255):
150
密文:斩EyGB%ZFd_~*P菊• 驺怏淇
是否解密 y/n:
y
输入原密值:
150
```

```
解密原文:C程序设计(Computer)
```

程序运行:

```
输入原文:
C程序设计(Computer)
输入一个整数密值(1~255):
68
密文:d楼哾鲌敹嵃槃 l
+)410!6m
是否解密 y/n:
y
输入原密值:
67
密值不对,解密文非原文!!
解密文: D'澡钟此柞物涣/Dhjwrsbu.
```

程序说明:密值数之所以范围为(1～255)是由于字符型是占一字节的。若要使密值范围为1～65 535,读者可将程序修改,使字符串中的每两个字符合成一个整数存放于一维数组中,加密时,由于是对int型(2字节)作异或运算,此时其密值数范围可为1～65 535。

【例 10.9】 按二进制位输出short类型的数据。

程序设计分析:通过位运算,可将二进制数中的最高位输出,通过左移操作,可将二进制数中的每一位移至最高位的位置。重复上述操作,就可以得到value的机内码从高位到低位的各位。

```
#include<stdio.h>
void dispaybit( short value)
{
   short i, bit;
   printf("%7hd=",value);            //输出十进制 value 值
   for(i=1;i<=16;i++)
      {
      bit=value&0x8000;              //获得 value 的当前最高位值
      if (bit==0)  putchar('0');     //输出 bit 的"0"或"1"值
      else  putchar('1');
      value<<=1;                     //左移一位
      if (i%8==0)  putchar(' ');
     }
   putchar('\n');
   return;
}
void  main()
```

```
{
    short x,y;
    scanf("%hd",&x);
    dispaybit(x);
    scanf("%hd",&y);
    dispaybit(y);
}
```

程序运行：

```
9=00000000 00001001
-9=11111111 11110111
```

程序说明：程序中，表达式“bit＝value&0x8000”是获得当前 value 值的最高位，当执行语句“value<<＝1;”后，又将原 value 的次高位左移成为最高位。依次不断地将 value 值中的每一位通过左移操作移至最高位后输出。

第 1 行输出 9 的机内码是 9 的原码。因此可知正整数的原码、反码、补码相同。

第 2 行输出－9 的机内码是补码。

【例 10.10】 输入一个整数，输出该整数机内码的第 4～7 位，用十六进制表示。

程序设计分析：先将整数 x 右移 4 位，将该整数机内码的第 4～7 位移至第 0～3 位，然后与 0x000f(0000000000001111)进行位与运算，所保留的低 4 位就是所要的结果。程序如下：

```
#include <stdio.h>
void main()
{
   short x,y;
   scanf("%d",&x);
   y=x>>4;  y=y&0x000f;
   printf("十进制数:  x=%d\n",x);
   printf("十六进制数:x=%x\n",x);
   printf("十六进制数:y=%x\n",y);
}
```

程序运行：

```
5609↙
十进制数:  x=5609
十六进制数:x=15e9
十六进制数:y=e
```

10.4　习题与实践

1. 计算题

(1) 计算下列表达式的值。

① 3&6　　② −12&7　　③ 3|9　　④ −02||12

⑤ (x=13)^9　　⑥ 15/2^1　　⑦ ~−14　　⑧ ~15/3

⑨ 7<<2　　⑩ −9<<2

(2) 若有 short a,b;分别写出执行下列语句后 a、b 的值。

① a=2; b=7; a&b;　　② a=−3; b=a|4;

③ a=5; b=a<<2;　　④ a=−15; b=~a>>2

2. 程序设计题

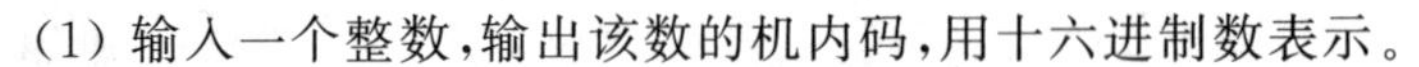

(1) 输入一个整数,输出该数的机内码,用十六进制数表示。

(2) 输入一个整数,将其低八位全置为1,高八位保留原样,并以十六进制输出该数。

(3) 输入一个字符串,删除字符串中的所有汉字字符,并输出该字符串。

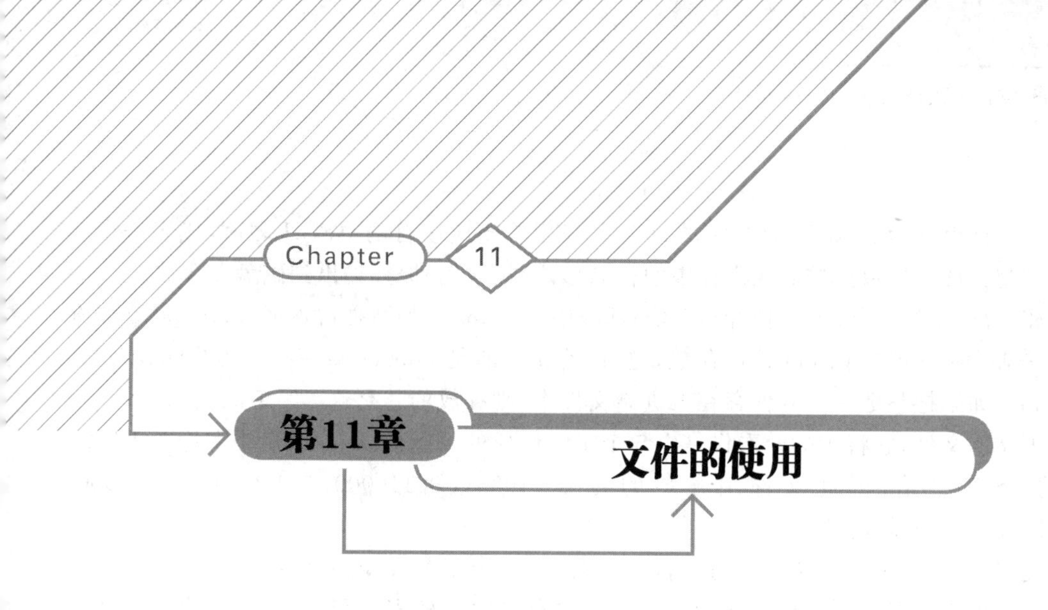

第11章 文件的使用

本章学习目标

- 理解文本文件和二进制文件的概念及特点。
- 理解C语言文件处理的方法和过程。
- 掌握文件的建立和读写方法。

文件是存储在外部介质上的数据的集合。文件是计算机应用中经常使用的概念,操作系统对资源的组织和管理就是以文件为单位进行的。C语言中的文件操作提供了将程序处理的结果写到文件中,或从已有的文件中输入数据到程序的变量中,再由程序处理的功能。本章介绍文本文件和二进制文件的概念及特点,分析C语言文件处理的方法和过程。

11.1 概述

文件是存储在外部介质上的数据的集合。文件是计算机处理中经常使用的概念,操作系统对资源的组织和管理就是以文件为单位进行的。例如,源程序文件是存储在磁盘上的程序代码的集合,目标文件是源程序文件经过编译后生成的文件,可执行文件是目标文件经过连接而生成的文件,数据文件中保存着待处理或已处理的数据等等。

在C语言中,文件的概念具有更广泛的含义,C语言把所有的外部设备都作为文件对待。按照系统的约定:键盘为标准输入文件,显示器为标准输出文件及标准错误输出文件,从而把实际的物理设备抽象化为逻辑文件。

将磁盘文件和设备文件都作为相同的逻辑文件对待,这种在逻辑上的统一为程序设计提供了很大的便利,使得C语言标准函数库中的输入输出函数既可以用来控制标准输入输出设备,也可以用来处理磁盘文件。

文件按数据的存储格式区分,可以分为文本文件和二进制文件。

文本文件也称为 ASCII 文件，它的每个字节存放相应字符的 ASCII 码值，代表一个字符。二进制文件是把数据按其在内存中的存储形式(机内码)原样输出到磁盘上存放。

例如，分析整数 10 000，我们知道 VC6 环境中一个 int 类型数据占 4 字节，10000 在内存中以二进制补码(即机内码)形式存放，这 4 字节分别是 00000000，00000000，00100111，00010000。如果把整数 10000 保存在二进制文件中，则存放的就是这 4 字节的数据。

对于文本文件，它将 10000 看作是由 5 个字符组成的一组信息，分别存放字符'1'、'0'、'0'、'0'、'0' 的 ASCII 码值，因此文件中存放的是 00110001，00110000，00110000，00110000，00110000 这 5 字节的信息。

由此可见，文本文件每个字节与字符一一对应，一个字节代表一个字符，因而便于对字符进行逐个处理，阅读方便，比较直观。但一般占存储空间较多，而且在输入输出时需要花费转换时间。二进制文件一般占较少(与文本文件比较)存储空间，输入输出时无须转换，但一个字节一般并不对应一个字符，单个字节的数据往往没有意义。

C 语言既可以处理文本文件，也可以处理二进制文件。本章先着重讨论文本文件的读写过程，然后再简单介绍二进制文件的处理方法。

11.2 用文件类型指针定义文件

先分析一个程序例子。

【例 11.1】 假设文件 d:\data\sushu.dat 中保存了 1～500 中所有的素数，每个素数之间用一个或多个空格隔开，编程将该文件中的所有数据依次显示在屏幕上面，每行显示 10 个数据。

程序设计分析：显示文件 d:\data\sushu.dat，可以有很多种方法。例如，我们可以用"记事本"或"写字板"将该文件打开。在这里，我们采用 C 语言提供的文件处理函数实现具体的功能，先给出源程序清单，如下：

```
#include<stdio.h>
void main()
{
    FILE * fp;                              //定义 fp 为指向文件类型的指针变量
    int n,i=0;
    fp=fopen("d:\\data\\sushu.dat","r");    //第 6 行
    while(!feof(fp))                        //第 7 行
    {
        fscanf(fp,"%d",&n);                 //第 9 行
        printf("%5d",n);                    //在屏幕上显示
        i++;
        if(i==10){printf("\n");i=0;}        //1 行显示 10 个素数
    }
```

```
    fclose(fp);                                        //关闭 fp 所指向的文件
}
```

程序运行:

```
  2    3    5    7   11   13   17   19   23   19
 31   37   41   43   47   53   59   61   67   71
 73   79   83   89   97   10  103  107  109  113
127  131  137  139  149  151  157  163  167  173
179  181  191  193  197  199  211  223  227  229
233  239  241  251  257  263  269  271  277  281
283  293  307  311  313  317  331  337  347  349
353  359  367  373  379  383  389  397  401  409
419  421  431  433  439  443  449  457  461  463
467  479  487  491  499
```

程序说明:程序第 6 行以参数 "r" 方式打开文本文件 d:\data\sushu.dat,表示该文件已存在且以只读方式打开,并自动设置文件的读写位置为文件头;程序第 9 行利用函数 fscanf 在文件中读数据,每读一个数据,顺序向后移动文件读写位置,准备读出下一个数据,若已读到文件末尾(文件结束标识),则函数 feof(fp)返回"真",第 7 行中循环条件为"假",循环终止。

从以上程序例子可以看到,在 C 语言程序中使用文件的方法如下:

(1) 声明一个 FILE * 类型的指针变量,程序通过该变量对所指向的文件进行操作。

(2) 通过调用 fopen 函数将此变量和某个实际文件相联系,这一操作称为打开文件。打开一个文件需要指定文件名,并且指明该文件是用于输入还是输出(读还是写)。

(3) 调用适当的文件处理函数完成必要的 I/O 操作。这些函数的原型声明包含在头文件 stdio.h 中。

(4) 通过调用 fclose 函数表明文件操作结束,这一操作称为关闭文件,它断开了 FILE * 类型的变量与实际文件间的联系。

声明一个 FILE * 类型的文件指针变量,是 C 语言文件操作的第一步。下面着重分析文件类型指针变量的概念。

C 语言程序对文件的读写是通过调用 C 语言处理系统所提供的输入输出函数实现的,这些函数直接从内存缓冲区读取数据或向内存缓冲区输出数据。C 语言采用的就是这种缓冲文件系统。

C 语言为程序中正在使用的每一个文件都在内存中开辟一个"缓冲区",输出数据先进入缓冲区,待缓冲区填满后才一起输出到文件。从文件中读取数据的过程与之类似,先将数据输入到缓冲区,然后再从缓冲区读数据到程序变量。使用输入输出缓冲区,可以一次从文件读入一批数据到缓冲区或从缓冲区一次写一批数据到文件,而不是每调用一次输入输出函数,就对磁盘文件访问一次,从而大大地提高了程序的执行效率,如图 11.1 所示。

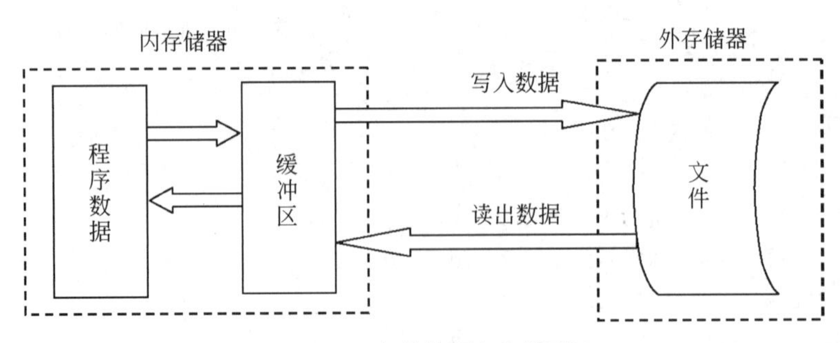

图 11.1 文件的写入和读出

在缓冲文件系统中,“文件指针”是一个重要的概念,C 语言的头文件 stdio.h 中定义了类型标识符为 FILE 的结构体,用来存放与打开的文件有关的信息,如文件名、文件状态、数据缓冲区的位置、文件读写的当前位置,等等。

对文件的操作,是通过指向该文件结构体变量的指针进行的。为此,需要用户在程序中定义指向文件结构体变量的指针,格式如下:

```
FILE *文件结构体指针变量名
```

例如,语句“FILE *fp;”定义 fp 是一个指向 FILE 类型结构体的指针,程序通过 fp 对所指向的文件进行操作。

文件打开后,系统将建立该文件的内存缓冲区、结构体变量;关闭文件时,该结构体变量被释放。调用读写文件的函数时,对文件结构体变量的访问是必不可少的。通过文件结构体间接读写文件中的数据,可以使缓冲区和文件之间的读写操作正确进行。

标准设备文件在程序运行时由系统自动打开,在程序终止时自动关闭,标准设备文件的文件结构体指针由系统命名如下:

```
stdin       标准输入文件
stdout      标准输出文件
stderr      标准错误输出文件
```

上述三个文件结构体指针不需要用户定义,就可以在程序中直接使用。在前面各章介绍的所有程序中,输入数据均来自键盘(标准输入文件),运算结果均输出到显示器(标准输出文件)。

11.3 文件操作函数

C 程序对文件的操作是通过调用一组库函数实现的,包括文件的打开/关闭、读写,以及定位等函数。

11.3.1　文件的打开和关闭函数

文件只有先打开，然后才能使用；使用以后应及时关闭，以保证数据的正确存储。

1. 打开文件

函数原型：

```
FILE  * fopen(char * filename,char * mode)
```

功能：打开以字符串 filename 为文件名的文件，函数的返回值为指向该文件的 FILE 类型结构体变量的首地址，打开文件失败时返回 NULL。

参数 mode 中的字符串决定了所打开文件的使用方式，见表 11.1。

表 11.1　打开文件的使用方式

mode	含　义
"r"	只读，以只读方式打开已存在的文本文件
"w"	只写，以只写方式新建文本文件，若存在同名文件则刷新已有文件
"a"	追加，以只写方式打开已存在的文本文件，数据追加到文件末尾
"r+"	读写，为读写方式打开已存在的文本文件
"w+"	读写，以读写方式新建文本文件，若存在同名文件则刷新已有文件
"a+"	读写，以读写方式打开已存在的文本文件，数据追加到末尾
"rb"	只读，以只读方式打开已存在的二进制文件
"wb"	只写，以只写方式新建二进制文件，若存在同名文件则刷新已有文件
"ab"	追加，以只写方式打开已存在的二进制文件，数据追加到末尾
"rb+"	读写，以读写方式打开已存在的二进制文件
"wb+"	读写，以读写方式新建二进制文件，若存在同名文件则刷新已有文件
"ab+"	读写，以读写方式打开已存在的二进制文件，数据追加到末尾

说明：

(1) 用"r"(只读)模式打开文本文件，只能从该文件中读取数据，不能向该文件写数据，而且该文件必须已经存在，否则出错。

例如在例 11.1 中，语句“fp=fopen("d:\\data\\sushu.dat","r");”打开"d:\data\sushu.dat"文件，文本文件 sushu.dat 必须事先放置在 d 盘根目录下的 data 目录中。

(2) 用"w"(只写)模式打开文本文件，只能向该文件写数据，不能从该文件中读取数据。如果所指定的文件不存在，系统会创建它；如果所指定的文件已经存在，则系统先删除它，然后再创建一个新文件。

所以，用"w"模式打开一个已经存在的文件，该文件的原有内容会丢失。

(3) 用"a"(追加)模式打开文本文件,可以向该文件添加数据,但不能从该文件中读取数据,而且该文件必须存在,否则出错。

所谓添加数据,是指在打开文件时,系统将 FILE 结构体的文件读写位置指针定位在最后一个数据之后、文件结束标识之前,然后开始写数据。所以,用"a"模式打开一个已经存在的文件,写入的数据被添加在文件原有内容之后。

(4) "r"、"w"、"a"是打开文件的三种基本模式,"+"表示对基本模式的扩展,所以,"r+"、"w+"和"a+"能够以可读写方式打开文本文件,但是,上述(1)~(3)的使用规则同样适用,如以"r+"模式只能打开已存在的文件,以"w+"模式打开已存在的文件会将其内容清空等。

可读写方式是指:当以某种模式完成文件操作后,将文件读写位置指针移到指定位置,再进行另一种模式的文件操作。如以"w+"模式打开一个文件,在写文件操作完成后,移动文件读写位置指针到文件头,还可以读该文件。

(5) “b”(binary)表示打开的是二进制文件。

(6) 有许多因素会导致文件不能打开,如读盘错误,又如用只读方式打开文件而指定文件不存在,等。在编程时建议使用出错处理,如采用下列形式的语句打开文件:

```
if((fp=fopen("d:\\data\\sushu.dat","w+"))==NULL)
{ printf("cannot open file d:\\data\\sushu.dat!\n"); exit(0); }
```

2. 关闭文件

函数原型:

```
int fclose(FILE * fp)
```

功能:关闭 fp 所指向的文件,释放 fp 所指向的文件结构体和文件缓冲区。

函数返回非 0 表示出错,返回 0 表示文件已被正常关闭。

11.3.2 文件的读写函数

在调用 fopen 函数打开文件之后,就可以对文件进行读或写操作了。为了完成读写磁盘文件操作,首先要熟悉用于磁盘文件的输入输出函数及其使用方法,还要熟悉如何判别读取文件中数据的操作是否已到达了文件的末尾。C 语言提供了比较丰富的文件处理函数,这些函数的原型声明包含在头文件 stdio.h 中。

1. 字符(串)读写

1) 字符输入函数 fgetc

函数原型:

```
int fgetc(FILE * fp)
```

功能:从 fp 所指向的文本文件的当前读写位置读入一个字符,该文件必须是以读或读写方式打开的。函数的返回值为该字符的 ASCII 码值,若读到文件结束标识(位于最后一个数据的后面),则返回 EOF(即-1)。

从文件读入一个字符后，文件读写位置向后移动1字节。

该函数的一般用法为"c=fgetc(fp);"，即将所读入字符的ASCII码值送入变量c。

第3章介绍过getchar函数，其实getchar是在stdio.h中用预处理命令定义的宏：

```
#define  getchar()  fgetc( stdin )
```

stdin是系统定义的文件指针变量，表示标准输入设备即键盘。fgetc (stdin)的作用是从键盘读入一个字符。

2）字符输出函数fputc

函数原型：

```
int fputc(char ch, FILE * fp)
```

功能：在fp所指向的文件的当前读写位置写入一个字符。写入字符成功则函数返回值为该字符的ASCII码值，写入字符不成功则返回值为EOF。

向文件写入一个字符后，文件的读写位置指针向后移动1字节。

该函数的一般用法为"fputc(ch, fp)"。

与fputc相对应的putchar函数在stdio.h中有如下定义：

```
#define  putchar( c )  fputc(c, stdout)
```

3）函数feof

一般情况下，读文件时不要求预先知道(一般也不知道)文件中的数据个数。我们可以通过文件结束标识"^Z"(EOF)判断读取数据时文件读写位置指针是否到达文件末尾，并据此作出判断使读取文件的过程终止。

函数feof也可以用以判断是否读到文件末尾。例如，例11.1中的循环过程就是用此函数控制的。

函数原型：

```
int feof(FILE * fp)
```

功能：当读到文件末尾时返回非0，否则返回0。

使用该函数控制读文件的过程非常方便，如使用如下程序段控制读文件的过程。

```
while (!feof(fp))              //当没有到文件结束时,执行…
{
  读数据,处理
}
```

例如，如果想从一个磁盘文件顺序读字符并显示在屏幕上，可以这样来实现：

```
ch =fgetc (fp);
while(ch !=EOF)
{
```

```
    putchar(ch);
    ch =fgetc (fp);
}
```

也可以写成:

```
while(!feof(fp))
{
    ch =fgetc (fp);
    putchar(ch);
}
```

EOF是在stdio.h中定义的符号常量,值为-1,表示文件结束符。由于字符的ASCII码值不可能出现-1,因此当读入的值等于-1(即EOF)时,表示读入的已不再是正常的字符而是文件结束符。但这不适用于处理二进制文件,因为在二进制文件中,某一个字节中的二进制值可能就是-1。为了解决这个问题,ANSIC提供了feof函数判断文件是否真的结束。feof(fp)用来测试fp所指向的文件当前状态是否"文件结束",如果是文件结束,则函数feof(fp)的值为非0(真),否则为0(假)。

因此,对于文本文件,可以用EOF或feof函数判断文件是否结束;而对于二进制文件,则只能采用feof函数。

【例11.2】 将文本文件 "d:\data\d1.txt" 中的字符复制到"d:\data\d2.txt"中,其中空格字符不复制。

程序设计分析:文件复制是操作系统提供的一种基本功能,通常是将源文件按原样复制到目标文件。本例需要在复制的过程中对文件内容进行必要的判别,以便空格字符不参与复制,程序如下:

```
#include <stdio.h>
void main()
{
    FILE * fp1, * fp2;                          //定义文件类型的指针变量
    int ch;
    fp1=fopen("d:\\data\\d1.txt","r");          //打开源文件,用于读操作
    fp2=fopen("d:\\data\\d2.txt","w");          //打开目标文件,用于写操作
    while((ch=fgetc(fp1))!=EOF)                 //在源文件中读一个字符,如果未到文件结
                                                //束标识,则继续循环处理
      if(ch!=' ')                               //所读字符如果不是空格,则写目标文件
      fputc(ch,fp2);
    fclose(fp1);                                //关闭源文件
    fclose(fp2);                                //关闭目标文件
}
```

程序运行后,在目标文件中保存了源文件去掉空格以后的内容,读者可以用记事本或写

字板打开"d:\data\d2.txt"查看。

程序说明：程序中以参数 "r" 方式打开文本文件"d:\data\d1.txt"，表示该文件以只读方式打开，该文件必须已经存在，读者在分析验证本例程序时应确保这一点，比如先用记事本创建一个这样的文件。目标文件以"w"方式打开，用于写操作，程序会自动创建该文件。程序中的 while 循环用来控制文件的顺序读写操作，从源文件每次读一个字符，判断它是不是空格，如果不是空格，则写入目标文件。若已读到文件末尾(文件结束标识)，此时函数 fgetc(fp1)返回 EOF，则 ch 为 EOF，循环终止，表示所有的字符都处理过了。最后关闭源目标文件。

请读者思考：程序中如果不用 EOF 而是用函数 feof 判断读操作是否到了文件末尾，则程序的循环部分该怎么写?

4) 字符串输入函数 fgets

函数原型：

```
char * fgets(char * str, int n, FILE * fp)
```

功能：从 fp 所指向的文件的当前读写位置起，最多读 n－1(包括换行符和文件结束标识，读到它们时终止)个字符，添加后缀'\0'后复制到字符数组 str 中。操作成功，返回值为 str 首地址，操作失败，则返回 NULL。

读入字符串后，读写位置向后移动到该字符串的下一个字符串前。

5) 字符串输出函数 fputs

函数原型：

```
int fputs(char * str, FILE * fp)
```

功能：向 fp 所指向的文件写字符串 str(不包括串尾标识'\0')，函数的返回值为所输出的最后一个字符的 ASCII 码值，操作不成功则返回值为 0。

向文件输出字符串后，文件读写位置移动到所写入字符串之后。

该函数的一般用法为

```
fputs(str,fp);
```

该函数不会自动在输出字符串到文件时添加'\n'，在需要时，可以加入一条用于换行的语句："fputc('\n',fp);"。

fgets 和 fputs 函数类似以前介绍过的 gets 和 puts 函数，只是 fgets 和 fputs 函数以指定的文件作为读写对象。

2. 数值读写

1) 格式化输入函数

函数原型：

```
int fscanf(FILE * fp,char * format,地址列表)
```

功能：按照格式控制字符串 format 所给定的输入格式，把从 fp 所指向的文件当前读写位置起读入的数据，按地址列表存入指定的存储单元。

从文件读入数据后，文件读写位置向后作相应移动。

2）格式化输出函数

函数原型：

```
int fprintf(FILE * fp,char * format,输出表)
```

功能：按照格式控制字符串 format 所给定的输出格式，从 fp 所指向文件的当前读写位置起，把输出表中各表达式值输出到文件。

向文件输出数据后，文件读写位置向后作相应移动。

fprintf 函数、fscanf 函数与 printf 函数、scanf 函数作用相似，都是格式化读写函数，只是 fprintf 和 fscanf 函数的读写对象不是终端而是磁盘文件。另外，fgetc 和 fputc 只能读写字符，而且一次只能是一个字符，fscanf 和 fprintf 可以读写多种类型的数据，并且一次可以处理多个数据。

例如例 11.2 程序的循环部分可以改写成：

```
while(fscanf(fp1,"%c",&ch)!=EOF)
  if(ch!=' ')
    fprintf(fp2,"%c",ch);
```

例 11.1 也利用了格式化输出函数完成文件的读操作。

3. 块数据读写

1）输入函数 fread

函数原型：

```
int fread(T * a,long sizeof(T),unsigned int n,FILE * p)
```

功能：从 fp 所指向文件的当前读写位置起，复制 n×sizeof(T)字节到 T 类型指针变量 a 所指向的内存区域。函数返回值为 n 或 0(读到文件末尾)。

2）输出函数 fwrite

函数原型：

```
int fwrite(T * a,long sizeof(T),unsigned int n,FILE * p)
```

功能：从 T 类型指针变量 a 所指向的内存地址起，复制 n×sizeof(T)字节，到 fp 所指向文件当前读写位置起的存储区域，返回值为 n。

当需要一次读写一个数据块时，可以用 fread 函数和 fwrite 函数。例如：

```
float f[2];
fread(f,4,2,fp);
```

如果 fp 所指向的文件保存的是一组实数，则上述语句可理解为：从 fp 所指向文件的当前读写位置起，读两个实数(每个 float 型的实数占 4 字节)赋值给 f [0]和 f [1]。

又如，定义一个结构数组：

```
struct  student_type
{
  char  name[10];
  int  num;
  int  age;
  char  addr[30];
}stud[40];
```

假设结构数组的每个元素已存放了每个学生的数据，则写到磁盘文件的语句如下：

```
for(j=0; j<40; j++)
   fwrite (&stud[j], sizeof(struct student_type), 1, fp);
```

从磁盘文件读出，存放到结构数组的语句如下：

```
for(j=0; j<40; j++)
   fread (&stud[j], sizeof(struct  student_type), 1, fp);
```

也可以写为

```
fread(stud, sizeof(struct student_type), 40, fp);
```

或

```
fread(stud, 40*sizeof(struct student_type),1, fp);
```

11.3.3　文件的定位函数

对文件的读写，是通过指向该文件结构体的指针进行的。文件结构体中，有一个“读写位置指针”，指向当前读或写的位置。以读写方式打开文件时，该指针指向文件中所有数据项之前；以追加方式打开文件时，该指针指向文件中所有数据项之后。

当顺序读写文件时，每读写完一个数据项，文件读写位置指针将自动移动到该数据项后、下一数据项前。如果要读出第五个数据，则必须按顺序将前面四个数据读出，然后才能读出第五个数据，写的过程也是这样。这样的文件称为顺序存取文件。前面所介绍的文件操作都是对顺序文件的操作。

实际应用中有时希望能直接读写文件中的某一数据项，而不是按照物理顺序逐个进行读写操作，这就是对文件的随机读写。

随机读写的过程中，读写文件仍然使用前面介绍的各个函数。区别在于，利用为文件读写指针重新定位的函数，移动文件读写指针到所需要的地方。下面介绍几个文件定位函数。

1. rewind 函数

函数原型：

```
void rewind(FILE * fp)
```

功能：移动文件读写位置指针到文件头(第1个数据项前)，函数返回值类型为空类型，即无返回值。

2. fseek 函数

函数原型：

```
int fseek(FILE * fp,long n,unsigned switch)
```

功能：移动文件读写位置指针，参数 n 为移动的字节数，n 为正则向文件尾部移动，n 为负则向文件首部移动。

参数 switch 决定移动的起点位置：为 0 则从文件头部移动，为 1 则从当前指针位置起移动，为 2 则从文件末尾起移动。移动成功返回 0，否则返回非 0。

该函数的一般用法，如“fseek(fp,-6,1);”，作用是：将 fp 所指向的文件结构体中的文件读写位置指针，从当前读写位置向文件首部移动 6 字节。

3. ftell 函数

函数原型：

```
long ftell(FILE * fp)
```

功能：返回文件读写位置到文件首字节的字节数，文件打开、未读写前调用该函数返回值为 0，出错(如文件不存在)返回-1。

11.4 程序举例

【例 11.3】 统计文本文件中英文字母、数字、空格和其他字符的个数，并将统计结果写到该文件的尾部。

程序设计分析：选择或创建一个文本文件作为统计的对象，这里我们就用例 11.1 源程序文件作为例子。假设该源程序文件被命名为 li11-1.c，并已放置在 d:\data 目录下。以下程序先以"r"方式打开 li11-1.c 文件，逐个读字符并进行判断、统计，一直到文件末尾；然后再以"a"方式重新打开该文件，写入统计结果。程序如下：

```
#include <stdio.h>
#include <ctype.h>
#include <stdlib.h >
void main()
{
    FILE * fp;
    int n1,n2,n3,n4,ch;
    n1=n2=n3=n4=0;
    if((fp=fopen("d:\\data\\li11-1.c","r"))==NULL)
```

```
    { printf("cannot open file li11-1.c!\n"); exit(0); }
  while((ch=fgetc(fp))!=EOF)
  {
   if (isalpha(ch)) n1++;                                //英文字母
   else
          if(isdigit(ch)) n2++;                          //数字字符
          else
            if(ch==' ') n3++;                            //空格
            else
                n4++;                                    //其他字符
  }
  fclose(fp);
  printf("%d  %d  %d  %d\n",n1,n2,n3,n4);
  if((fp=fopen("d:\\data\\li11-1.c","a"))==NULL)  //重新打开文件
  {   printf("cannot open file li11-1.c!\n"); exit(0);}
      fprintf(fp,"//alpha number:%d\n",n1);           //统计结果写文件
      fprintf(fp,"//digit number:%d\n",n2);
      fprintf(fp,"//space number:%d\n",n3);
      fprintf(fp,"//other:%d\n",n4);
      fclose(fp);
}
```

程序运行后，在 li11-1.c 文件末尾写入了以下内容，读者可以打开"d:\data\li11-1.c"文件查看。

```
//alpha number:149
//digit number:18
//space number:67
//other:185
```

程序说明：程序中以参数 "r" 表示该文件以只读方式打开，只能读文件而不能进行写操作，因此统计结束后要重新打开该文件，以便完成统计结果的写入操作。由于文件用追加方式打开，读写位置指针定位在最后一个数据之后、文件结束标识之前，这时写入数据就直接写到了文件的尾部。

本例程序用 fgetc 函数逐个读字符并进行比较统计，能不能用 fgets 函数一次读一个字符串？程序又该怎么写？试一试，看看结果是否一致。

【例 11.4】 假设有一文件 aa.txt，其中保存了一组学生的数据信息，每个学生的数据包括学号、三门课程的成绩和平均成绩，并按照平均成绩从高分到低分存放，如：

```
a2005003  90  75  82  82.3
a2005001  76  80  69  75.0
a2005002  72  81  63  72.0
```

编程,从键盘输入一个学生的数据,插入到该文件中,要求保持该文件中的数据仍按照平均成绩从高分到低分存放。

程序设计分析:创建一个临时文件,从如 bb.txt,从键盘输入一个学生的数据,并计算出平均成绩;从 aa.txt 中逐条读取学生数据,其平均成绩与新输入的学生的平均成绩进行比较,如果前者大,则直接写入临时文件 bb.txt,再从 aa.txt 中读取下一学生数据。这一过程重复进行。直到从 aa.txt 中读取的学生数据其平均成绩小于新输入的学生的平均成绩,这时,先将新输入的学生数据写入临时文件 bb.txt,再将刚从 aa.txt 中读取的学生数据也写入临时文件 bb.txt,然后再依次从 aa.txt 中逐条读取学生数据,直接写入临时文件 bb.txt;或者,从 aa.txt 中读取的学生数据其平均成绩都大于新输入学生的平均成绩,这种情况下当 aa.txt 中所有的学生数据都写到临时文件 bb.txt 后,新输入的学生数据也跟着写入临时文件 bb.txt 即可。最后将源文件 aa.txt 删除,并将临时文件 bb.txt 改名为 aa.txt 就完成了整个操作。

```
#include <stdio.h>
#include <stdlib.h>
struct stu
{
    char numb[9];
    int s[3];
    float ave;
};
void main()
{
    FILE * f1, * f2;
    struct stu a,b;
    int flag=1;
    if((f1=fopen("aa.txt","r"))==NULL)              //文件名前省略盘符,路径
    {
        printf("cannot open file aa.txt!\n");        //表示该文件在当前目录中
        exit(0);
    }
    if((f2=fopen("bb.txt","w"))==NULL)
    { printf("cannot open file bb.txt!\n"); exit(0); }
    scanf("%s%d%d%d",a.numb,&a.s[0],&a.s[1],&a.s[2]);
    a.ave=(a.s[0]+a.s[1]+a.s[2])/3.0;
    while(fscanf(f1,"%8s%4d%4d%4d%6f\n",
    b.numb,&b.s[0],&b.s[1],&b.s[2],&b.ave)!=EOF)
    {
        if(a.ave >b.ave && flag)
        {
```

```
            fprintf(f2,"%8s%4d%4d%4d%6.1f\n",
            a.numb,a.s[0],a.s[1],a.s[2],a.ave);
            flag=0;
        }
            fprintf(f2,"%8s%4d%4d%4d%6.1f\n",
            b.numb,b.s[0],b.s[1],b.s[2],b.ave);
    }
    if(flag)
    fprintf(f2,"%8s%4d%4d%4d%6.1f\n",
    a.numb,a.s[0],a.s[1],a.s[2],a.ave);
    fclose(f1); fclose(f2);
    remove("aa.txt");
    rename("bb.txt","aa.txt");
}
```

程序运行：

```
从键盘输入 a2005004  80  76  73 后的执行结果：
a2005003  90  75  82  82.3
a2005004  80  76  73  76.3
a2005001  76  80  69  75.0
a2005002  72  81  63  72.0
```

程序说明：该程序中变量 flag 的作用是，标识新学生数据是否已经插入。由于 a.ave 大于 b.ave 时已将新数据写入文件 bb.txt，条件中缺少 flag 为真的判断将导致新数据多次写入。

程序中的函数 remove 用于删除磁盘文件，说明如下。

函数原型：

```
int remove(char * filename)
```

功能：删除以字符串 * filename 为文件名的文件，删除成功则返回 0，否则返回 −1。

函数 rename 用于将磁盘文件改名。

函数原型：

```
int rename(char *oldfilename,char *newfilename)
```

功能：将文件名 oldfilename 改为 newfilename。改名成功则返回 0，否则返回 −1。

【例 11.5】 同例 11.4，假设有一文件 aa.txt，其中保存了一组学生的数据信息，每个学生的数据包括学号、三门课程的成绩和平均成绩，并按照平均成绩从高分到低分存放，如：

```
a2005003  90  75  82  82.3
a2005004  80  76  73  76.3
a2005001  76  80  69  75.0
```

```
a2005002  72  81  63  72.0
```

编程,从键盘输入一个序号,则将该序号所对应的数据显示在屏幕上。如输入 3,则显示:a2005001 76 80 69 75.0。

程序设计分析:随机读写关键是要能够正确进行读写位置的定位。从例 11.4 可知,每个学生信息是一个结构数据,占 25 字节(各成员所占字节数总和)。利用 fseek 函数实现定位,程序如下:

```
#include <stdio.h>
#include <stdlib.h>
struct stu
{
    char numb[9];
    int s[3];
    float ave;
};
void main()
{
    FILE * fp;
    struct stu a;
    int n;
    if((fp=fopen("aa.txt","r"))==NULL)
    {
        printf("cannot open file aa.txt!\n"); exit(0);
    }
    scanf("%d",&n);
    fseek(fp,(n-1) * sizeof(struct stu),0);
    if(fscanf(fp,"%8s%4d%4d%4d%6f\n",
    a.numb,&a.s[0],&a.s[1],&a.s[2],&a.ave)!=EOF)
    printf("%8s%4d%4d%4d%6.1f\n",
    a.numb,a.s[0],a.s[1],a.s[2],a.ave);
    fclose(fp);
}
```

程序运行:

```
输入:3<CR>
输出:a2005001  76  80  69  75.0
```

程序说明:该程序中 fseek 函数的作用是,将读写位置移动到离文件头(n−1) * sizeof(struct stu)的位置。程序中的 fscanf 读文件结果用了条件判断,是因为当输入数据大于文件中已有学生数据个数时,不应该显示任何数据。

函数调用 fseek(fp，(n－1) * sizeof(struct stu),0)；中为什么用 sizeof(struct stu)，而不是 25？这样做有什么好处？请读者思考。

到此为止，细心的读者可能不难发现，前面介绍的几个程序例子都是按文本文件方式处理的，其实很多例子既可以按文本文件方式处理，也可以按二进制文件方式处理，对二进制文件的处理也用前面介绍过的一些函数。有关文本文件和二进制文件各自的特点和区别，已经在前面作了介绍。下面通过一个例子进行分析。

【例 11.6】 编程，将 1～500 之间所有的素数依次写入文件 "d:\data\sushu.dat"，每个素数之间用一个逗号隔开。

程序设计分析：素数的判断及其程序设计方法已在第 4 章中作了详细的介绍，这里不再重复。本例中当确定一个数是素数时，将它写入文件即可。程序如下：

```
#include<stdio.h>
#include<math.h>
void main()
{
    FILE * fp;
    int n,k,i;
    fp=fopen("d:\\data\\sushu.dat","w");
    for(n=2; n<=500; n++)
    {
        k=sqrt(n);
        for(i=2; i<=k; i++)
            if(n%i==0) break;
        if(i>k)
            fprintf(fp,"%d,",n);                    //素数写文件
    }
    fclose(fp);
}
```

程序运行：程序运行后，在"d:\data\sushu.dat"中保存了 1～500 所有的素数，读者可以用“记事本”或“写字板”打开文件查看。

程序说明：该程序中的文件还是按文本文件的方式处理的，因为文件是用"w"方式打开的。实际上如果把打开方式改成"wb"，你会发现结果一模一样。这是为什么呢？文本文件怎么会和二进制文件一样呢？

事实上这是由于使用的是格式输出函数向文件写数据的结果。用 fprintf 和 fscanf 函数对磁盘文件进行读写操作，在输出(即写文件)时会将机内码(二进制形式)转换成字符，在输入(即读文件)时将字符 ASCII 码值转换成二进制机内码形式。因此用 fprintf 写数据得到的文件本质上都是文本文件。

二进制文件的读写通常用 fread 和 fwrite 函数，它们按数据块的长度来处理输入输出，

如果文件以二进制方式打开,用 fread 和 fwrite 函数就可以读写任何类型的信息,而且在读写处理时不进行任何转换。当然它们也用于文本文件的读写。

现在用 fwrite 函数完成例 13.6 中的素数写文件操作,将

```
fprintf(fp,"%d,",n);
```

改为

```
fwrite(&n,sizeof(int),1,fp);
```

这时你会发现,不管文件是以"w"方式打开,还是以"wb"方式打开,都将被处理成二进制文件。

总体来说,fgetc 和 fputc 函数因其逐个读写字符的特点,适合文本文件的处理,fgets、fputs 函数也是;fread 和 fwrite 函数常用于二进制文件,也用于文本文件的读写;fprintf 和 fscanf 函数在读写过程中的转换时间比较多,在内存与磁盘之间需要频繁交换数据的情况下最好不用,而用 fread 和 fwrite 函数。

最后需要指出的是,对于二进制文件,只能采用 feof 函数判断文件是否结束,不能用 EOF。

11.5 习题与实践

1. 选择题

(1) 若文件型指针 fp 指向某文件的末尾,则函数 feof(fp)的返回值是(　　)。

A. 0　　B. -1　　C. 非零值　　D. NULL

(2) 下列语句将输出(　　)。

```
printf("%d %d %d", NULL,'\0',EOF);
```

A. 0 0 1　　B. 0 0 －1　　C. NULL　EOF　　D. 1 0　EOF

(3) 下列语句中,将 fp 定义为文件型指针的是(　　)。

A. FILE fp;　　B. FILE ＊fp;　　C. file fp;　　D. file ＊fp;

(4) 以“只读”方式打开文本文件 a:\aa.dat,下列语句中(　　)是正确的。

A. fp＝fopen("a:\aa.dat","ab");　　B. fp＝fopen("a:\aa.dat","a");

C. fp＝fopen("a:\aa.dat","wb");　　D. fp＝fopen("a:\aa.dat","r");

(5) 如果二进制文件 a.dat 已存在,现在要求写入全新的数据,应以(　　)方式打开。

A. "w"　　B. "wb"　　C. "w＋"　　D. "wb＋"

2. 填空题

(1) C 语言中调用________函数打开文件,调用________函数关闭文件。

(2) fopen 函数的返回值是________。

(3) feof 函数可用于________文件和________文件,它用来判断即将读入的是否

为________,若是,函数值为________。

(4) 若 ch 为字符变量,fp 为文本文件指针,从 fp 所指文件中读入一个字符时,可用的两种不同的输入语句是________和________。把一个字符输出到 fp 所指文件中的两种不同的输出语句是 ________ 和________。

(5) "FILE * fp"的作用是定义了一个________,其中的"FILE"是在头文件中定义的。

3. 程序阅读题

(1) 读程序,指出程序实现的功能。

```
#include <stdio.h>
void  main()
{
    int  ch1,ch2;
    while ((ch1=getchar ())!=EOF)
        if(ch1>='a'&& chl<='z')
            { ch2=chl-32; putchar(ch2);}
        else putchar(chl):
}
```

(2) 读程序,指出程序实现的功能。

```
#include <stdio.h>
#include <stdlib.h>
void  main()
{
   FILE * fp:
   int  n=0;  char  ch;
   fp=fopen("fname.txt","r");
   while( !feof(fp))
      { ch=fgetc(fp); if(ch==' ') n++;}
   printf("b=%d\n",n);
   fclose(fp);
}
```

(3) 读程序,指出程序实现的功能。

```
#include "stdio.h"
#include <stdlib.h>
void  main()
{
   FILE * f1, * f2l;
   int k;
   f1=fopen("c:\tc\pl.c","r");
```

```
  f2=fopen("a:\pl.c","w");
  for(k=1; k<=1000; k++)
     { if( !feof(f1))  break;
       fputc( fgetc(f1), f2);
     }
  fclose(f1); fclose(f2);
}
```

(4) 写出以下程序的运行结果。

```
#include<stdio.h>
#include <stdlib.h>
void  main()
{
    FILE * fp; int i;
    char s1[80],s[]="abcdefghijklmnop";
    fp=fopen("alf.dat","wb+");
    i=sizeof(s);
    fwrite(s,i,1,fp);  rewind(fp);  fread(s1,i,1,fp);
    printf("all=%s\n",s1);  fseek(fp,0,0);
    printf("seek1 ch=%c\n",fgetc(fp));
    fseek(fp,10,1);
    printf("seek2 ch=%c\n",fgetc(fp));
    fseek(fp,1,1);  printf("seek3 ch=%c\n",fgetc(fp));
    fclose(fp);
}
```

4. 程序设计题

(1) 编一个程序,从键盘输入 200 个字符,存入名 f1.txt 的磁盘文件中。

(2) 把文本文件 d1.dat 复制到文本文件 d2.dat 中,要求仅复制 d1.dat 中的英文字符。

(3) 计算多项式 a0+a1 * x+a2 * x * x+a3 * x * x * x+…前 10 项的和,并将其值以格式"%f"写到文件 design.dat 中。

(4) 磁盘文件 a1 和 a2,各自存放一个已按字母顺序排好的字符串,编程合并两个文件到 a3 文件中,合并后仍保持字母顺序。

(5) 顺序文件 c.dat 每个记录包含学号(8 位字符)和成绩(三位整数)两个数据项。从文件读入学生成绩,将大于或等于 60 分的学生成绩再形成一个新的文件 score60.dat 保存在 A 盘上,并显示出学生总人数、平均成绩和及格人数。

附录 A　字符的 ASCII 码表

字符的 ASCII 码表如附表 A.1 所示。

附表 A.1　字符的 ASCII 码表

<table>
<tr><th>符　号</th><th>十进制</th><th>符　号</th><th>十进制</th><th>符　号</th><th>十进制</th><th>符　号</th><th>十进制</th></tr>
<tr><td>NULL</td><td>0</td><td>SPACE</td><td>32</td><td>@</td><td>64</td><td>`</td><td>96</td></tr>
<tr><td>☺</td><td>1</td><td>!</td><td>33</td><td>A</td><td>65</td><td>a</td><td>97</td></tr>
<tr><td>☻</td><td>2</td><td>“</td><td>34</td><td>B</td><td>66</td><td>b</td><td>98</td></tr>
<tr><td>♥</td><td>3</td><td>#</td><td>35</td><td>C</td><td>67</td><td>c</td><td>99</td></tr>
<tr><td>♦</td><td>4</td><td>$</td><td>36</td><td>D</td><td>68</td><td>d</td><td>100</td></tr>
<tr><td>♣</td><td>5</td><td>%</td><td>37</td><td>E</td><td>69</td><td>e</td><td>101</td></tr>
<tr><td>♠</td><td>6</td><td>&</td><td>38</td><td>F</td><td>70</td><td>f</td><td>102</td></tr>
<tr><td>beep</td><td>7</td><td>’</td><td>39</td><td>G</td><td>71</td><td>g</td><td>103</td></tr>
<tr><td>◘</td><td>8</td><td>(</td><td>40</td><td>H</td><td>72</td><td>h</td><td>104</td></tr>
<tr><td>tab</td><td>9</td><td>)</td><td>41</td><td>I</td><td>73</td><td>i</td><td>105</td></tr>
<tr><td>换行</td><td>10</td><td>*</td><td>42</td><td>J</td><td>74</td><td>j</td><td>106</td></tr>
<tr><td>起始位置</td><td>11</td><td>+</td><td>43</td><td>K</td><td>75</td><td>k</td><td>107</td></tr>
<tr><td>换页</td><td>12</td><td>’</td><td>44</td><td>L</td><td>76</td><td>l</td><td>108</td></tr>
<tr><td>回车</td><td>13</td><td>—</td><td>45</td><td>M</td><td>77</td><td>m</td><td>109</td></tr>
<tr><td>♫</td><td>14</td><td>.</td><td>46</td><td>N</td><td>78</td><td>n</td><td>110</td></tr>
<tr><td>☼</td><td>15</td><td>/</td><td>47</td><td>O</td><td>79</td><td>o</td><td>111</td></tr>
<tr><td>►</td><td>16</td><td>0</td><td>48</td><td>P</td><td>80</td><td>p</td><td>112</td></tr>
<tr><td>◄</td><td>17</td><td>1</td><td>49</td><td>Q</td><td>81</td><td>q</td><td>113</td></tr>
<tr><td>↕</td><td>18</td><td>2</td><td>50</td><td>R</td><td>82</td><td>r</td><td>114</td></tr>
<tr><td>!!</td><td>19</td><td>3</td><td>51</td><td>S</td><td>83</td><td>s</td><td>115</td></tr>
<tr><td>dL</td><td>20</td><td>4</td><td>52</td><td>T</td><td>84</td><td>t</td><td>116</td></tr>
<tr><td>§</td><td>21</td><td>5</td><td>53</td><td>U</td><td>85</td><td>u</td><td>117</td></tr>
<tr><td>▬</td><td>22</td><td>6</td><td>54</td><td>V</td><td>86</td><td>v</td><td>118</td></tr>
<tr><td>↨</td><td>23</td><td>7</td><td>55</td><td>W</td><td>87</td><td>w</td><td>119</td></tr>
<tr><td>↑</td><td>24</td><td>8</td><td>56</td><td>X</td><td>88</td><td>x</td><td>120</td></tr>
<tr><td>↓</td><td>25</td><td>9</td><td>57</td><td>Y</td><td>89</td><td>y</td><td>121</td></tr>
<tr><td>→</td><td>26</td><td>:</td><td>58</td><td>Z</td><td>90</td><td>z</td><td>122</td></tr>
<tr><td>←</td><td>27</td><td>;</td><td>59</td><td>[</td><td>91</td><td>{</td><td>123</td></tr>
<tr><td>∟</td><td>28</td><td><</td><td>60</td><td>\</td><td>92</td><td>|</td><td>124</td></tr>
<tr><td>√</td><td>29</td><td>=</td><td>61</td><td>]</td><td>93</td><td>}</td><td>125</td></tr>
<tr><td>σ</td><td>30</td><td>></td><td>62</td><td>^</td><td>94</td><td>~</td><td>126</td></tr>
<tr><td>τ</td><td>31</td><td>?</td><td>63</td><td>_</td><td>95</td><td>del</td><td>127</td></tr>
</table>

附录 B　运算符的优先级与结合性

运算符的优先级与结合性如附表 B.1 所示。

附表 B.1　运算符的优先级与结合性

<table>
<tr><th>优先级</th><th>运算符</th><th>运算符名称</th><th>举　　例</th><th>结合性方向</th></tr>
<tr><td>1</td><td>( )
[]
->
.</td><td>圆括号
下标
间接引用结构体成员
结构体成员</td><td>(a+b) * c
a[5]/x
ps->score
stu[5].score</td><td>自左至右</td></tr>
<tr><td>2</td><td>!
~
++、--
+ 、-
(类型标识符)
&、*
sizeof</td><td>逻辑非
按位取反
自加、自减
正号、负号
类型强制转换
取地址、间接引用
数据长度</td><td>! (a>0&&b<0)
~0x453
x++,++y
y=-x
(int)x/3
*a,&x
sizeof(int);</td><td>自右至左</td></tr>
<tr><td>3</td><td>*、/
%</td><td>相乘、相除
求余数</td><td>r*r*3.14
x/y
m%n</td><td>自左至右</td></tr>
<tr><td>4</td><td>+、-</td><td>相加、相减</td><td>a+b
a-b</td><td>自左至右</td></tr>
<tr><td>5</td><td><<
>></td><td>左移
右移</td><td>a<<2　a 左移 2 位
a>>2　a 右移 2 位</td><td>自左至右</td></tr>
<tr><td>6</td><td>>、<
>=
<=</td><td>大于、小于
大于或等于
小于或等于</td><td>x>5　x<5
x>=5
x<=5</td><td>自左至右</td></tr>
<tr><td>7</td><td>==
!=</td><td>等于
不等于</td><td>x==5
x!=5</td><td>自左至右</td></tr>
<tr><td>8</td><td>&</td><td>按位与</td><td>0377&a</td><td>自左至右</td></tr>
<tr><td>9</td><td>^</td><td>按位异或</td><td>-2^a</td><td>自左至右</td></tr>
<tr><td>10</td><td>|</td><td>按位或</td><td>-2|a</td><td>自左至右</td></tr>
<tr><td>11</td><td>&&</td><td>逻辑与</td><td>x>-5&&x<5</td><td>自左至右</td></tr>
<tr><td>12</td><td>||</td><td>逻辑或</td><td>x>5||x<-5</td><td>自左至右</td></tr>
<tr><td>13</td><td>?、:</td><td>条件</td><td>max = x>y ? x: y</td><td>自右至左</td></tr>
</table>

续表

优先级	运算符	运算符名称	举　　例	结合性方向
14	=、+=、-=、*=、/=、%=、>>=、<<=、&=、^=、|=	赋值	x=5,x*=5,y/=x+6	自右至左
15	,	逗号	a=b,b=c+6,c++	自左至右

说明：

(1) 优先级分为15等级,数字越小,优先级越高。

(2) 同一级别的运算符优先级相同,运算次序由结合方向决定。如“*”与“/”具有相同的优先级,其结合性方向为从左到右,因此5*9/4的运算次序是先乘后除。“-”与“++”为相同级别优先级,结合性方向从右到左,因此-i++相当于-(i++)。

(3) 不同的运算符要求运算对象个数不同。如“!”“++”“sizeof”等只需一个运算对象,是单目运算符。条件运算是C语言唯一的三目运算符,需三个运算对象。

附录C　常用库函数

库函数并不是C语言的一部分，它是C编译系统根据需要编制并提供给用户使用的。每一种C编译系统都提供了一批库函数，不同的编译系统提供的库函数的数目和函数名以及函数功能可能不完全相同。ANSI C标准提出了一批建议提供的标准库函数。本书列出ANSI C标准建议提供的、部分常用库函数，供读者使用。

1. 数学函数

数学函数(附表C.1)的原型在math.h文件中，使用数学函数时应在源程序中包含该文件。

附表C.1　数学函数

函数原型	函数功能	返回值	说明
double sqrt(double x)	计算x的平方根	计算结果	要求x>=0
double pow(double x,double y)	计算x^y	计算结果	
double exp(double x)	计算e的x次方	计算结果	e为2.718…
double fabs(double x)	求x的绝对值	计算结果	
double log(double x)	求$\log_e x$	计算结果	e为2.718…
double log10(double x)	求$\log_{10} x$	计算结果	
double floor(double x)	求小于x的最大整数	double类型	
double fmod(double x,double y)	求x/y的余数	double类型	
double sin(double x)	计算sin(x)	[−1,1]	x为弧度值
double cos(double x)	计算cos(x)	[−1,1]	x为弧度值
double acos(double x)	计算$\cos^{-1}(x)$	[0,π]	x∈[−1,1]
double asin(double x)	计算$\sin^{-1}(x)$	[0,π]	x∈[−1,1]
double atan(double x)	计算$\tan^{-1}(x)$	[−π/2,π/2]	
double cosh(double x)	计算cosh(x)	计算结果	
double sinh(double x)	计算sinh(x)	计算结果	x为弧度值
double tanh(double x)	计算tanh(x)	计算结果	

2. 字符函数

字符函数(附表C.2)的原型在文件ctype.h中，使用字符函数时应在源程序中包含该文件。

附表 C.2 字符函数

函数原型	函数功能	返回值
int isalnum(char c)	判别 c 是否为字母、数字字符	是,返回非 0;否,返回 0
int isalpha(char c)	判别 c 是否为字母字符	是,返回非 0;否,返回 0
int iscntrl(char c)	判别 c 是否为控制字符	是,返回非 0;否,返回 0
int isdigit(char c)	判别 c 是否为数字字符	是,返回非 0;否,返回 0
int isspace(char c)	判别 c 是否为空格字符	是,返回非 0;否,返回 0
int isprint(char c)	判别 c 是否为可打印字符	是,返回非 0;否,返回 0
int ispunct(char c)	判别 c 是否为标点符号	是,返回非 0;否,返回 0
int isupper(char c)	判别 c 是否为大写字母	是,返回非 0;否,返回 0
char tolower(char c)	将 c 转换为小写字母	c 对应的小写字母,或原 c 值
char toupper(char c)	将 c 转换为大写字母	c 对应的大写字母,或原 c 值

3. 字符串函数

字符串函数(附表 C.3)的原型在文件 string.h 中,使用字符串函数时应在源程序中包含该文件。

附表 C.3 字符串函数

函数原型	函数功能	返回值
char * strcpy(char * s1,char * s2)	把字符串 s2 复制到 s1 中	s1
int strcmp(char * s1,char * s2)	逐个比较两字符串中对应字符,直到对应字符不等或比较到串尾	两字符间 ASCII 的差值
char * strcat(char * s1,char * s2)	把字符串 s2 连到字符串 s1 之后	s1
unsigned int strlen(char * s1)	计算串 s1 的长度(不包括串结束符'\0')	所求长度
char * strstr(char * s1,char * s2)	在字符串 s1 中找字符串 s2 首次出现的地址	该地址或 NULL

4. 文件操作函数

文件操作函数(附表 C.4)的原型在文件 stdio.h 中,使用文件操作函数时应在源程序中包含该文件。

附表 C.4 文件操作函数

函数原型	函数功能	返回值
int getchar()	从标准输入设备读入 1 个字符	字符 ASCII 码值或 EOF
int putchar(char x)	向标准输出设备输出字符 x	成功:x;否则:EOF

续表

函 数 原 型	函 数 功 能	返 回 值
int printf(char * format,表达式列表)	按串 format 给定输出格式,显示各表达式值	成功:输出字符数 否则:EOF
int scanf(char * format,地址列表)	按输入格式,从标准输入文件读入数据,存入地址列表指定单元	成功:输入数据的个数; 否则:EOF
char * gets(char * str)	从标准输入设备读以回车结束的一串字符(包含后缀'\0'),到字符数组 str	成功:str 否则:NULL
int puts(char * str)	把数组 str 输出到标准输出文件,'\0'转换为换行符输出	成功:换行符 否则:EOF
FILE * fopen(str * fname,str * mode)	以 mode 方式打开文件 fname	成功:文件指针 否则:NULL
int fclose(FILE * fp)	关闭 fp 所指文件	成功:0;否则:非 0
int feof(FILE * fp)	检查 fp 所指文件是否结束	是,非 0;否则,0
int fgetc(FILE * fp)	从 fp 所指文件中读取下一个字符	成功:所取字符, 否则:EOF
int fputc(char ch,FILE * fp)	将 ch 输出到 fp 所指向文件	成功:ch,否则:EOF
int fprintf(FILE * fp,char * format,输出表)	按 format 给定格式,将输出表各表达式值输出到 fp 所指文件	成功:输出字符个数 否则:EOF
int fscanf(FILE * fp,char * format,地址列表)	按串 format 给定输入格式,从 fp 所指文件读入数据,存入地址列表指定的存储单元	成功:输入数据的个数 否则:EOF
int * fputs(char * str,FILE * fp)	将字符串 str 输出到 fp 所指向文件	成功:字符串 str 末字符 否则:0
char * fgets(char * str,int n,FILE * fp)	从 fp 所指文件最多读 n－1 个字符(遇'\n'、^z 终止)到串 str 中	成功:str, 否则:NULL
int fwrite(T * a,long sizeof(T),unsigned int n,FILE * fp)	从 T 类型指针变量 a 所指处起复制 n * sizeof(T)字节的数据,到 fp 所指向文件	成功:n 否则:0
int fread(T * a,long sizeof(T),unsigned int n, FILE * fp)	从 fp 所指文件复制 n * sizeof(T)个字节,到 T 类型指针变量 a 所指内存区域	成功:n 否则:0
int fseek(FILE * fp,long n,unsigned int switch)	移动 fp 所指文件读写位置,n 为位移量,switch 决定起点位置	成功:0 否则:非 0

5. 数值转换函数

数值转换函数(附表 C.5)原型在文件 stdlib.h 中,使用数值转换函数时应在源程序中包含该文件。

附表 C.5 数值转换函数

函数原型	函数功能	返回值
int abs(int x)	求整型数 x 的绝对值	转换结果
double atof(char * s)	把字符串 s 转换成双精度数	转换结果
int atoi(char * s)	把字符串 s 转换成整型数	转换结果
long atol(char * s)	把字符串 s 转换成长整型数	转换结果

6. 动态内存分配函数

动态内存分配函数(附表 C.6)原型在文件 stdlib.h 中,使用动态内存分配函数时应在源程序中包含该文件。

附表 C.6 动态内存分配函数

函数原型	函数功能	返回值
void * colloc(unsigned int n, unsigned int size)	分配 n 个、每个 size 字节的连续存储空间	成功:存储空间首地址 否则:0
void free(FILE * fp)	释放 fp 所指存储空间(必须是动态分配函数所分配的内存空间)	
void * malloc(unsigned size)	分配 size 字节的存储空间	成功:存储空间首地址 否则:0
void * realloc(void * p, unsigned int size)	将 p 所指的已分配内存区的大小改为 size	成功:新的存储空间首地址,否则为 0

7. 其他函数

函数原型在文件 stdlib.h 中,使用下面的函数时(附表 C.7)应在源程序中包含该文件。

附表 C.7 其他函数

函数原型	函数功能	返回值
intrand(void)	产生一个 0~32 767 间的随机整数	返回值为一个伪随机数
void srand(unsigned a)	以给定数初始化随机数发生器	
void exit(int status)	终止程序执行	status 值
int system(char * str)	将 str 所指的字符串作为命令行传给 DOS,执行该命令	返回所执行命令的退出状态

参考文献

[1] 郭伟青. C程序设计[M]. 北京：清华大学出版社，2017.
[2] 郭伟青. C程序设计学习指导[M]. 北京：清华大学出版社，2017.
[3] C编写组编. 常用C语言用法速查手册[M]. 北京：龙门书局，1995.
[4] Kernighan W B, Ritchie M D. The C Programming Language[M].2版. 北京：机械工业出版社，2007.
[5] 谭浩强. C程序设计题解与上机指导[M].3版. 北京：清华大学出版社，2005.
[6] Herbert Schildt. ANSI C标准详解[M].王曦若，李沛，译. 北京：学院出版社，1994.
[7] 谭浩强. C程序设计[M].4版.北京：清华大学出版社，2010.
[8] 谭浩强. C程序设计(第四版) 学习辅导[M]. 北京：清华大学出版社，2010.

图书资源支持

感谢您一直以来对清华版图书的支持和爱护。为了配合本书的使用，本书提供配套的资源，有需求的读者请扫描下方的“书圈”微信公众号二维码，在图书专区下载，也可以拨打电话或发送电子邮件咨询。

如果您在使用本书的过程中遇到了什么问题，或者有相关图书出版计划，也请您发邮件告诉我们，以便我们更好地为您服务。

我们的联系方式：

地　　址：北京市海淀区双清路学研大厦A座714

邮　　编：100084

电　　话：010-83470236　010-83470237

客服邮箱：2301891038@qq.com

QQ：2301891038（请写明您的单位和姓名）

资源下载：关注公众号“书圈”下载配套资源。

资源下载、样书申请

书圈

获取最新书目

观看课程直播